JN255514

物理学基礎

1

力学

[入門編]

滝川　昇
新井敏一
土屋俊二
[著]

朝倉書店

ま え が き

本書はおもに大学初年次の理工系の大学生を対象とした力学の教科書です．本書の後編として『力学 [発展編]』があり，2 冊でちょうど 1 年間の授業を構成できる内容としました．

大学新入生の履修履歴は多様で，「物理」を高校でしっかり学んできた人もいれば，まったく履修していない人もいます．幅広い学習履歴をもつ学生が混在する教室で，初学者は基礎から学べて，既習者はさらに力を伸ばすことのできる教科書となるように執筆しました．

学習の基本はまずていねいに教科書を読むことです．本書は高校での「物理」の履修は前提としていません．どの章も直感的に理解しやすい内容から導入するようにしたので，初学者でも抵抗なく読むことができます．そして読み進めるうちにだんだんと学習内容が深まり，気づけば大学レベルの物理に到達していることでしょう．物理をはじめて学ぶ人は，難しい内容の部分は飛ばしながら読んでかまいません．慣れてきてから読み飛ばした部分に戻ってくるとよいでしょう．高校物理の既習者であってもかなり手応えのある内容まで含めてあります．高校物理からさらに力を伸ばしたい人は本書の完全攻略をめざしてください．

本書には本文中の例題と章末問題が豊富にあります．問題の中には，身のまわりでよく目にする題材を取り上げたものが数多くあります．これらは学習した内容のイメージをつかみやすくし，物理学を身近に感じさせてくれることでしょう．すべての問題には自宅学習に役立つよう詳細な解説がついています．数式の変形は，その過程をできるだけ省略しないで書いてあります．自分で手を動かして計算を追いながら，じっくりと時間をかけて「なぜそうなるのか」を考えてほしいと思います．

本書で身につけた力学の知識とその考え方をさらに発展させて，読者のみなさんがそれぞれの専門分野で広く活躍してくれることを期待しています．

本書を出版するにあたって，朝倉書店の皆様にはたいへんお世話になりました．心より感謝申し上げます．

2018 年 2 月

滝川　昇
新井敏一
土屋俊二

目　　次

『力学［発展編］』 目次

1　1次元の運動の表し方

私たちの身のまわりにある物体には，運動している (動いている) ものと静止している (止まっている) ものがある．地球は太陽のまわりを運動している．飛行機や自動車は私たちを乗せて運動し，目的地まで運んでくれる．パソコンや携帯電話などの電子機器では，目には見えない電子の運動が主役となって便利な機能を作り上げている．一方，テーブルの上に置かれた花びんや横断歩道の信号待ちをしている人は静止状態にある．

物体の運動を理解し，さらにそれを制御して利用するためには，物体の運動を数式やグラフを使って表す方法を身につける必要がある．この章では，物体の 1 次元運動を表現する方法を学習する．運動する物体がどこからやってきて，この先どこに向かうのかを考える道具について学ぶ．ここでの学習は，物体の複雑な運動を考えるときに威力を発揮する．

1.1　空間座標の導入

物体の運動とは，空間内を時間とともに物体が位置を変えながら移動することである．馬が走る，ロケットが飛ぶ，ペンが机から落下する，これらはみな物体の運動である．物体にはどれも大きさと形があるが，しばらくは物体を大きさの無視できる質点として扱うことにする．質点とは，質量をもつが大きさのない物体のことをいう．物体の位置を表すため，空間に座標を導入する．私たちの暮らす空間は 3 次元なので，一般には空間に x, y, z 3 本の座標軸を導入し，位置を表すには (x, y, z) のように 3 つの数を組み合わせた座標で表示する．この章では，1 次元の運動すなわち x 軸に沿う運動を記述する方法を学ぶ．したがって物体の位置を表す座標は 1 つの数 x だけとなる．

例題 1.1　あなたの家の近所に以下の建物がある．

家から東に 200 m の場所にコンビニ，家から東に 500 m の場所に郵便局，家から西に 100 m の場所に交番，家から西に 600 m の場所に銀行

東向きを x 軸の正方向にとり，あなたの家を座標の原点とする．

(1)　各建物の位置を座標で表し，図示しなさい．

(2)　コンビニと郵便局，コンビニと交番，銀行と郵便局のあいだの距離をそれぞれ求めなさい．

[解答]　(1)　各建物の位置を表す座標は，

家：$x = 0$ m，コンビニ：$x = 200$ m，郵便局：$x = 500$ m，交番：$x = -100$ m，銀行：$x = -600$ m

である．東向きを x 軸の正方向にとり，家の位置を座標の原点にして図示すると図 1.1 のようになる．

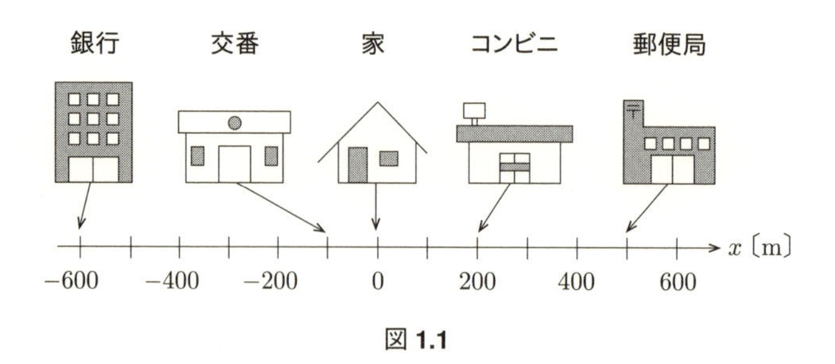

図 1.1

(2)　コンビニと郵便局のあいだの距離は $500 - 200 = 300$ m,
コンビニと交番のあいだの距離は $200 - (-100) = 300$ m,
銀行と郵便局のあいだの距離は $500 - (-600) = 1100$ m である.

物体の運動を記述することは，時刻 t のときの物体の位置を表す座標を t の関数として表すことである．1次元の運動であれば，座標 $x(t)$ が物体の運動を記述する関数である．3次元の運動ならば，座標 $(x(t), y(t), z(t))$ で記述される．

例題 1.2　次の表は物体 A, B, C, D の時刻 t〔s〕における位置 x_A〜x_D〔m〕を表したものである．

(1)　横軸に時刻，縦軸に位置をとり，各物体の運動をグラフに表しなさい．

(2)　右向きを正方向とする座標軸をとり，各物体がたどった軌跡を指でなぞりなさい．

(3)　時刻 $t = 3.5$ s のときの各物体の位置を予想したい．どのような予想のしかたが考えられるか．また，予想した結果を答えなさい．

表 1.1

t [s]	x_A〔m〕	x_B〔m〕	x_C〔m〕	x_D〔m〕
0	5.0	−4.0	−5.0	8.0
1	5.0	−3.0	−4.5	6.0
2	5.0	−2.0	−3.0	4.0
3	5.0	−1.0	−0.5	2.0
4	5.0	0.0	3.0	0.0
5	5.0	1.0	7.5	−2.0
6	5.0	2.0	13.0	−4.0

［解答］　(1)　物体 A, B, C, D の運動をグラフに表すと図 1.2 のようになる．

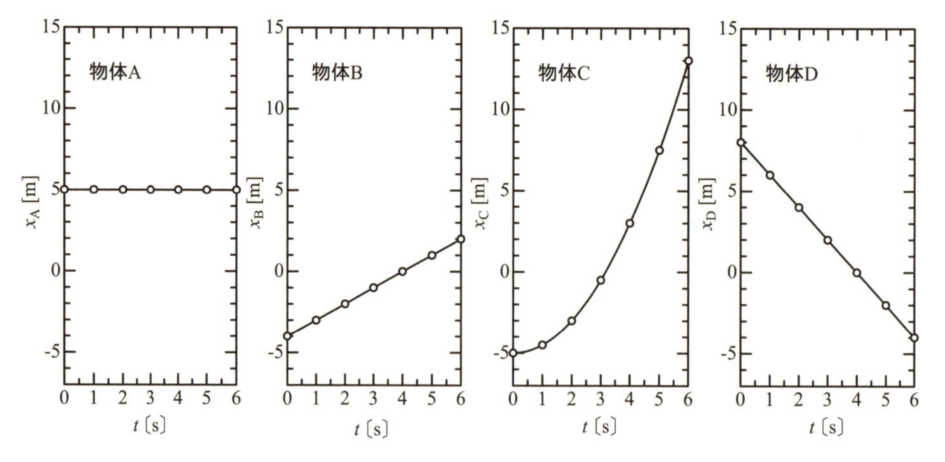

図 1.2　物体 A〜D の運動を表すグラフ．横軸は時刻 t〔s〕，縦軸は各物体の位置を表す座標 x_A〜x_D である．丸は表 1.1 で与えられたデータ，実線はデータをなめらかに結ぶ線である．

(2)　各物体は図 1.3 に示す軌跡をたどる．

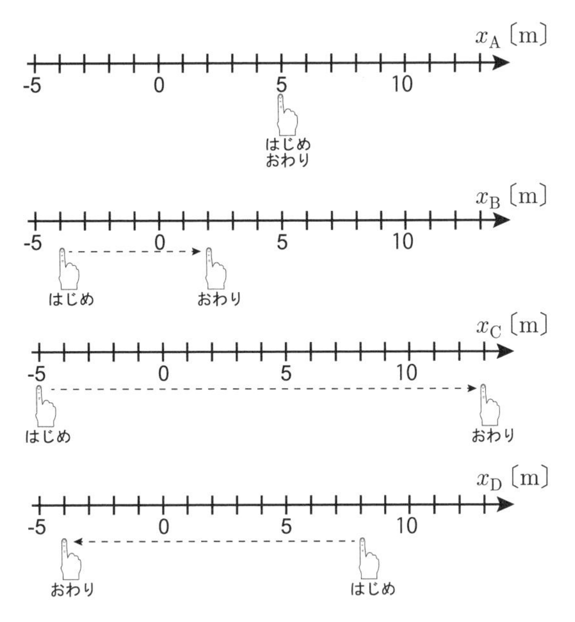

図 1.3 それぞれの物体は,「はじめ」の位置から「おわり」の位置まで移動する

(3) 図 1.2 のデータをなめらかにつないだ曲線のグラフから読み取れば予想できる．あるいは，グラフから時刻 t のときの物体の位置を表す関数関数 $x_A \sim x_D(t)$ を求める方法でもよい．物体 A の位置は変化がないので $x_A = 5$ m である．物体 B と物体 D のグラフは直線だから 1 次関数で表すことができて，$x_B = t - 4$ m，$x_D = -2t + 8$ m である．物体 C のグラフは放物線のように見えるので 2 次関数であることを仮定し，$x_C = 0.5t^2 - 5$ m としてみる．すると与えられたデータを完全に再現できることがわかるので，この $x_C(t)$ の表式は正しいことがわかる．どちらの方法でも，時刻 $t = 3.5$ s のときの各物体の位置は物体 A：$x_A = 5.0$ m，物体 B：$x_B = -0.5$ m，物体 C：$x_C = 1.125$ m，物体 D：$x_D = 1.0$ m であると予想できる．

1.2 時間・変位・速度

2 つの時刻の差のことを時間という．時刻 t_1 と t_2 のあいだの時間 Δt は $\Delta t = t_2 - t_1$ である．運動する物体の位置の変化量のことを変位という．座標 x_1 から x_2 まで位置が変化したら，変位 Δx は $\Delta x = x_2 - x_1$ である．単位時間当たりの変位のことを速度という．時間 Δt のあいだの物体の変位が Δx であるとき，物体の速度 v を次式で表される．

$$v = \frac{\Delta x}{\Delta t} \tag{1.1}$$

変位および速度の符号は，運動の方向を表すことに注意しよう．$\Delta x > 0$ ならば物体は x の正方向に移動したことを表し，$\Delta x < 0$ ならば物体は x の負方向に移動したことを表す．同様に $v > 0$ ならば物体は x の正方向に向かって運動していることを表し，$v < 0$ ならば物体は x の負方向に向かって運動していることを表す．それぞれの符号をとって大きさだけを表示すると，$|\Delta x|$ は移動距離，$|v|$ は速さを表すことになる．

例題 1.3 例題 1.2 の各物体について，1 s ごとの変位，移動距離，速度，速さをそれぞれ求めて表にしなさい．

［解答］　これらを表にすると表 1.2 が得られる．物体 A はずっと止まったまま，物体 B と物体 D の速度は一定，物体 C は速度を増しながら運動することがわかる．物体 D は x の負の方向に進むので，変位と速度の符号が負であることに注意しよう．

表 1.2

物体	時間〔s〕	変位〔m〕	移動距離〔m〕	速度〔m/s〕	速さ〔m/s〕	物体	時間〔s〕	変位〔m〕	移動距離〔m〕	速度〔m/s〕	速さ〔m/s〕
A	0 − 1	0.0	0.0	0.0	0.0	C	0 − 1	0.5	0.5	0.5	0.5
A	1 − 2	0.0	0.0	0.0	0.0	C	1 − 2	1.5	1.5	1.5	1.5
A	2 − 3	0.0	0.0	0.0	0.0	C	2 − 3	2.5	2.5	2.5	2.5
A	3 − 4	0.0	0.0	0.0	0.0	C	3 − 4	3.5	3.5	3.5	3.5
A	4 − 5	0.0	0.0	0.0	0.0	C	4 − 5	4.5	4.5	4.5	4.5
A	5 − 6	0.0	0.0	0.0	0.0	C	5 − 6	5.5	5.5	5.5	5.5
B	0 − 1	1.0	1.0	1.0	1.0	D	0 − 1	−2.0	2.0	−2.0	2.0
B	1 − 2	1.0	1.0	1.0	1.0	D	1 − 2	−2.0	2.0	−2.0	2.0
B	2 − 3	1.0	1.0	1.0	1.0	D	2 − 3	−2.0	2.0	−2.0	2.0
B	3 − 4	1.0	1.0	1.0	1.0	D	3 − 4	−2.0	2.0	−2.0	2.0
B	4 − 5	1.0	1.0	1.0	1.0	D	4 − 5	−2.0	2.0	−2.0	2.0
B	5 − 6	1.0	1.0	1.0	1.0	D	5 − 6	−2.0	2.0	−2.0	2.0

▶ 物理量・次元・単位について

時刻や時間を測るときには時計を使う．これらは時間の次元をもつ物理量であるという．時間の次元をもつ物理量の単位には，s (秒)，min (分)，h (時間)，day (日) などがある．変位や移動距離を測るときにはものさしや巻尺を使う．これらは長さの次元をもつ物理量であるという．長さの次元をもつ物理量の単位には，m (メートル)，km (キロメートル)，mm (ミリメートル)，mile (マイル) などがある．いま O という物理量があって，その次元を $[O]$ と表すことにする．例えば物理量「長さ」の次元は [長さ] である．速度は式 (1.1) で表されることから，速度の次元 [速度] は

$$[\text{速度}] = \frac{[\text{長さ}]}{[\text{時間}]} = \left[\frac{\text{長さ}}{\text{時間}}\right] \tag{1.2}$$

という次元をもつ物理量であるということができる．したがって，速度の単位は長さおよび時間の単位の選び方によって m/s，km/h，miles/day などとなる．

以下の例でわかるように，次元の異なる物理量どうしを比較したり，足し算・引き算をすることはできない．

・5 mm と 5 s はどちらが長いか？

・40 m/s と 300 m を足すとどうなるか？

これらはどちらも意味のわからないとんちんかんな記述である．このことを用いると，正誤がわからないある式の中で異なる次元の足し算や引き算が現れたらその式は間違いであると判断できる (付録の「物理量の次元，次元解析」を参照)．

例題 1.4　以下の運動の速さを〔 〕で指定された単位で求めなさい．

(1)　100 m を 10.0 秒で走る人〔m/s, km/h〕．

(2)　2000 m を 2 分 00 秒で走る馬〔m/s, km/h〕.

(3)　800 km を 55 分で飛ぶ飛行機〔m/s, km/h〕.

(4)　10 cm を 5.0×10^{-9} 秒で飛行した電子〔m/s〕.

［解答］　求める物理量は速さだから，変位の方向によらず正の値で表す．式 (1.1) の両辺に絶対値をつけると速さを表す式が得られる．ただし，時間は逆戻りすることがないから $\Delta t > 0$ である．

$$|v| = \frac{|\Delta x|}{\Delta t} \tag{1.3}$$

(1)　式 (1.3) に変位 $\Delta x = 100$ m，時間 $\Delta t = 10.0$ s を代入すると，$|v| = 10.0$ m/s となる．次に単位の換算をする．10.0 m/s の速さを km/h の単位で表すということは，「1 秒で 10.0 m 走る人が速さを保ったまま 1 時間走り続けると何 km 進むか」を考えることと同等である．式 (1.3) より，$|v|$ が一定値ならば Δx は Δt に比例する．そこで次のように整理すると考えやすい．

$$\Delta t = 1 \text{ s のとき } \Delta x = 10.0 \text{ m}$$
$$\Delta t = 3600 \text{ s のとき } \Delta x = 36000 \text{ m}$$
$$\Delta t = 1 \text{ h のとき } \Delta x = 36 \text{ km}$$

ここで，1 h = 3600 s，1 km = 1000 m であることを使った．したがって，この人の速さを単位 km/h で表すと，$|v| = 36$ km/h となる．

(2)　馬の走った時間を s で表すと，2 分 00 秒 = 120 s である．式 (1.3) に $\Delta t = 120$ s，$\Delta x = 2000$ m を代入すると，この馬の速さは

$$|v| = \frac{2000}{120} = 16.66\cdots \approx 16.7 \text{ m/s} \tag{1.4}$$

と求められる．単位の換算は (1) と同様にして

$$\Delta t = 120 \text{ s のとき } \Delta x = 2000 \text{ m}$$
$$\Delta t = 3600 \text{ s のとき } \Delta x = 60000 \text{ m}$$
$$\Delta t = 1 \text{ h のとき } \Delta x = 60 \text{ km}$$

したがってこの馬の速さは $|v| = 60$ km/h であると求められる．

(3)　変位 $\Delta x = 800 \text{ km} = 800 \times 10^3$ m，時間 $\Delta t = 55$ 分 = 3300 s だから，この飛行機の速さは

$$|v| = \frac{800 \times 10^3}{3300} = 242.4242\cdots \approx 242 \text{ m/s} \tag{1.5}$$

である．単位を km/h に換算すると $|v| \approx 872$ km/h となる．

(4)　変位 $\Delta x = 10 \text{ cm} = 10 \times 10^{-2}$ m，時間 $\Delta t = 5.0 \times 10^{-9}$ s だから，この電子の速さは

$$|v| = \frac{10 \times 10^{-2}}{5.0 \times 10^{-9}} = 2.0 \times 10^7 \text{ m/s} \tag{1.6}$$

である．

例題 1.5　以下の各問いに答えなさい．空気中の音速を 340 m/s，光の速さを 3.0×10^8 m/s とする．

(1)　200 m 先のコンビニまで速さ 10 km/h の自転車で走ると何分かかるか．

(2)　先頭から最後尾までの長さ 400 m の新幹線が目の前を通過するのに 5.8 秒かかった．新幹線の速さは何 km/h か．

(3)　音速の 0.8 倍の速さで飛ぶ飛行機が 10 時間で進む距離は何 km か．

(4)　雷が光ってから落雷の音が聞こえるまで 12 秒の時間差があった．雷は何 km 先に落ちたか．

［解答］ (1) コンビニまでの距離が m で与えられていて，かかる時間を min (分) で求めたいので，単位を換算する．この自転車は

$\Delta t = 1$ h で $\Delta x = 10$ km 進む．これは

$\Delta t = 60$ min で $\Delta x = 10000$ m 進むのと同じことである．コンビニまでは

Δt min で $\Delta x = 200$ m であるとすると

$$\Delta t = \frac{200}{10000} \times 60 = 1.2 \text{ min}$$

かかると求められる．

(2) 時間 Δt と新幹線の移動距離 Δx の関係を書く．1 h = 3600 s でどれだけ移動するかを求めたい．

$$\Delta t = 5.8 \text{ s で } \Delta x = 400 \text{ m}$$

$$\Delta t = 3600 \text{ s で } \Delta x \text{ m}$$

したがって

$$\Delta x = \frac{3600}{5.8} \times 400 = 2.48 \times 10^5 \text{ m} = 2.48 \times 10^2 \text{ km}$$

新幹線の速さは 248 km/h である．

(3) 飛行機の速さ $|v|$ は音速の 0.8 倍だから，$|v| = 0.8 \times 340$ m/s である．時間 Δt と飛行機の移動距離 Δx の関係を書く．10 h = 36000 s だから，

$$\Delta t = 1 \text{ s で } \Delta x = 0.8 \times 340 \text{ m}$$

$$\Delta t = 36000 \text{ s で } \Delta x \text{ m}$$

である．Δx の値を求めると

$$\Delta x = 0.8 \times 340 \times 36000 = 9.8 \times 10^6 \text{ m} = 9.8 \times 10^3 \text{ km}$$

となる．この飛行機は 10 時間で約 9800 km 進む．これは東京からシカゴまでの距離にほぼ等しい．

(4) 雷までの距離を x km とする．これは $1000x$ m である．与えられた光と音の速さを使うと，光と音が届くまでの時間はそれぞれ

$$\text{光：}\ \frac{1000x}{3.8 \times 10^8} = 3.33 \times 10^{-6} x \text{〔s〕}$$

$$\text{音：}\ \frac{1000x}{340} = 340x \text{〔s〕}$$

である．光と音が届く時間の差が 12 s と与えられているので，

$$12 = 2.94x - 3.33 \times 10^{-6} x = (2.94 - 3.33 \times 10^{-6})x \sim 2.94x$$

である．x の値を求めると，$x = 4.08$ km となる．したがって，雷が落ちたのは約 4.1 km 先である．

1.3 等速度運動

速度 v がいつでも一定の運動を等速度運動という．時刻 0 および t のときの物体の位置をそれぞれ $x(0)$, $x(t)$ とする．時刻 t のときに物体がどこにいるのか求めよう．式 (1.1) より

$$v = \frac{\Delta x}{\Delta t} = \frac{x(t) - x(0)}{t - 0} \tag{1.7}$$

したがって，求める物体の位置を表す関数は

$$x(t) = x(0) + vt \tag{1.8}$$

となる．

例題 1.6 家の位置を座標の原点として，東に 500 m の場所に郵便局，西に 700 m の場所に銀行がある．時刻 $t = 0$ s のとき郵便局を出発して銀行まで歩いて向かう．歩く速さは一定で 0.8 m/s である．

(1) 銀行に着く時刻を求めなさい．

(2) 時刻 $t = 650$ s のときどこを歩いているか．

(3) 家の前を通過する時刻を求めなさい．

［解答］ 東向きを x 軸の正方向にとって問題文で与えられた建物の位置を図示する．

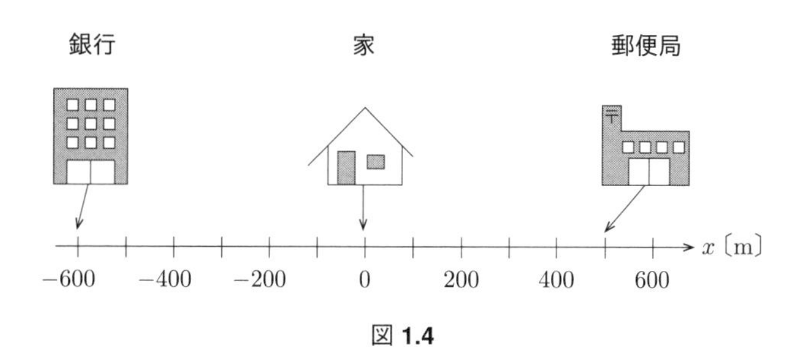

図 1.4

歩く速さは一定なので，等速度運動する物体の時刻 t と位置 $x(t)$ の関係を表す式 (1.8) が使える．いまの場合郵便局から銀行に向かって歩くので速度は西向き，つまり $v < 0$ だから，$v = -0.8$ m/s である．時刻 $t = 0$ s に郵便局を出発したのだから，$x(0) = 500$ m である．したがって，式 (1.8) は

$$x(t) = 500 - 0.8\,t$$

となる．

(1) 銀行に着く時刻を t とおいて式 (1.8) に代入すると，

$$-600 = 500 - 0.8\,t, \quad \text{したがって } t = 1500 \text{ s}$$

となる．銀行に着く時刻は 1500 s である．

(2) 時刻 $t = 650$ s のときに歩いている場所を $x(650)$ とする．

$$x(650) = 500 - 0.8 \times 650 = -20 \text{ s}$$

したがって，この人は家から西に 20 m の場所を歩いている．

(3) $x = 0$ となる時刻 t を求めればよい．

$$0 = 500 - 0.8 \times t, \quad \text{したがって } t = 625 \text{ s}$$

家の前を通過する時刻は 625 s である．

例題 1.7 例題 1.6 で歩く人の位置 $x(t)$ を縦軸，時刻 t を横軸にとって $x(t)$ と t の関係をグラフに表しなさい．

［解答］　関数 $x(t) = 500 - 0.8t$ をグラフに表せばよい．ただし，グラフの範囲は時刻 $t = 0$ s に郵便局を出発して $t = 1500$ s に銀行に着くまでなので $0 \leq t \leq 1500$ s である．

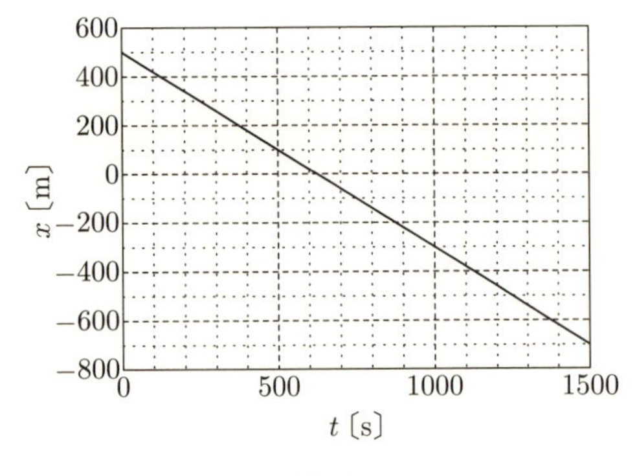

図 1.5

例題 1.7 で表したような縦軸に位置を表す座標 $x(t)$，横軸に時刻 t をとったグラフのことを x–t グラフとよぶことにしよう．等速度運動の場合，x–t グラフは直線となる．その理由は，$x(t)$ と t の関係は式 (1.8) で表され，t の係数 v が一定であるので，$x(t)$ は t の 1 次関数になっているからである．x–t グラフの傾き v は運動する物体の速度である．v の符号とグラフの傾き，物体の進行方向に注意しながら次の例題を考えよう．

1.4　速度が変化する運動

物体の運動する速度が時刻とともに変化する場合を考えよう．この場合，物体の速度は時刻の関数となる．このことを明示するために，速度を $v(t)$ と表すことにする．物体の速度が突然不連続に変化することはまれで，多くの場合はなめらかにだんだん速くなったり遅くなったりする．止まっている自動車が突然 100 km/h で走りだすことはなく，自動車は通常徐々に加速して 100 km/h に到達するのである．速度がなめらかに変化するとき，時間 Δt を十分に短くとればその瞬間の速度は一定とみなすことができる．式 (1.1) で $\Delta t \to 0$ の極限を考えると，微分係数の定義により物体の瞬間速度は次の式で与えられる．

$$v(t) = \lim_{\Delta t \to 0} \frac{\Delta x}{\Delta t} = \frac{dx}{dt} \tag{1.9}$$

式 (1.9) より，瞬間速度 $v(t)$ は位置 $x(t)$ の微分係数，すなわち x–t グラフの接線の傾きに等しいことがわかる．

例題 1.8　図 1.6 は，ある物体の運動の様子を表した x–t グラフである．以下の問いに答えなさい．

(1)　瞬間速度 $v(t)$ の符号が正のとき，物体は x の正方向に向かって前進していることを表す．物体が前進していた時間帯はいつか．

(2)　物体が x の負方向に向かって後退していた時間帯はいつか．

(3)　物体の速さがいちばん大きかった時刻はいつか．また，そのときの物体の瞬間速度を求めなさい．

(4)　物体が一瞬静止したのはいつか．

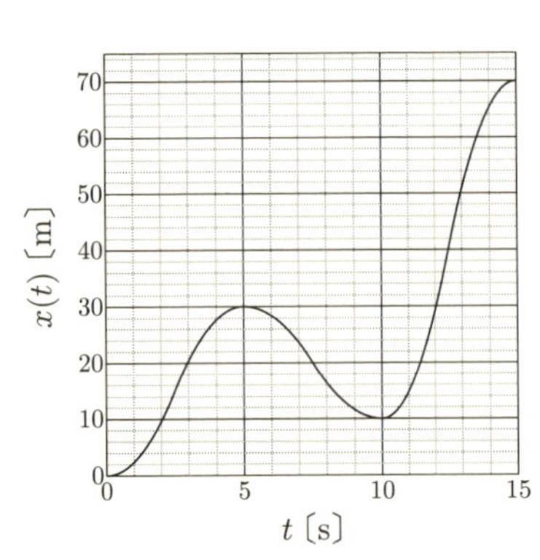

図 1.6

［解答］　(1)　x–t グラフの傾きが正である範囲をグラフから読み取る．答えは $0 < t < 5$ s と $10 < t < 15$ s である．

(2)　x–t グラフの傾きが正である範囲をグラフから読み取る．答えは $5 < t < 10$ s である．

(3)　x–t グラフの傾きの絶対値が最大となる点をグラフから見つける．$t = 12.5$ s のときの傾きが最も大きい．このときの物体の瞬間速度を求めるには，図 1.7 の灰色の線のように $t = 12.5$ s の所でグラフに接線を書き込み，その傾きを読み取る．グラフより，図の灰色の線は 2 点 $(t, x) = (11, 4)$ および (14,76) を通ることが読み取れるから，傾きは

$$v(12.5) = \frac{76-4}{14-11} = \frac{72}{3} = 2.4 \text{ m/s}$$

と求められる．

(4)　x–t グラフの傾きがゼロとなる点をグラフから見つける．答えは $t = 5$ s と 10 s である．

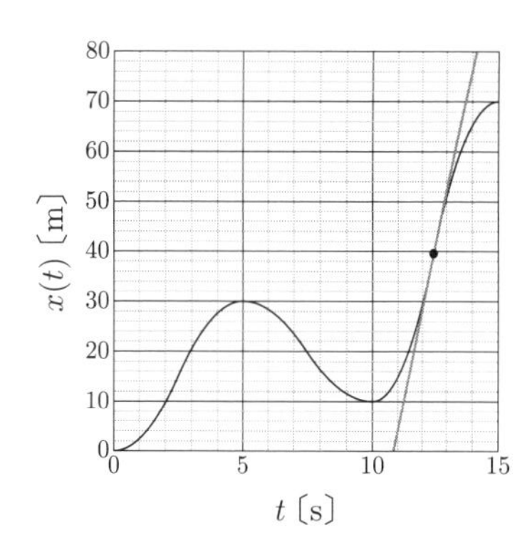

図 1.7　接線の傾きから瞬間速度を求める

例題 1.8 でわかるように，各時刻における物体の位置 $x(t)$ がわかっていれば，x–t グラフの接線の傾きを求めるか，関数 $x(t)$ を微分することにより瞬間速度 $v(t)$ を求めることができる．こんどは逆に，各時刻における物体の瞬間速度 $v(t)$ がわかっている場合，物体の位置についてどれほどのことがわかるか考えよう．式 (1.9) より，x を求めるためには $v(t)$ を積分すればよい．$v(t)$ を時刻 t_1 から t_2 ($t_1 < t_2$ とする) まで積分しよう．

$$\int_{t_1}^{t_2} v(t)dt = \int_{t_1}^{t_2} \frac{dx}{dt}dt = \int_{x(t_1)}^{x(t_2)} dx = x(t_2) - x(t_1) \tag{1.10}$$

したがって，

$$x(t_2) - x(t_1) = \int_{t_1}^{t_2} v(t)dt \tag{1.11}$$

を得る．式 (1.11) の左辺は時刻 t_1 から t_2 までのあいだの物体の変位を表す．一方式 (1.11) の右辺は，図 1.8 のように横軸に t，縦軸に $v(t)$ をとって表した時刻と速度の関係を表すグラフ (これを v–t グラフとよぶことにする) の曲線が $t_1 < t < t_2$ の範囲で t 軸とのあいだで囲む面積を表す．以上より，次の結論が導かれる．

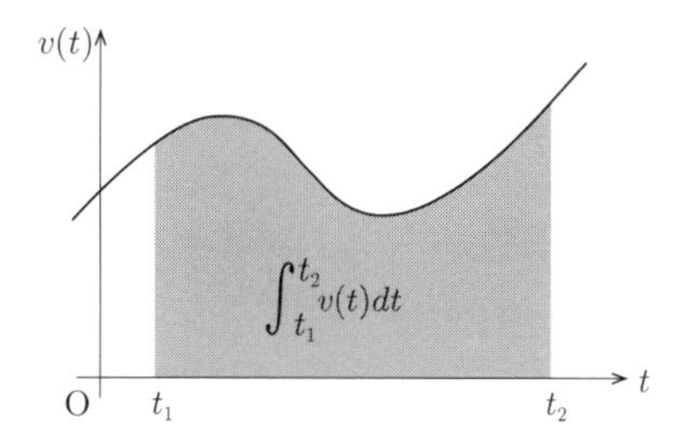

図 1.8　v–t グラフの曲線が t 軸とのあいだで囲む面積は変位に等しい

> 時刻 t における物体の速度 $v(t)$ がわかっている場合，v–t グラフの曲線が t 軸とのあいだで囲む面積を求めればそれは物体の変位に等しい．

1.5　加　　速　　度

物体の運動する速度が時間の経過とともに変化するとき，単位時間あたりの速度の変化量のことを加速度という．時刻 t_1，t_2 のときの速度をそれぞれ $v(t_1)$，$v(t_2)$ とすると，このあいだの時間 Δt は $\Delta t = t_2 - t_1$，速度の変化量 Δv は $\Delta v = v(t_2) - v(t_1)$ なので，加速度 a は次式で表される．

$$a = \frac{\Delta v}{\Delta t} \tag{1.12}$$

加速度 a の符号は，加速度の方向を表すことに注意しよう．また，加速度の方向と物体の進行方向を正しく区別して考えよう．

例題 1.9　以下の場合における加速度の方向を正または負で答えなさい．

(1)　座標の正方向に進むバスがブレーキで減速した．

(2)　座標の正方向に進むバスがアクセルで加速した．

(3)　座標の負方向に進むバスが速さを増した．

［解答］　(1) 負，(2) 正，(3) 負

▶ 加速度の次元と単位について

式 (1.12) より，加速度の次元は次のように考えることができる．

$$[\text{加速度}] = \frac{[\text{速度}]}{[\text{時間}]} = \frac{[\text{長さ}]}{[\text{時間}]}\frac{1}{[\text{時間}]} = \frac{[\text{長さ}]}{[\text{時間}]^2} \tag{1.13}$$

したがって，加速度は $\left[\frac{\text{長さ}}{\text{時間}^2}\right]$ という次元をもつ物理量である．加速度の単位は，長さと時間の単位の選び方によって $\mathrm{m/s^2}$，$\mathrm{km/h^2}$，$\mathrm{miles/h^2}$ などとなる．

例題 1.10　加速度が一定であるものとして，以下の問いに答えなさい．進行方向を座標の正方向とする．

(1)　静止状態から発進して速さ 100 km/h に達するまでに要する時間が 2.4 s であるスポーツカーの加速度〔$\mathrm{m/s^2}$〕を求めなさい．

(2)　速さ 250 km/h で走行していた新幹線が 2 分かけて 150 km/h まで減速した．新幹線の加速度〔$\mathrm{m/s^2}$〕を求めなさい．

［解答］　式 (1.12) を使って加速度を求める．

(1)　速度の単位を m/s に変換する．

$$100\ \mathrm{km/h} = \frac{100 \times 10^3}{3600}\ \mathrm{m/s}$$

なので，スポーツカーの加速度 a は，

$$a = \frac{\frac{100\times10^3}{3600} - 0}{2.4 - 0} = 11.6\ \mathrm{m/s^2}$$

である．

(2)　(1) と同様に速度の単位を m/s に変換し，時間の単位を s に変換する．新幹線の加速度は

$$a = \frac{\frac{150\times10^3}{3600} - \frac{250\times10^3}{3600}}{120 - 0} = -0.23\ \mathrm{m/s^2}$$

である．

1.6　等加速度運動

加速度が一定の運動のことを**等加速度運動**という．速度の方向と加速度の方向によって，だんだ

ん速くなる場合と遅くなる場合があることに注意しよう．ここではまず，等加速度運動をする物体の速度と加速度の関係について調べる．式 (1.12) で $t_1 = 0$，$t_2 = t$ とすれば，

$$a = \frac{v(t) - v(0)}{t - 0} = \frac{v(t) - v(0)}{t} \tag{1.14}$$

したがって，時刻 t のときの速度 $v(t)$ は次式で表される．

$$v(t) = v(0) + at \tag{1.15}$$

加速度 a が一定の運動を考えているので，式 (1.15) より v–t グラフは直線となり，グラフの傾きは加速度に等しい．

例題 1.11　図 1.9 は物体 A, B, C の運動を表す v–t グラフである．以下の各問いに答えなさい．

(1)　正および負の加速度で運動するものはそれぞれどれか．

(2)　時刻 $t = 0$ における各物体の運動の方向はどちらか．

(3)　時刻 $t = 0$ において，最も速く運動する物体はどれか．

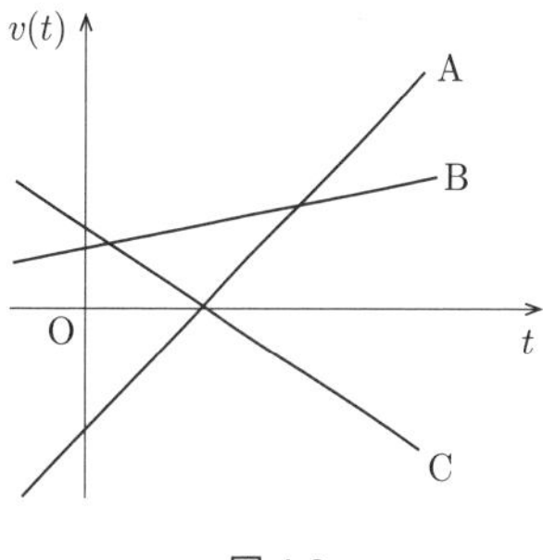

図 **1.9**

［解答］　(1)　v–t グラフの傾きが物体の加速度に等しいから，グラフの傾きの正負と加速度の符号は同じである．したがって，正の加速度で運動するのは物体 A と物体 B，負の加速度で運動するのは物体 C である．

(2)　$t = 0$ における速度 $v(0)$ の値が正である物体 B と物体 C は正方向，$v(0)$ の値が負である物体 A は負方向に運動する．

(3)　運動の方向によらず，$|v(0)|$ の値が最も大きいものを選ぶ．物体 A が $t = 0$ で最も速い．

加速度 a で等加速度運動をする物体の時刻 t における座標 $x(t)$ を求めよう．時刻 $t = 0$ のとき，物体の座標は $x(0)$ とする．時刻 t における物体の速度は，式 (1.15) より $v(t) = v(0) + at$ で表され，v–t グラフは図 1.10 の直線となる．1.4 節の結果を使えば，時刻 0 から t までの物体の変位 $x(t) - x(0)$ は図 1.10 の斜線部分の面積に等しい．斜線部分は台形なので台形の面積を求める公式より

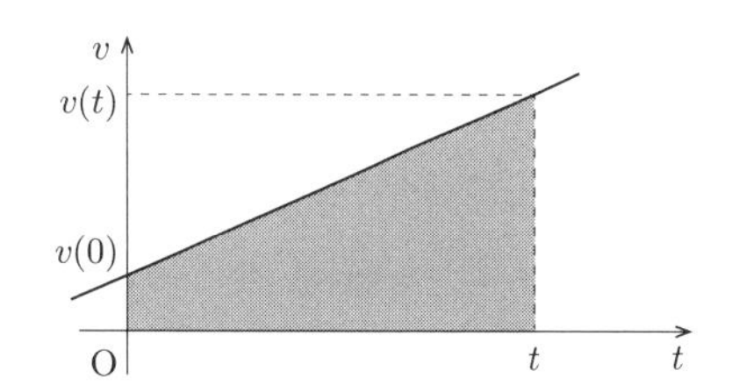

図 1.10　斜線部分の面積はそのあいだの変位に等しい

$$\begin{aligned} x(t) - x(0) &= \frac{1}{2}\{v(0) + v(t)\}t = \frac{1}{2}\{v(0) + v(0) + at\}t \\ &= v(0)t + \frac{1}{2}at^2 \end{aligned}$$

となる．したがって時刻 t における物体の座標は

$$x(t) = x(0) + v(0)t + \frac{1}{2}at^2 \tag{1.16}$$

で与えられることがわかる．

例題 1.12　物体が初速 v_0 から一定の加速度 a で変位 Δx だけ進むと，この物体の速さ v は次式で与えられることを示しなさい．

$$v^2 = v_0^2 + 2a\Delta x \tag{1.17}$$

［解答］　式 (1.15)，(1.16) より

$$v = v_0 + at \tag{1.18}$$

$$\Delta x = v_0 t + \frac{1}{2}at^2 \tag{1.19}$$

である．式 (1.18) から

$$t = \frac{v - v_0}{a}$$

となるので，これを式 (1.19) に代入して

$$\Delta x = v_0\frac{v-v_0}{+}\frac{1}{2}a\frac{(v-v_0)^2}{a^2} = \frac{v-v_0}{a}\left(v_0 + \frac{v-v_0}{a}\right) = \frac{v-v_0}{a}\frac{v+v_0}{2} = \frac{v^2-v_0^2}{2a}$$

となる．これを変形すると式 (1.17) が得られる．

1.7　積分を使った等加速度運動の表し方

物体の加速度は単位時間当たりの速度変化として，式 (1.14) で与えられる．これを使って 1.4 節と同様に十分短い時間 Δt を考えれば，物体の瞬間加速度 $a(t)$ は

$$a(t) = \lim_{\Delta t \to 0}\frac{\Delta v}{\Delta t} = \frac{dv}{dt} \tag{1.20}$$

となる．したがって瞬間加速度は時刻の関数である速度 $v(t)$ の微分係数であり，v–t グラフの接線の傾きであることがわかる．また，速度 $v(t)$ は式 (1.9) より座標 $x(t)$ の時間微分で与えられるので，式 (1.20) は

$$a(t) = \frac{d}{dt}\left(\frac{dx}{dt}\right) = \frac{d^2x}{dt^2} \tag{1.21}$$

となり，加速度 $a(t)$ は座標 $x(t)$ を時刻 t で 2 回微分したものであることがわかる．

また，逆に加速度 $a(t)$ を t で積分して速度 $v(t)$ を求めることができる．時刻 t_1, t_2 $(t_1 < t_2)$ のときの物体の速度をそれぞれ $v(t_1), v(t_2)$ として式 (1.20) の両辺を t_1 から t_2 まで積分する．

$$\int_{t_1}^{t_2} a(t)dt = \int_{t_1}^{t_2}\frac{dv}{dt}dt = \int_{v(t_1)}^{v(t_2)} dv = v(t_2) - v(t_1) \tag{1.22}$$

したがって $v(t_2)$ は次式で求めることができる．

$$v(t_2) = v(t_1) + \int_{t_1}^{t_2} a(t)dt \tag{1.23}$$

例題 1.13　図 1.11 はある物体が運動した様子を表した v–t グラフである．以下の各問いに答えなさい．

(1)　時刻 $t = 1.5,\ 2.5,\ 5.0,\ 8.0$ s における物体の加速度をそれぞれ求めなさい．

(2)　この物体の $t = 0$ s のときからの変位が最大となる時刻を求めなさい．

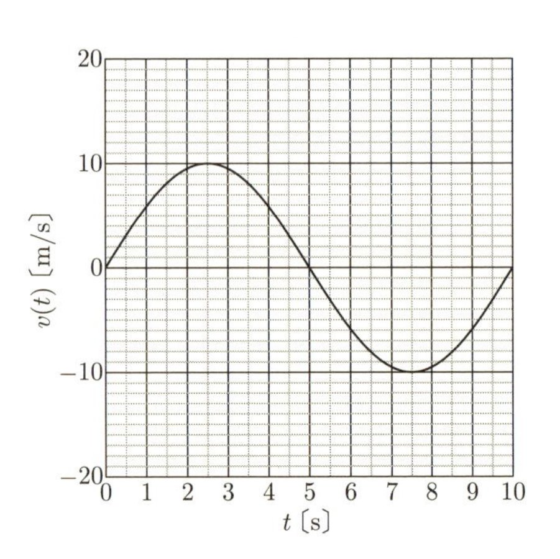

図 1.11

［解答］ (1) 物体の加速度は v–t グラフの接線の傾きに等しい．そこで問題文で与えられた各時刻における接線を引き，グラフを読み取って接線の傾きを求める．図 1.11 のグラフに $t = 1.5$ s における接線を引く．図 1.12 において接点が黒丸，接線が灰色の直線である．接線が通る任意の 2 点をグラフから読み取り，傾きを求める．この接線は 2 点 (t〔s〕, v〔m/s〕) = (0, 2.6) および (4.5, 19.1) を通るから，傾きから加速度 a を求めると

$$a = \frac{19.1 - 2.6}{4.5 - 0} = 3.7 \text{ m/s}^2$$

となる．同様にして $t = 2.5$ s のときの加速度は 0 m/s^2，$t = 5.0$ s のときの加速度は -6.3 m/s^2，$t = 8.0$ s のときの加速度は 1.9 m/s^2 となる．答えの数値はグラフの読み取り方によるので，若干ずれてもかまわない．

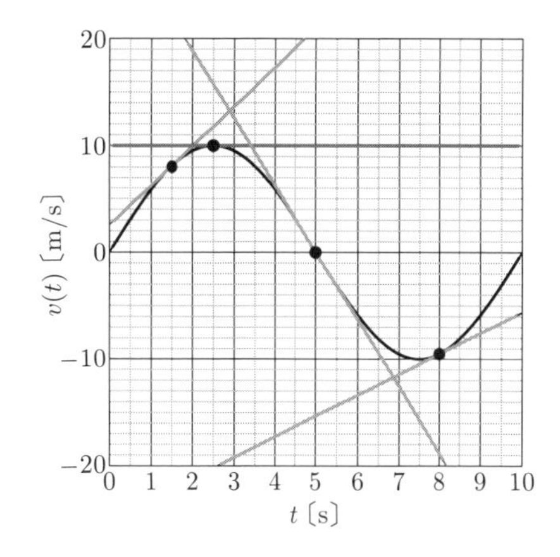

図 1.12 v–t グラフの接線の傾きが加速度である

(2) 式 (1.11) より，$t = 0$ s からの変位 Δx は次式で表される．

$$\Delta x = \int_0^t v(t')dt' \tag{1.24}$$

したがって v–t グラフの曲線と横軸とのあいだに囲まれた部分の面積が Δx を表す．グラフより，面積が最大となるのは $t = 5$ s のときである．

1.8 自由落下運動

高い所まで持ち上げた物体から手をはなすと物体は真下に落下する．物体には地球の重力がはたらいているからである．上に放り投げた物体にも同じように重力がはたらくので，上昇する物体のスピードはだんだん遅くなり，やがて下降に転じる．空気抵抗が無視できる場合，自由落下する物体は等加速度運動をする．自由落下する物体の加速度のことを**重力加速度**という．重力加速度の方向は常に鉛直下向きであり，その大きさ g は地球上どの場所であってもほぼ同じで約 9.8 m/s^2 である．重力加速度の大きさは物体の種類によらずすべて同じである．物体が鉄球でも羽毛でも同じ重力加速度で落下するのである．これは私たちの日常の感覚とはあわないように見えるが，羽毛がひらひらとゆっくり落下するのは空気抵抗があるからであって，真空中で実験すると確かに鉄球と羽毛は同じように落下することがわかっている．

自由落下運動は等加速度運動なので，前節までに学習した等加速度運動の考え方や表し方をそのまま適用することができる．

例題 1.14 自由落下運動を記述するために，空間に座標を導入する．鉛直上向きに y 軸をとり，地面の高さを 0 とする．時刻 $t = 0$ のとき速度 $v(0)$，高さ $y(0)$ から自由落下運動を開始した物体の運動について考える．重力加速度の大きさを g として以下の各問いに答えなさい．

(1) 時刻 t における速度 $v(t)$ は次式で表されることを示しなさい．

$$v(t) = v(0) - gt \tag{1.25}$$

(2) 時刻 t における物体の高さ $y(t)$ は次式で表されることを示しなさい．

$$y(t) = y(0) + v(0)t - \frac{1}{2}gt^2 \tag{1.26}$$

(3) 時刻 t における物体の変位が $\Delta y = y(t) - y(0)$ であるとき，物体の速度 $v(t)$ は次式で表されること

を示しなさい.

$$v^2(t) = v^2(0) - 2g\Delta y \tag{1.27}$$

［解答］　自由落下運動は等加速度運動なので，式 (1.15)，(1.16)，(1.17) が成りたつ．重力は鉛直下向き，すなわち y 軸の負方向にはたらくので，加速度は $a = -g$ である．

(1)　式 (1.15) よりただちに式 (1.25) が得られる．

(2)　式 (1.16) よりただちに式 (1.26) が得られる．

(3)　式 (1.17) よりただちに式 (1.27) が得られる．

例題 1.15　高さ 9.8 m の場所から鉄球を初速 0 m/s で自由落下させる．以下の問いに答えなさい．

(1)　鉄球が着地するのは何秒後か．

(2)　鉄球をはなしてから着地するまで，0.1 秒ごとの鉄球の高さを求めて表にしなさい．

(3)　(2) の結果をグラフにしなさい．

(4)　高さ 8.0 m の所を通過したときの鉄球の速さを求めなさい．

(5)　(4) は鉄球をはなしてから何秒後か．

［解答］　例題 1.14 で導いた式 (1.25)，(1.26)，(1.27) に問題文で与えられた数値 $y(0) = 9.8$ m，$g = 9.8$ m/s^2，$v(0) = 0$ m/s を代入する．

(1)　式 (1.26) は

$$y(t) = 9.8 - \frac{1}{2}gt^2 \tag{1.28}$$

となる．着地する時刻を知りたいので，$y(t) = 0$ となる t を求めればよい．

$$0 = 9.8 - \frac{1}{2}gt^2$$

これを解くと $t = \pm\sqrt{2}$ である．時間はもどらないから $t > 0$ の解を採用する．したがって着地するのは $\sqrt{2} \approx 1.41$ s 後である．

(2)　式 (1.28) に $t = 0.0,\ 0.1\ \cdots$ を代入して $y(t)$ を計算した結果を表にしたものが表 1.3 である．

表 1.3　0.1 秒ごとの鉄球の高さ

t〔s〕	0.0	0.1	0.2	0.3	0.4	0.5	0.6	0.7	0.8	0.9	1.0	1.1	1.2	1.3	1.4
$y(t)$〔m〕	9.80	9.75	9.60	9.36	9.02	8.58	8.04	7.40	6.66	5.83	4.90	3.87	2.74	1.52	0.20

(3)　結果は図 1.13 になる．

(4)　式 (1.27) を使う．

$$v(t)^2 = -2 \times 9.8 \times (y(t) - 9.8) \tag{1.29}$$

$y(t) = 8.0$ m となるときの速さ $|v(t)|$ を求める．

$$v(t)^2 = -2 \times 9.8 \times (8.0 - 9.8),$$

これより $|v(t)| = 5.94$ m/s を得る．

求める速さは 5.9 m/s である．

(5)　式 (1.25) を使う．$v(t) = -5.94$ m/s となる t を求める．

$$-5.94 = 0 - 9.8 * t, \quad t = 0.606$$

求める時間は 0.61 s である．

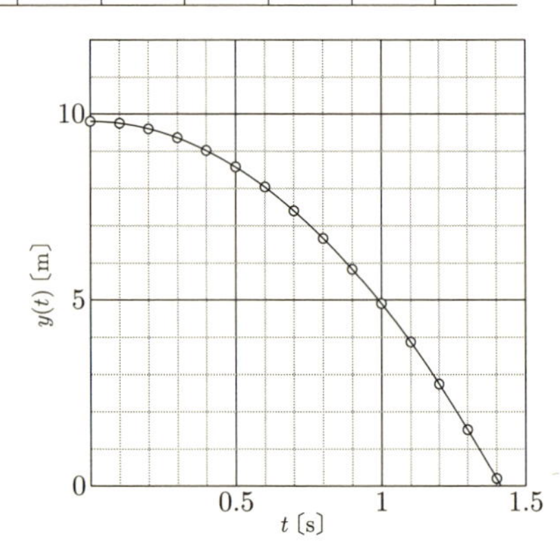

図 1.13　時間と鉄球の高さの関係．白丸は (2) で計算した値，実線は式 (1.28) で表される 2 次関数のグラフ．

章　末　問　題

[1.1]　図 1.14 は等速度運動する物体 A〜D の x–t グラフである．以下の問いに答えなさい．

(1)　最も速い ($|v|$ が大きい) のはどれか．

(2)　前進しているのはどれか．

(3)　バックしているのはどれか．

(4)　止まっているのはどれか．

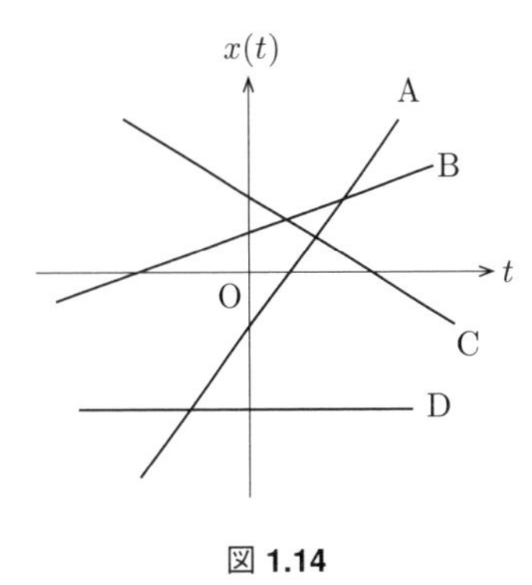

図 1.14

[1.2]　家から東に 200 m の場所にコンビニ，家から西に 500 m の場所に銀行がある．時刻 $t = 0$ s に家を出発し，一定の速さ 0.8 m/s で歩いてコンビニに行った．コンビニで 2 分間買い物をしたあと一定の速さ 1.0 m/s で歩いて銀行に行き，銀行には 1 分間いた．帰りは一定の速さ 2.0 m/s で走って家までもどった．上記の運動を表す x–t グラフを作成しなさい．家を座標の原点とする．

[1.3]　時刻 $t = 0$ s に座標の原点を出発し，一定速度 5 m/s で x 軸の正方向に運動する物体がある．この物体の運動について以下の問いに答えなさい．

(1)　この物体の運動を表す x–t グラフを描きなさい．

(2)　この物体の運動を表す v–t グラフを描きなさい．

(3)　時刻 3 s から 7 s のあいだの物体の変位を，v–t グラフの面積を使う方法と，式 (1.8) を使う方法で求め，結果を比較しなさい．

[1.4]　時刻 t [s] における速度 $v(t)$ [m/s] が，$v(t) = 10 - 2t$ [m/s] で表される運動をする物体がある．

(1)　時刻 $0 < t < 5$ s のあいだの物体の変位を求めなさい．

(2)　この物体は時刻 $t = 0$ s のときに座標の原点を通過したとする．物体がふたたび座標の原点を通過する時刻を求めなさい．

[1.5]　次に示す物体の運動を表す v–t グラフおよび x–t グラフを $0 \leq t \leq 20$ s の範囲で描きなさい．

(1)　時刻 $t = 0$ s のとき位置 $x(0) = 0$ m，速度 $v(0) = 0$ m/s で，一定の加速度 0.5 m/s^2 で運動する物体．

(2)　時刻 $t = 0$ s のとき位置 $x(0) = 0$ m，速度 $v(0) = 10$ m/s で，一定の加速度 -1 m/s^2 で運動する物体．

[1.6]　図 1.15 は新型バイクをテスト走行させたときの v–t グラフである．以下の各問いに答えなさい．

(1)　バイクが走行した時間を求めなさい．

(2)　時刻 $t = 5, 20, 40$ s におけるバイクの速度および加速度をそれぞれ求めなさい．

(3)　バイクが走行した距離を求めなさい．

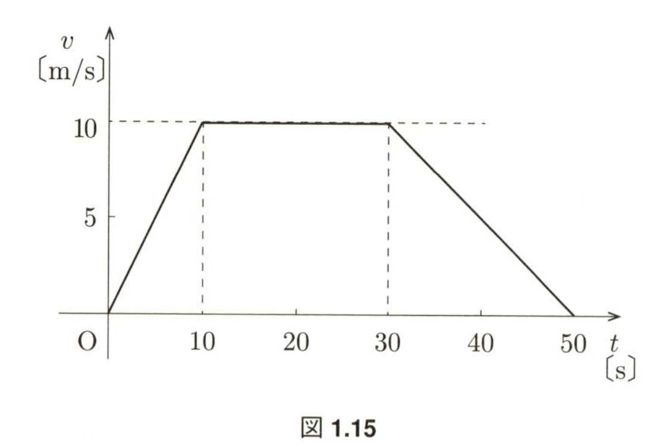

図 **1.15**

[1.7]　自動車がブレーキをかけてから静止するまでに要する距離を停止距離という．速さ 50 km/h で急ブレーキをかけた自動車の停止距離は 15 m だった．自動車は等加速度で減速するものとして以下の問いに答えなさい．

(1)　制動中の自動車の加速度を求めなさい．進行方向を正の向きとする．

(2)　速さ 100 km/h から急ブレーキをかけて同じ加速度で減速する場合の制動距離を求めなさい．

[1.8]　(1)　等加速度運動の場合，速度と加速度のあいだに式 (1.15) が成りたつことを，式 (1.23) を使って示しなさい．

(2)　等加速度運動の場合，座標と加速度のあいだに式 (1.16) が成りたつことを，式 (1.11) を使って示しなさい．

[1.9]　重力は地球上のすべての物体に対して地球の中心方向に作用する．このことを使って重力加速度の方向が鉛直下向きである理由を説明しなさい．

[1.10]　ボールを鉛直上向きに 12 m/s で投げ上げた．以下の各問いに答えなさい．重力加速度の大きさを $g = 9.8$ m/s^2 とする．空気や風の影響を無視する．

(1)　ボールが手元に返ってくるまでの時間を求めなさい．

(2)　ボールが到達する最高点の高さを求めなさい．

(3)　手元に返ってきたときのボールの速さを求めなさい．

[1.11]　高さ h〔m〕の窓から手をすべらせて花びんを落としてしまった．落ちた花びんは地面で割れたが，幸いけが人はいなかった．落下する花びんの初速を 0 m/s として以下の問いに答えなさい．重力加速度の大きさを g〔m/s^2〕，音の伝わる速さを c〔m/s〕とする．空気や風の影響を無視する．

(1)　花びんが地面で割れたのは手をすべらせてから何秒後か．

(2)　落とした窓で花びんが割れる音が聞こえたのは手をすべらせてから何秒後か．

2 ベクトル

本章ではベクトルの基本について学習する．第 1 章で学習した変位・速度・加速度はいずれも大きさとともに方向をもつ物理量で，これらを記述するにはベクトルの考え方を用いると便利である．

ベクトルについては数学で学習したことがあるかもしれない．物理学では数学を道具としてよく使うので，物理学と数学は切り離すことのできない関係にある．数学のテクニックを物理学に適用すると，一見すると複雑でどう扱ったらよいのかわからないような問題でも，すっきりと見通しよく考えることができるようになる．

本書では随所でベクトルを使った表記をする．ここでしっかりと学習して，ベクトルを自由に使える便利な道具としてほしい．

2.1 スカラー量とベクトル量

この例題から始めよう．

例題 2.1 警察無線で本署からの情報：

(A) 「泥棒は動物園前を 10 km/h で走って逃走中」

(B) 「泥棒は動物園前を向山方面に 10 km/h で走って逃走中」

泥棒を捕まえられる可能性が高い情報は上のどちらか．理由も述べなさい．

図 2.1 捕まえられるか？

［解答］ 答えは当然 (B)．泥棒が逃げる方向がわかっている方がそちらを追えばよいので捕まえやすい．

例題 2.1 でわかったように，速度を表現するにはその大きさと方向の両方の情報が必要である．このように大きさと方向で表現される量のことを**ベクトル量**という．一方，大きさだけで表現され，方向をもたない量のことを**スカラー量**という．

例題 2.2 以下の物理量をスカラー量とベクトル量に分類しなさい．

変位，速度，加速度，力，温度，電気抵抗，モル数，電流，エネルギー，電力，磁場 (磁界)，川の流れ，星の明るさ，距離，速さ，時間，電荷，電気容量

［解答］ ベクトル量であるもの：変位，速度，加速度，力，電流，磁場 (磁界)，川の流れ．これらは大きさと方向をもつ物理量である．

スカラー量であるもの：温度，電気抵抗，モル数，エネルギー，電力，星の明るさ，距離，速さ，時間，電荷，電気容量．これらは大きさをもつが方向をもたない物理量である．

紙の上でベクトルを表すときは始点から終点に向かう矢印を使って描く．矢印の向きはベクトルの方向を表し，矢印の長さはベクトルの大きさを表す．ここで，ベクトルの始点の位置には何の制限もないことに注意しよう．すなわち，方向と大きさが等しければ始点の位置に関係なく等しいベクトルを表す．特別な場合として，大きさゼロのベクトルのことをゼロベクトルという．

例題 2.3　図 2.2 にベクトルがたくさん描いてある．等しいベクトルを見つけなさい．

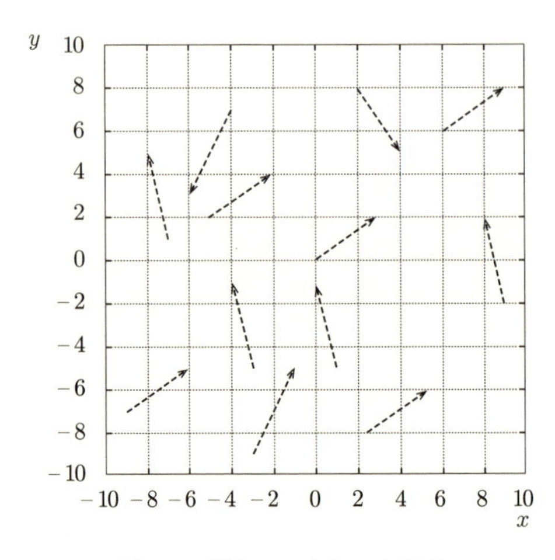

図 2.2　等しいベクトルを探せ

［解答］　等しいベクトルを見つけてしるしをつけたものが図 2.3 である．長円，長方形で囲まれたベクトルはそれぞれ等しい．

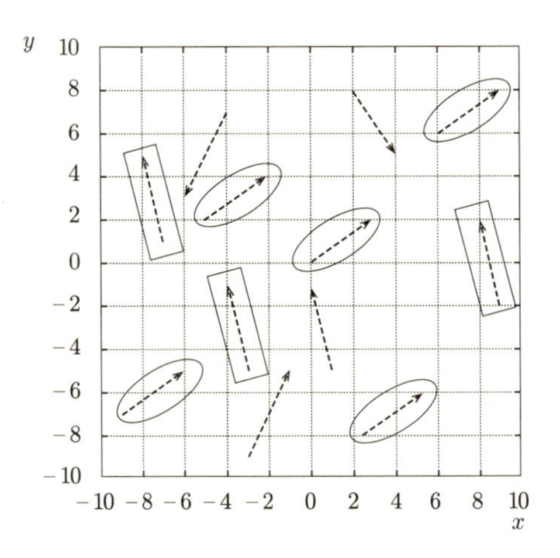

図 2.3　等しいベクトルを見つけた！

2.2　ベクトルの性質

ベクトルを記号で表すときは上に矢印をつけて $\vec{a}$ とするか，太い文字を使って $\boldsymbol{a}$ とする約束になっている．本書では，後者の太字でベクトルを表すことにする．

2つのベクトル $\boldsymbol{a} = \overrightarrow{\mathrm{PQ}}$ と $\boldsymbol{b} = \overrightarrow{\mathrm{QR}}$ があるとき，図 2.4 のようにしてできるベクトル $\boldsymbol{c} = \overrightarrow{\mathrm{PR}}$ のことを和 $\boldsymbol{a}+\boldsymbol{b}$ と定義し，$\boldsymbol{c} = \boldsymbol{a}+\boldsymbol{b}$ と表す．ベクトルにマイナス符号をつけると，大きさが等しく方向が反対のベクトルを表す．$\boldsymbol{a}+(-\boldsymbol{b})$ のことを $\boldsymbol{a}-\boldsymbol{b}$ と表して，これをベクトルの差という．図 2.4 の場合，$-\boldsymbol{b}$ は $\overrightarrow{\mathrm{QS}}$ で，$\boldsymbol{a}-\boldsymbol{b} = \overrightarrow{\mathrm{PS}} = \boldsymbol{d}$ となる．

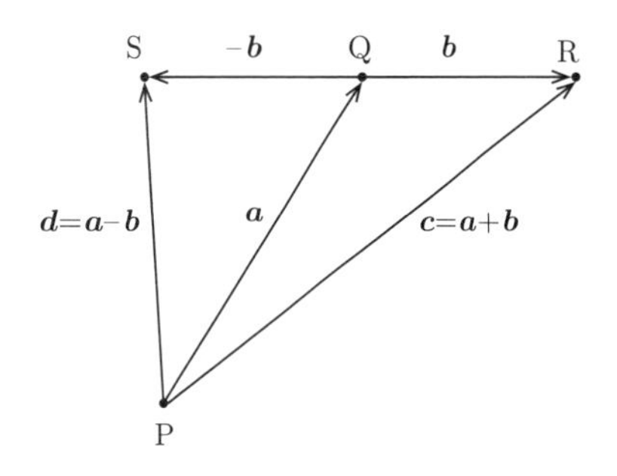

図 2.4　ベクトルの和

例題 2.4　ベクトルに対して以下の関係が成りたつことを示しなさい．ただし $\mathbf{0}$ はゼロベクトルである．

(1)　$\boldsymbol{a}+\boldsymbol{b} = \boldsymbol{b}+\boldsymbol{a}$　(交換法則)

(2)　$(\boldsymbol{a}+\boldsymbol{b})+\boldsymbol{c} = \boldsymbol{a}+(\boldsymbol{b}+\boldsymbol{c})$　(結合法則)

(3)　$\boldsymbol{a}-\boldsymbol{a} = \mathbf{0}$

(4)　$\boldsymbol{c} = \boldsymbol{a}+\boldsymbol{b}$ ならば，$\boldsymbol{a} = \boldsymbol{c}-\boldsymbol{b}$ および $\boldsymbol{b} = \boldsymbol{c}-\boldsymbol{a}$ である．

［解答］　(1)　図 2.5 のような平行四辺形 OABC で $\overrightarrow{\mathrm{OA}} = \overrightarrow{\mathrm{BC}} = \boldsymbol{a}$，$\overrightarrow{\mathrm{OB}} = \overrightarrow{\mathrm{AC}} = \boldsymbol{b}$ とする．

$$\boldsymbol{a}+\boldsymbol{b} = \overrightarrow{\mathrm{OA}}+\overrightarrow{\mathrm{AC}} = \overrightarrow{\mathrm{OC}},$$
$$\boldsymbol{b}+\boldsymbol{a} = \overrightarrow{\mathrm{OB}}+\overrightarrow{\mathrm{BC}} = \overrightarrow{\mathrm{OC}}$$

である．したがって $\boldsymbol{a}+\boldsymbol{b} = \boldsymbol{b}+\boldsymbol{a}$ が成りたつ．

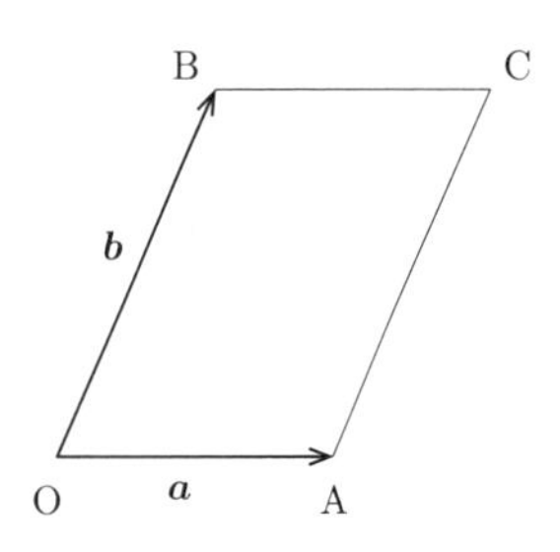

図 2.5

(2)　図 2.6 のように 4 つの点 O, A, B, C をとり，$\overrightarrow{\mathrm{OA}} = \boldsymbol{a}$，$\overrightarrow{\mathrm{AB}} = \boldsymbol{b}$，$\overrightarrow{\mathrm{BC}} = \boldsymbol{c}$ とする．

$$(\boldsymbol{a}+\boldsymbol{b})+\boldsymbol{c} = (\overrightarrow{\mathrm{OA}}+\overrightarrow{\mathrm{AB}})+\overrightarrow{\mathrm{BC}} = \overrightarrow{\mathrm{OB}}+\overrightarrow{\mathrm{BC}} = \overrightarrow{\mathrm{OC}},$$
$$\boldsymbol{a}+(\boldsymbol{b}+\boldsymbol{c}) = \overrightarrow{\mathrm{OA}}+(\overrightarrow{\mathrm{AB}}+\overrightarrow{\mathrm{BC}}) = \overrightarrow{\mathrm{OA}}+\overrightarrow{\mathrm{AC}} = \overrightarrow{\mathrm{OC}}$$

である．したがって $(\boldsymbol{a}+\boldsymbol{b})+\boldsymbol{c} = \boldsymbol{a}+(\boldsymbol{b}+\boldsymbol{c})$ が成りたつ．

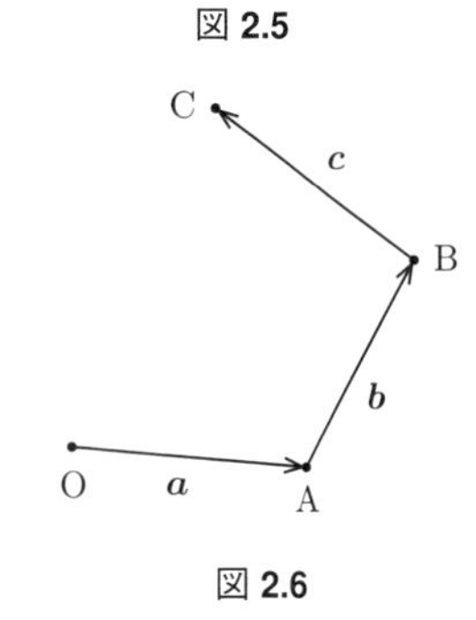

図 2.6

(3), (4) は省略する．

同じベクトルの和 $\boldsymbol{a}+\boldsymbol{a}$ をつくると，$\boldsymbol{a}$ と同じ方向で大きさが 2 倍のベクトルになる．これを $2\boldsymbol{a} = \boldsymbol{a}+\boldsymbol{a}$ と表す．このことを拡張して，実数 t をベクトル $\boldsymbol{a}$ にかけてできるベクトルを $t\boldsymbol{a}$ と表す．ベクトル $t\boldsymbol{a}$ は $\boldsymbol{a}$ と同じ方向で大きさが t 倍のベクトルと定義する．$t<0$ の場合は $\boldsymbol{a}$ と逆方向のベクトルとなる．特に $t=0$ の場合はどんな $\boldsymbol{a}$ に対しても $t\boldsymbol{a} = \mathbf{0}$，$\boldsymbol{a} = \mathbf{0}$ の場合はどんな t に対しても $t\boldsymbol{a} = \mathbf{0}$ である．

例題 2.5　ベクトルに対して以下の関係が成りたつことを示しなさい．ただし t, u は実数である．

(1)　$t(\boldsymbol{a}+\boldsymbol{b}) = t\boldsymbol{a}+t\boldsymbol{b}$

(2)　$(t+u)\boldsymbol{a} = t\boldsymbol{a}+u\boldsymbol{a}$

(3)　$(tu)\boldsymbol{a} = t(u\boldsymbol{a})$

［解答］　作図をすれば簡単に示すことができる．

2.3　ベクトルの成分分解

以下，特にことわりがない限り直交座標系を用いて議論する．

図 2.7 のように，xy 平面内にベクトル $\boldsymbol{a}$ がある．ベクトル $\boldsymbol{a}$ は，x 方向に $+3$，y 方向に $+2$ 進むベクトルである．これを $\boldsymbol{a}=(3,2)$ と表すことにする．このとき $(3,2)$ をベクトル $\boldsymbol{a}$ の成分という．ここで 2 つのベクトル $\boldsymbol{e}_x$，$\boldsymbol{e}_y$ を導入する．$\boldsymbol{e}_x$，$\boldsymbol{e}_y$ はともに大きさ 1 のベクトルで，それぞれ x 軸，y 軸の正方向を向く．これら $\boldsymbol{e}_x$，$\boldsymbol{e}_y$ を単位ベクトルとよぶ．ベクトル $\boldsymbol{a}$ は，単位ベクトルを用いて $\boldsymbol{a}=3\boldsymbol{e}_x+2\boldsymbol{e}_y$ と表すことができる．これは $\boldsymbol{a}$ を x および y 方向の成分の和として表現できることを表しているのでベクトル $\boldsymbol{a}$ の成分分解とよぶ．

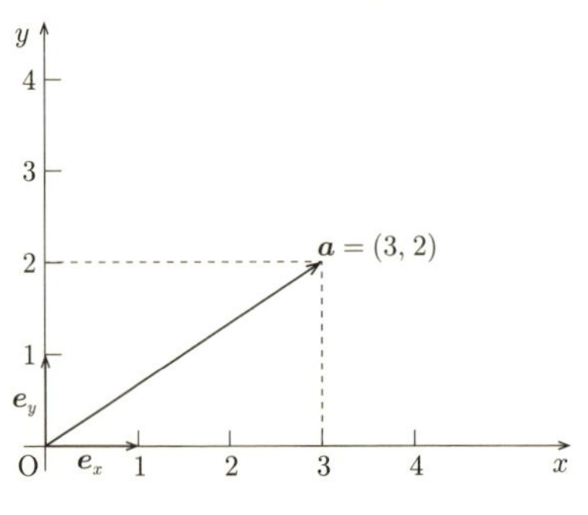

図 2.7　ベクトルの成分分解

一般に任意の平面ベクトル $\boldsymbol{a}$ は適当な実数 a_x と a_y を用いて

$$\boldsymbol{a}=a_x\boldsymbol{e}_x+a_y\boldsymbol{e}_y \tag{2.1}$$

と成分分解できる．これを $\boldsymbol{a}=(a_x,\ a_y)$ と成分表示で表すこともできる．

いま，$\boldsymbol{a}=(a_x,\ a_y)$，$\boldsymbol{b}=(b_x,\ b_y)$ とする．これら 2 つのベクトルの和は

$$\begin{aligned}\boldsymbol{a}+\boldsymbol{b}&=(a_x\boldsymbol{e}_x+a_y\boldsymbol{e}_y)+(b_x\boldsymbol{e}_x+b_y\boldsymbol{e}_y)\\&=(a_x+b_x)\boldsymbol{e}_x+(a_y+b_y)\boldsymbol{e}_y\end{aligned}$$

となるから

$$\boldsymbol{a}+\boldsymbol{b}=(a_x+b_x,\ a_y+b_y) \tag{2.2}$$

つまりベクトルの和は各成分ごとの和で表されることがわかる．

空間ベクトルの場合は x,y,z 方向の単位ベクトル $\boldsymbol{e}_x$，$\boldsymbol{e}_y$，$\boldsymbol{e}_z$ を用いて

$$\boldsymbol{a}=a_x\boldsymbol{e}_x+a_y\boldsymbol{e}_y+a_z\boldsymbol{e}_z \tag{2.3}$$

と成分分解できて，これを成分表示で

$$\boldsymbol{a}=(a_x,a_y,a_z) \tag{2.4}$$

と表す．空間ベクトルの場合もベクトルの和は各成分ごとの和で表すことができる．$\boldsymbol{a}=(a_x,\ a_y,\ a_z)$，$\boldsymbol{b}=(b_x,\ b_y,\ b_z)$ として，以下は簡単に示すことができる．

$$\boldsymbol{a}+\boldsymbol{b}=(a_x+b_x,\ a_y+b_y,\ a_z+b_z) \tag{2.5}$$

例題 2.6　(1)　2 つの平面ベクトル $\boldsymbol{a}=(5,-2)$，$\boldsymbol{b}=(-2,4)$ について $\boldsymbol{a}+\boldsymbol{b}$，$\boldsymbol{a}-\boldsymbol{b}$，および $-2\boldsymbol{a}+\boldsymbol{b}$ をそれぞれ求めなさい．

(2)　$\boldsymbol{a}=\boldsymbol{e}_x+2\boldsymbol{e}_y-2\boldsymbol{e}_z$，$\boldsymbol{b}=3\boldsymbol{e}_x-\boldsymbol{e}_y+\boldsymbol{e}_z$ とする．$\boldsymbol{a}+\boldsymbol{b}$，$\boldsymbol{a}-\boldsymbol{b}$，および $-2\boldsymbol{a}+\boldsymbol{b}$ をそれぞれ求めなさい．

［解答］ (1) 成分ごとに計算すればよい．

$$\boldsymbol{a}+\boldsymbol{b}=(3,\ 2),\quad \boldsymbol{a}-\boldsymbol{b}=(7,\ -6),\quad -2\boldsymbol{a}+\boldsymbol{b}=(-12,\ 8)$$

である．

(2) ベクトル $\boldsymbol{a}$, $\boldsymbol{b}$ を成分表示すると，$\boldsymbol{a}=(1,\ 2,\ -2)$, $\boldsymbol{b}=(3,\ -1,\ 1)$ である．成分ごとに計算すると

$$\boldsymbol{a}+\boldsymbol{b}=(4,\ 1,\ -1),\quad \boldsymbol{a}-\boldsymbol{b}=(-2,\ 3,\ -3),\quad -2\boldsymbol{a}+\boldsymbol{b}=(1,\ -5,\ 5)$$

となる．

例題 2.7 図 2.8 のように平面内に 3 点 O, P, Q があり，$\boldsymbol{a}=\overrightarrow{\mathrm{OP}}$, $\boldsymbol{b}=\overrightarrow{\mathrm{OQ}}$ とする．

(1) $\overrightarrow{\mathrm{PQ}}=\boldsymbol{b}-\boldsymbol{a}$ であることを示しなさい．

(2) 線分 PQ の中点を R とすると，$\overrightarrow{\mathrm{OR}}=\dfrac{1}{2}(\boldsymbol{a}+\boldsymbol{b})$ であることを示しなさい．

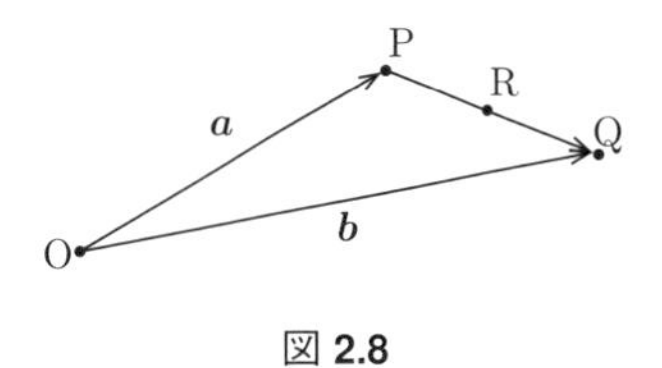

図 2.8

［解答］ (1) $\overrightarrow{\mathrm{OP}}+\overrightarrow{\mathrm{PQ}}=\overrightarrow{\mathrm{OQ}}$ だから，

$$\overrightarrow{\mathrm{PQ}}=\overrightarrow{\mathrm{OQ}}-\overrightarrow{\mathrm{OP}}=\boldsymbol{b}-\boldsymbol{a}$$

である．

(2) 求めるベクトルは $\overrightarrow{\mathrm{OR}}=\overrightarrow{\mathrm{OP}}+\overrightarrow{\mathrm{PR}}$ である．(1) の結果を使って計算すると

$$\begin{aligned}\overrightarrow{\mathrm{OR}}&=\overrightarrow{\mathrm{OP}}+\overrightarrow{\mathrm{PR}}=\boldsymbol{a}+\frac{1}{2}\overrightarrow{\mathrm{PQ}}=\boldsymbol{a}+\frac{1}{2}(\boldsymbol{b}-\boldsymbol{a})\\&=\frac{1}{2}(\boldsymbol{a}+\boldsymbol{b})\end{aligned}$$

となる．

矢印で表したベクトルの長さのことをベクトルの大きさという．ベクトル $\boldsymbol{a}$ の大きさを $|\boldsymbol{a}|$ と表す．平面ベクトル $\boldsymbol{a}=(a_x, a_y)$ の大きさは，図 2.9 からわかるように三平方の定理を使って

$$|\boldsymbol{a}|=\sqrt{a_x^2+a_y^2} \tag{2.6}$$

である．

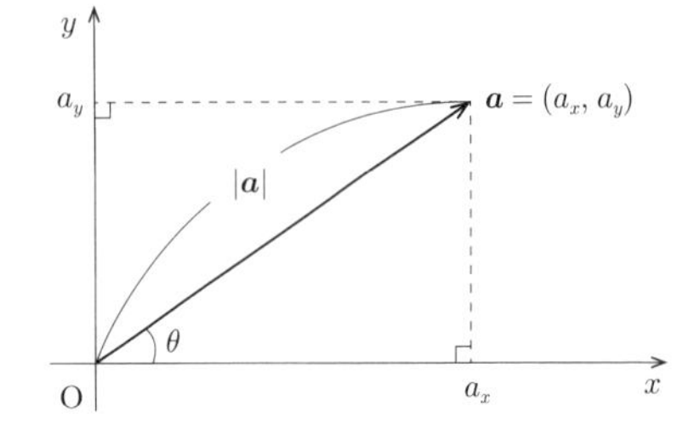

図 2.9 ベクトル $\boldsymbol{a}$ の大きさ

また，x 軸と $\boldsymbol{a}$ のあいだの角度を θ とすると，

$$\cos\theta=\frac{a_x}{|\boldsymbol{a}|},\quad \sin\theta=\frac{a_y}{|\boldsymbol{a}|},\quad \tan\theta=\frac{a_y}{a_x} \tag{2.7}$$

である．これらを変形すると

$$a_x=|\boldsymbol{a}|\cos\theta,\quad a_y=|\boldsymbol{a}|\sin\theta,\quad \theta=\tan^{-1}\left(\frac{a_y}{a_x}\right) \tag{2.8}$$

となる．

2.4 スカラー積

ここからは，2 つのベクトルの積について学習する．ベクトルどうしの積には 2 種類ある．本節

で学ぶスカラー積と，次節で学ぶベクトル積である．どちらも物理学でよく使う数学ツールである．

ベクトル $\boldsymbol{a}$ と $\boldsymbol{b}$ のスカラー積 (内積ともいう) を $\boldsymbol{a}\cdot\boldsymbol{b}$ と表し，次式で定義する．

$$\boldsymbol{a}\cdot\boldsymbol{b} = |\boldsymbol{a}||\boldsymbol{b}|\cos\theta \tag{2.9}$$

ただし θ は $\boldsymbol{a}$ と $\boldsymbol{b}$ のあいだの角度である．式 (2.9) の定義からわかるように，ベクトルのスカラー積はスカラー量である．式 (2.9) より，$\boldsymbol{a}$ と $\boldsymbol{b}$ が互いに直交するならば $\theta = \dfrac{\pi}{2}$ なので $\boldsymbol{a}\cdot\boldsymbol{b} = 0$，$\boldsymbol{a}$ と $\boldsymbol{b}$ が平行ならば $\theta = 0$ なので $\boldsymbol{a}\cdot\boldsymbol{b}$ は最大値をとる．また $\boldsymbol{b} = \boldsymbol{a}$ とすると，$\boldsymbol{a}\cdot\boldsymbol{a} = |\boldsymbol{a}|^2$ となる．すなわち，同じベクトルどうしのスカラー積はベクトルの大きさの 2 乗である．

例題 2.8　ゼロベクトルでない 2 つのベクトル $\boldsymbol{a}$ と $\boldsymbol{b}$ が互いに直交するための必要十分条件は $\boldsymbol{a}\cdot\boldsymbol{b} = 0$ であることを示しなさい．

［解答］　必要十分条件を示すのだから，(i)「$\boldsymbol{a}$ と $\boldsymbol{b}$ が互いに直交するならば $\boldsymbol{a}\cdot\boldsymbol{b} = 0$ である」ことと (ii)「$\boldsymbol{a}\cdot\boldsymbol{b} = 0$ であるならば $\boldsymbol{a}$ と $\boldsymbol{b}$ が互いに直交する」ことの両方を示す必要がある．
(i) $\boldsymbol{a}$ と $\boldsymbol{b}$ が互いに直交するならば $\boldsymbol{a}$ と $\boldsymbol{b}$ のあいだの角度は $\pi/2$ であるから，

$$\boldsymbol{a}\cdot\boldsymbol{b} = |\boldsymbol{a}||\boldsymbol{b}|\cos\left(\frac{\pi}{2}\right) = 0$$

である．したがって (i) が成りたつ．
(ii) $\boldsymbol{a}\cdot\boldsymbol{b} = 0$ であるならば，$\boldsymbol{a}$ と $\boldsymbol{b}$ のあいだの角度を θ として

$$\boldsymbol{a}\cdot\boldsymbol{b} = |\boldsymbol{a}||\boldsymbol{b}|\cos\theta = 0$$

である．$\boldsymbol{a}$ と $\boldsymbol{b}$ はどちらもゼロベクトルでないので $|\boldsymbol{a}| \neq 0$，$|\boldsymbol{b}| \neq 0$ である．したがって $\cos\theta = 0$ でなければならず，$\boldsymbol{a}$ と $\boldsymbol{b}$ は互いに直交する．したがって (ii) が示された．

以上より，ゼロベクトルでない 2 つのベクトル $\boldsymbol{a}$ と $\boldsymbol{b}$ が互いに直交するための必要十分条件は $\boldsymbol{a}\cdot\boldsymbol{b} = 0$ であることが示された．

$\boldsymbol{a} = (a_x, a_y, a_z)$，$\boldsymbol{b} = (b_x, b_y, b_z)$ ならば，$\boldsymbol{a}\cdot\boldsymbol{b}$ は成分を使って

$$\boldsymbol{a}\cdot\boldsymbol{b} = a_x b_x + a_y b_y + a_z b_z \tag{2.10}$$

で求められる．これは次のように証明できる．

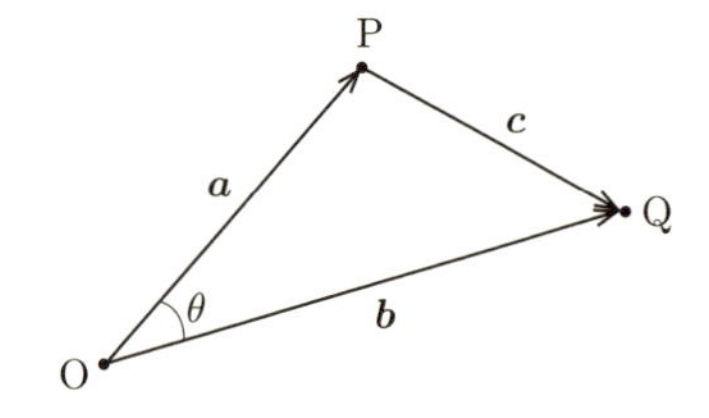

図 2.10　式 (2.10) の証明

図 2.10 のような三角形 OPQ を考え，$\overrightarrow{\mathrm{OP}} = \boldsymbol{a}$，$\overrightarrow{\mathrm{OQ}} = \boldsymbol{b}$，$\overrightarrow{\mathrm{PQ}} = \boldsymbol{c}$ とする．$\boldsymbol{a}$ と $\boldsymbol{b}$ のあいだの角度 $\angle\mathrm{POQ} = \theta$ とすると，余弦定理より

$$|\boldsymbol{c}|^2 = |\boldsymbol{a}|^2 + |\boldsymbol{b}|^2 - 2|\boldsymbol{a}||\boldsymbol{b}|\cos\theta = |\boldsymbol{a}|^2 + |\boldsymbol{b}|^2 - 2\boldsymbol{a}\cdot\boldsymbol{b}$$

である．したがって

$$\boldsymbol{a}\cdot\boldsymbol{b} = \frac{1}{2}\left(|\boldsymbol{a}|^2 + |\boldsymbol{b}|^2 - |\boldsymbol{c}|^2\right) \tag{2.11}$$

である．ここで

$$|\boldsymbol{a}|^2 = a_x^2 + a_y^2 + a_z^2, \quad |\boldsymbol{b}|^2 = b_x^2 + b_y^2 + b_z^2, \quad |\boldsymbol{c}|^2 = (a_x - b_x)^2 + (a_y - b_y)^2 + (a_z - b_z)^2$$

であるから，これらを式 (2.11) に代入して上手に計算すると式 (2.10) が得られる．(証明終わり)

例題 2.9 次式が成りたつことを示しなさい.

(1) $\boldsymbol{a}\cdot(\boldsymbol{b}+\boldsymbol{c})=\boldsymbol{a}\cdot\boldsymbol{b}+\boldsymbol{a}\cdot\boldsymbol{c}$ (分配法則)

(2) $|\boldsymbol{a}+\boldsymbol{b}|^2=|\boldsymbol{a}|^2+2\boldsymbol{a}\cdot\boldsymbol{b}+|\boldsymbol{b}|^2$

(3) $|\boldsymbol{a}-\boldsymbol{b}|^2=|\boldsymbol{a}|^2-2\boldsymbol{a}\cdot\boldsymbol{b}+|\boldsymbol{b}|^2$

[解答] $\boldsymbol{a}=(a_x,\ a_y,\ a_z)$, $\boldsymbol{b}=(b_x,\ b_y,\ b_z)$ とする.

(1)

$$\begin{aligned}\boldsymbol{a}\cdot(\boldsymbol{b}+\boldsymbol{c})&=a_x(b_x+c_x)+a_y(b_y+c_y)+a_z(b_z+c_z)\\&=(a_xb_x+a_yb_y+a_zb_z)+(a_xc_x+a_yc_y+a_zc_z)\\&=\boldsymbol{a}\cdot\boldsymbol{b}+\boldsymbol{a}\cdot\boldsymbol{c}\end{aligned}$$

したがって (1) が成りたつ.

(2)

$$\begin{aligned}|\boldsymbol{a}+\boldsymbol{b}|^2&=(\boldsymbol{a}+\boldsymbol{b})\cdot(\boldsymbol{a}+\boldsymbol{b})\\&=(a_x+b_x)^2+(a_y+b_y)^2+(a_z+b_z)^2\\&=a_x^2+2a_xb_x+b_x^2+a_y^2+2a_yb_y+b_y^2+a_z^2+2a_zb_z+b_z^2\\&=(a_x^2+a_y^2+a_z^2)+2(a_xb_x+a_yb_y+a_zb_z)+(b_x^2+b_y^2+b_z^2)\\&=|\boldsymbol{a}|^2+2\boldsymbol{a}\cdot\boldsymbol{b}+|\boldsymbol{b}|^2\end{aligned}$$

したがって (2) が成りたつ.

(3) (2) と同様にして示すことができる.

2.5 ベクトル積

ベクトル $\boldsymbol{a}$ と $\boldsymbol{b}$ のベクトル積 (外積ともいう) は新たなベクトル $\boldsymbol{c}$ を生成し, $\boldsymbol{c}=\boldsymbol{a}\times\boldsymbol{b}$ と表す. $\boldsymbol{c}$ はベクトルなので, ベクトル積を定義するにはその大きさと方向を定める必要がある. ベクトル積を以下のように定義する.

ベクトル積の大きさは, $\boldsymbol{a}$ と $\boldsymbol{b}$ のあいだの角度のうち小さい方を θ として, 次式で与えられる.

$$|\boldsymbol{c}|=|\boldsymbol{a}\times\boldsymbol{b}|=|\boldsymbol{a}||\boldsymbol{b}|\sin\theta \tag{2.12}$$

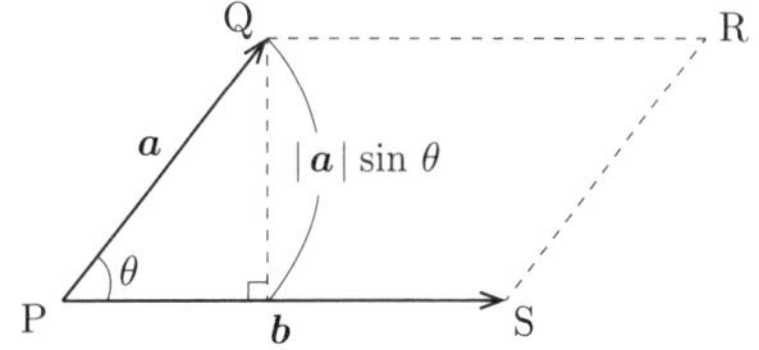

図 2.11 $\boldsymbol{a}$ と $\boldsymbol{b}$ がつくる平行四辺形の面積

ベクトル積の大きさは, $\boldsymbol{a}$ と $\boldsymbol{b}$ からできる平行四辺形の面積に等しい. このことは次の考察からわかる. 図 2.11 のように, $\boldsymbol{a}$ と $\boldsymbol{b}$ でできる平行四辺形 PQRS を考える. 底辺を PS とすると底辺の長さは $|\boldsymbol{b}|$, 平行四辺形の高さは $|\boldsymbol{a}|\sin\theta$ である. したがってこの平行四辺形の面積は, $|\boldsymbol{a}||\boldsymbol{b}|\sin\theta$ である.

ベクトル積の方向は, $\boldsymbol{a}$ と $\boldsymbol{b}$ を含む平面に垂直で, 右手ルールにしたがう方向と定める. 右手ルールとは, 図 2.12 のように右手を $\boldsymbol{a}$ から $\boldsymbol{b}$ の順に通るように握ったとき, 親指が差し示す方向をいう. ベクトル積で $\boldsymbol{a}$ と $\boldsymbol{b}$ の順を

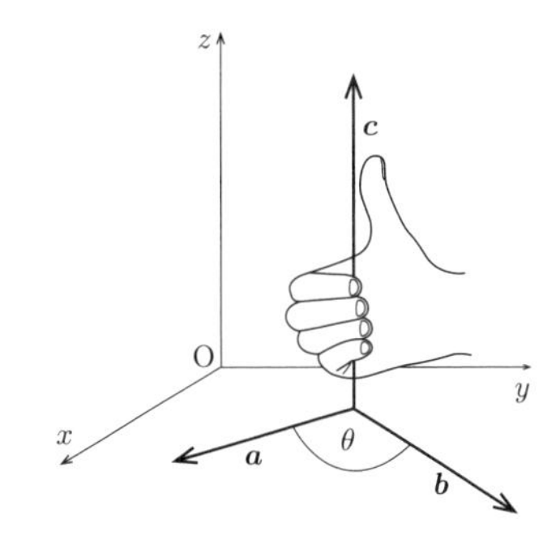

図 2.12 右手ルール

入れ替えると右手の親指は反対を向くので，

$$\boldsymbol{a} \times \boldsymbol{b} = -\boldsymbol{b} \times \boldsymbol{a} \tag{2.13}$$

となる．

例題 2.10　x, y, z 方向の単位ベクトルをそれぞれ $\boldsymbol{e}_x$, $\boldsymbol{e}_y$, $\boldsymbol{e}_z$ とする．これらのあいだに以下の関係が成りたつことを示しなさい．

(1)　$\boldsymbol{e}_x \times \boldsymbol{e}_y = \boldsymbol{e}_z$，$\boldsymbol{e}_y \times \boldsymbol{e}_z = \boldsymbol{e}_x$，$\boldsymbol{e}_z \times \boldsymbol{e}_x = \boldsymbol{e}_y$

(2)　$\boldsymbol{e}_y \times \boldsymbol{e}_x = -\boldsymbol{e}_z$，$\boldsymbol{e}_z \times \boldsymbol{e}_y = -\boldsymbol{e}_x$，$\boldsymbol{e}_x \times \boldsymbol{e}_z = -\boldsymbol{e}_y$

(3)　$\boldsymbol{e}_x \times \boldsymbol{e}_x = 0$，$\boldsymbol{e}_y \times \boldsymbol{e}_y = 0$，$\boldsymbol{e}_z \times \boldsymbol{e}_z = 0$

［解答］　(1)　ベクトル $\boldsymbol{e}_x \times \boldsymbol{e}_y$ の大きさは

$$|\boldsymbol{e}_x \times \boldsymbol{e}_y| = |\boldsymbol{e}_x||\boldsymbol{e}_y| \sin\frac{\pi}{2} = 1$$

である．また，このベクトルの方向は図 2.12 の右手ルールにより，z 軸の正方向である．以上のことから $\boldsymbol{e}_x \times \boldsymbol{e}_y = \boldsymbol{e}_z$ であることがわかる．ほかの 2 つの式についても同様に示すことができる．

(2)　$\boldsymbol{e}_y \times \boldsymbol{e}_x = -\boldsymbol{e}_x \times \boldsymbol{e}_y = -\boldsymbol{e}_z$ である．ほかの 2 つの式についても同様に示すことができる．

(3)　$\boldsymbol{e}_x \times \boldsymbol{e}_x = 1 \cdot 1 \cdot \sin 0 = 0$ である．ほかの 2 つの式についても同様に示すことができる．

例題 2.11　以下の等式が成りたつことを示しなさい．

(1)　$(k\boldsymbol{a}) \times \boldsymbol{b} = \boldsymbol{a} \times (k\boldsymbol{b}) = k(\boldsymbol{a} \times \boldsymbol{b})$，ただし k は実数とする．

(2)　$\boldsymbol{a} \cdot (\boldsymbol{a} \times \boldsymbol{b}) = 0$

(3)　$|\boldsymbol{a} \times \boldsymbol{b}|^2 = |\boldsymbol{a}|^2|\boldsymbol{b}|^2 - (\boldsymbol{a} \cdot \boldsymbol{b})^2$

［解答］　$\boldsymbol{a}$ と $\boldsymbol{b}$ のあいだの角度を θ とする．

(1)　k は実数なので，これら 3 つのベクトル積で生成されるベクトルの方向はすべて等しく，$\boldsymbol{a} \times \boldsymbol{b}$ と同じ向きである．各ベクトルの大きさは

$$\begin{aligned}(k\boldsymbol{a}) \times \boldsymbol{b} &= |k\boldsymbol{a}||\boldsymbol{b}| \sin\theta = k|\boldsymbol{a}||\boldsymbol{b}| \sin\theta \\ &= k(\boldsymbol{a} \times \boldsymbol{b}) = |\boldsymbol{a}||k\boldsymbol{b}| \sin\theta \\ &= \boldsymbol{a} \times (k\boldsymbol{b})\end{aligned}$$

となり，すべて等しい．したがって (1) の式が成りたつ．

(2)　(i) $\boldsymbol{a}$ と $\boldsymbol{b}$ が平行のとき：

$\boldsymbol{a} \times \boldsymbol{b} = \boldsymbol{0}$ だから (2) の式が成りたつ．

(ii) $\boldsymbol{a}$ と $\boldsymbol{b}$ が平行でないとき：

$\boldsymbol{a} \times \boldsymbol{b}$ は $\boldsymbol{a}$ に垂直なベクトルである．互いに垂直なベクトルのスカラー積は 0 だから，(2) の式が成りたつ．

(3)

$$\begin{aligned}|\boldsymbol{a} \times \boldsymbol{b}|^2 &= |\boldsymbol{a}|^2|\boldsymbol{b}|^2 \sin^2\theta = |\boldsymbol{a}|^2|\boldsymbol{b}|^2(1 - \cos^2\theta) = |\boldsymbol{a}|^2|\boldsymbol{b}|^2 - |\boldsymbol{a}|^2|\boldsymbol{b}|^2 \cos^2\theta \\ &= |\boldsymbol{a}|^2|\boldsymbol{b}|^2 - (\boldsymbol{a} \cdot \boldsymbol{b})^2\end{aligned}$$

したがって (3) の式が成りたつ．

ベクトル積 $\boldsymbol{c} = \boldsymbol{a} \times \boldsymbol{b}$ は成分表示で次のように表すことができる．

$\boldsymbol{a} = (a_x, a_y, a_z)$，$\boldsymbol{b} = (b_x, b_y, b_z)$，$\boldsymbol{c} = (c_x, c_y, c_z)$ とすると，

$$\begin{cases} c_x = a_y b_z - a_z b_y \\ c_y = a_z b_x - a_x b_z \\ c_z = a_x b_y - a_y b_x \end{cases} \tag{2.14}$$

である.

これは次のように 2 段階で証明する.

(1) $\boldsymbol{c}$ の大きさは式 (2.12) をみたす.

(2) 式 (2.14) で表されるベクトル $\boldsymbol{c}$ は, $\boldsymbol{a}$, $\boldsymbol{b}$ のどちらとも互いに直交し, 右手ルールにしたがう方向を向く.

まず (1) を示す. そのためには, $|\boldsymbol{c}|$ が例題 2.11 の (3) 式をみたすことを示せばよい.

$$\begin{aligned}
|\boldsymbol{c}|^2 &= (a_y b_z - a_z b_y)^2 + (a_z b_x - a_x b_z)^2 + (a_x b_y - a_y b_x)^2 \\
&= a_y^2 b_z^2 + a_z^2 b_x^2 + a_z^2 b_x^2 + a_x^2 b_z^2 + a_x^2 b_y^2 + a_y^2 b_x^2 \\
&\quad -2\,(a_y a_z b_y b_z + a_z a_x b_z b_x + a_x a_y b_x b_y) \\
&= a_x^2(b_x^2 + b_y^2 + b_z^2) - a_x^2 b_x^2 + a_y^2(b_x^2 + b_y^2 + b_z^2) - a_y^2 b_y^2 + a_z^2(b_x^2 + b_y^2 + b_z^2) - a_z^2 b_z^2 \\
&\quad -2\,(a_y a_z b_y b_z + a_z a_x b_z b_x + a_x a_y b_x b_y) \\
&= (a_x^2 + a_y^2 + a_z^2)(b_x^2 + b_y^2 + b_z^2) \\
&\quad -\left\{a_x^2 b_x^2 + a_y^2 b_y^2 + a_z^2 b_z^2 + 2\,(a_y a_z b_y b_z + a_z a_x b_z b_x + a_x a_y b_x b_y)\right\} \\
&= |\boldsymbol{a}|^2 |\boldsymbol{b}|^2 - (a_x b_x + a_y b_y + a_z b_z)^2 \\
&= |\boldsymbol{a}|^2 |\boldsymbol{b}|^2 - (\boldsymbol{a} \cdot \boldsymbol{b})^2
\end{aligned}$$

したがって, $|\boldsymbol{c}|$ は例題 2.11 の (3) 式をみたす. スカラー積の定義により上式はさらに以下のように書き換えることができる.

$$\begin{aligned}
|\boldsymbol{c}|^2 &= |\boldsymbol{a}|^2 |\boldsymbol{b}|^2 - |\boldsymbol{a}|^2 |\boldsymbol{b}|^2 \cos^2\theta \\
&= |\boldsymbol{a}|^2 |\boldsymbol{b}|^2 (1 - \cos^2\theta) \\
&= |\boldsymbol{a}|^2 |\boldsymbol{b}|^2 \sin^2\theta \\
&= |\boldsymbol{a} \times \boldsymbol{b}|^2
\end{aligned}$$

これで (1) が示された. すなわち, 式 (2.14) で表される $\boldsymbol{c}$ の大きさはベクトル積 $\boldsymbol{a} \times \boldsymbol{b}$ の大きさと一致する.

次に (2) を示そう. $\boldsymbol{c}$ が $\boldsymbol{a}$ および $\boldsymbol{b}$ と互いに直交することはそれぞれのスカラー積が 0 であることを確かめればよい.

$$\begin{aligned}
\boldsymbol{c} \cdot \boldsymbol{a} &= c_x a_x + c_y a_y + c_z a_z \\
&= (a_y b_z - a_z b_y) a_x + (a_z b_y - a_y b_z) a_y + (a_x b_y - a_y b_z) a_z \\
&= 0
\end{aligned}$$

同様に $\boldsymbol{c} \cdot \boldsymbol{b} = 0$ である. したがって $\boldsymbol{c}$ は $\boldsymbol{a}$ と $\boldsymbol{b}$ を含む平面と直交する. あとは $\boldsymbol{c}$ が右手ルールにしたがう方向を向くことを示せばよい. そのためには, $\boldsymbol{a} = \boldsymbol{e}_x$, $\boldsymbol{b} = \boldsymbol{e}_y$ の特別な場合を考えて

$\boldsymbol{c} = \boldsymbol{e}_z$ となることを示せばよい．なぜなら，$\boldsymbol{a} = \boldsymbol{e}_x$，$\boldsymbol{b} = \boldsymbol{e}_y$ からスタートして連続的に $\boldsymbol{a} = \boldsymbol{e}_x$ と $\boldsymbol{b} = \boldsymbol{e}_y$ を変化させたときにどこかで $\boldsymbol{c}$ の方向が右手ルールから左手ルールに切り替わるためには，そこで $\boldsymbol{c}$ がゼロベクトルとなる必要があるが，ベクトル積の定義によりそれはありえないからである．式 (2.14) に $\boldsymbol{a} = (1,0,0)$，$\boldsymbol{y} = (0,1,0)$ を代入すれば $\boldsymbol{c} = (0,0,1)$ となることで容易に示せる．したがって，式 (2.14) で表される $\boldsymbol{c}$ は右手ルールで定まる方向を向く．

以上より，ベクトル積の成分表示は式 (2.14) で与えられることが示された．(証明終わり)

章 末 問 題

[2.1] ボートで桟橋を出発して以下のように航行した．北向き 20 km/h で 5 分，東に向きを変えて 15 km/h で 3 分，さらに南向きに 30 km/h で 10 分走って停止した．東向きを x，北向きを y の正方向とする．

(1) 桟橋から停止するまでのボートの変位を作図により求めなさい．

(2) (1) で求めたボートの変位をベクトルの成分表示で表しなさい．

(3) 変位の大きさおよび角度を求めなさい．角度は x 軸を 0 とし，反時計回りにラジアンで表す．

[2.2] ベクトル $\boldsymbol{a}$ が $|\boldsymbol{a}| = 2$，$\theta = \dfrac{2\pi}{3}$ であるとき $\boldsymbol{a}$ を $a_x\boldsymbol{e}_x + a_y\boldsymbol{e}_y$ の形で表しなさい．θ は x 軸から測った角度である．

[2.3] 空間ベクトル $\boldsymbol{a} = (a_x, a_y, a_z)$ の大きさ $|\boldsymbol{a}|$ は

$$|\boldsymbol{a}| = \sqrt{a_x^2 + a_y^2 + a_z^2} \tag{2.15}$$

であることを示しなさい．

[2.4] $\boldsymbol{a}$ は x 軸に沿うベクトルで $\boldsymbol{a} = 5\boldsymbol{e}_x$，$\boldsymbol{b}$ は x 軸から角度 θ の方向で大きさ r のベクトルである．$\boldsymbol{c} = \boldsymbol{a} + \boldsymbol{b}$ とする．

(1) $\boldsymbol{c}$ の大きさ $|\boldsymbol{c}|$ を求めなさい．

(2) $r = 8$ で θ の値を変化させるとき，$|\boldsymbol{c}|$ のとりうる最大値と最小値を求めなさい．

(3) $\theta = \dfrac{2\pi}{3}$ で r の値を変化させるとき，$|\boldsymbol{c}|$ の最小値およびそのときの r の値を求めなさい．

[2.5] 次の等式が成りたつことを示しなさい．

$$(\boldsymbol{a} + \boldsymbol{b}) \times \boldsymbol{c} = \boldsymbol{a} \times \boldsymbol{c} + \boldsymbol{b} \times \boldsymbol{c} \tag{2.16}$$

$$\boldsymbol{a} \times (\boldsymbol{b} + \boldsymbol{c}) = \boldsymbol{a} \times \boldsymbol{b} + \boldsymbol{a} \times \boldsymbol{c} \tag{2.17}$$

$$(\boldsymbol{a} \times \boldsymbol{b}) \times \boldsymbol{c} = (\boldsymbol{a} \cdot \boldsymbol{c})\boldsymbol{b} - (\boldsymbol{b} \cdot \boldsymbol{c})\boldsymbol{a} \tag{2.18}$$

3 2次元および3次元の運動

運動する物体は，一般には3次元空間内を移動する．飛行機や潜水艦は前後・上下・左右自由に方向を変えられるので，これらの運動を記述するには x, y, z の3つの座標が必要である．このような運動を3次元の運動という．一方，水面を航行する船舶や草原を自由に走りまわるシマウマの運動は，平面内に拘束されていて鉛直方向には動けない．この場合は x, y の2つの座標で運動を記述する2次元の運動である．さらに，しかれたレールの上だけを走る電車の運動は，レールに沿った座標1つで記述できる1次元の運動である．

1次元の運動については，第1章で詳しく学習した．この章では2次元および3次元の運動の表し方を学習する．ここで学習したことを使えば，投げたボールがどんな飛跡を描いてどこに落下するかを予想することができるようになるだろう．さらに，周期的にくり返される回転や振動運動の表し方にも触れる．

3.1 ベクトルを用いた運動の表し方

第1章では，物体の運動は1次元に拘束されていたので，前進と後退だけを考えればよく，時刻 t における物体の位置は1つの変数 $x(t)$ だけで表すことができた．

物体が2次元あるいは3次元空間内を運動する場合は，物体の位置を表すのにそれぞれ2個および3個の変数が必要になる．ここでは最も一般的な場合として，3次元の運動を考えよう．2次元の運動を表すときは，以下で $z(t) = 0$ とすればよい．時刻 t における物体の位置は空間座標 $(x(t), y(t), z(t))$ で表される．直交座標系の単位ベクトル $\boldsymbol{e}_x, \boldsymbol{e}_y, \boldsymbol{e}_z$ を使ってベクトル

$$\boldsymbol{r}(t) = x(t)\boldsymbol{e}_x + y(t)\boldsymbol{e}_y + z(t)\boldsymbol{e}_z \tag{3.1}$$

をつくると，$\boldsymbol{r}(t)$ は時刻 t のときの物体の位置を表すベクトルと解釈することができる．そこで $\boldsymbol{r}(t)$ を位置ベクトルとよぶことにする．位置ベクトル $\boldsymbol{r}(t)$ は成分表示で

$$\boldsymbol{r}(t) = (x(t), y(t), z(t)) \tag{3.2}$$

と表すこともできる．

物体の変位とは，時刻 t から $t + \Delta t$ までの位置の変化であり，方向と大きさをもつベクトル量だったことを思い出そう．時刻 t および $t + \Delta t$ における物体の位置ベクトルをそれぞれ $\boldsymbol{r}(t)$，$\boldsymbol{r}(t + \Delta t)$ とすると，変位 $\Delta \boldsymbol{r}$ は図 3.1 より

$$\Delta \boldsymbol{r} = \boldsymbol{r}(t + \Delta t) - \boldsymbol{r}(t) \tag{3.3}$$

である．ベクトルの各成分の変化量を $\Delta x = x(t + \Delta t) - x(t)$ などとすれば，$\Delta \boldsymbol{r}$ は成分分解して

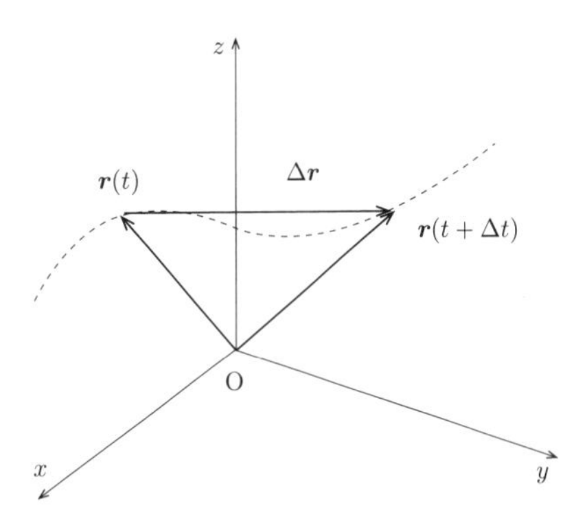

図 3.1　3次元運動する物体の変位

$$\Delta \boldsymbol{r} = \Delta x \boldsymbol{e}_x + \Delta y \boldsymbol{e}_y + \Delta z \boldsymbol{e}_z \tag{3.4}$$

と表すこともできるし，成分表示で

$$\Delta \boldsymbol{r} = (\Delta x, \Delta y, \Delta z) \tag{3.5}$$

と表すこともできる．式 (3.3) と式 (3.5) を見てわかることは，変位 $\Delta \boldsymbol{r}$ は，位置ベクトルの各成分ごとの変化量 Δx，Δy，Δz を成分にもつベクトルになっているということである．つまり，3 次元の運動といっても難しく考える必要はなく，ベクトルを成分分解すれば，各成分は第 1 章で学習した 1 次元の運動になっているのである．

速度・加速度についても同様の考え方ができる．速度は単位時間当たりの変位なので，ベクトルを使って表すと

$$\boldsymbol{v}(t) = \frac{\boldsymbol{r}(t+\Delta t) - \boldsymbol{r}(t)}{\Delta t} = \frac{\Delta \boldsymbol{r}}{\Delta t} \tag{3.6}$$

である．ベクトルの成分を使って表すと

$$\begin{aligned} \boldsymbol{v}(t) &= v_x(t)\boldsymbol{e}_x + v_y(t)\boldsymbol{e}_y + v_z(t)\boldsymbol{e}_z \\ &= (v_x(t), v_y(t), v_z(t)) \end{aligned} \tag{3.7}$$

で，式 (3.6) を考慮すればそれぞれの成分は

$$v_x(t) = \frac{\Delta x}{\Delta t} = \frac{x(t+\Delta t) - x(t)}{\Delta t} \tag{3.8}$$

などとなる．

加速度は単位時間当たりの速度の変化量なので，ベクトルで表すと

$$\boldsymbol{a}(t) = \frac{\boldsymbol{v}(t+\Delta t) - \boldsymbol{v}(t)}{\Delta t} = \frac{\Delta \boldsymbol{v}}{\Delta t} \tag{3.9}$$

である．加速度ベクトルを成分分解すると

$$\begin{aligned} \boldsymbol{a}(t) &= a_x(t)\boldsymbol{e}_x + a_y(t)\boldsymbol{e}_y + a_z(t)\boldsymbol{e}_z \\ &= (a_x(t), a_y(t), a_z(t)) \end{aligned} \tag{3.10}$$

で，それぞれの成分は

$$a_x(t) = \frac{\Delta v_x}{\Delta t} = \frac{v_x(t+\Delta t) - v_x(t)}{\Delta t} \tag{3.11}$$

などとなる．

例題 3.1　3 次元空間内の等速度運動について考える．物体が一定の速度 $\boldsymbol{v} = (v_x, v_y, v_z)$ で運動している．時刻 0 および t における物体の位置ベクトルをそれぞれ $\boldsymbol{r}(0) = (x(0), y(0), z(0))$，$\boldsymbol{r}(t) = (x(t), y(t), z(t))$ とすると，

$$\boldsymbol{r}(t) = \boldsymbol{r}(0) + \boldsymbol{v}t \tag{3.12}$$

すなわち

$$\begin{cases} x(t) = x(0) + v_x t \\ y(t) = y(0) + v_y t \\ z(t) = z(0) + v_z t \end{cases} \tag{3.13}$$

であることを示しなさい．

［解答］　式 (3.6) において $t=0$，$\Delta t=t$，$\boldsymbol{v}(t)=\boldsymbol{v}$ (一定値) とおくと次式を得る．

$$\boldsymbol{v}=\frac{\boldsymbol{r}(t)-\boldsymbol{r}(0)}{t}$$

これを変形すれば式 (3.12) が得られ，成分表示すれば式 (3.13) になる．

例題 3.2　物体の位置ベクトルが時刻 t〔s〕($t\geq 0$) において $\boldsymbol{r}(t)=(1+2t,\ -0.5+3t,\ 0)$ m と表される運動について以下の問いに答えなさい．

(1)　この物体の速度を求めなさい．

(2)　この物体の速さ (速度の大きさ) を求めなさい．

(3)　この物体がたどる軌跡を図示しなさい．

［解答］　(1)　与えられた位置ベクトル $\boldsymbol{r}(t)$ は，$\boldsymbol{r}(0)=(1,\ -0.5,\ 0)$ m，$\boldsymbol{v}=(2,\ 3,\ 0)$ m/s とおくと $\boldsymbol{r}(t)=\boldsymbol{r}(0)+\boldsymbol{v}t$ と表すことができる．式 (3.12) と比較すればこの物体の速度は一定値 $\boldsymbol{v}=(2,\ 3,\ 0)$ m/s であることがわかる．

(1) の別解：　3.2 節で出てくる式 (3.20) を使って

$$\boldsymbol{v}=\frac{d}{dt}(1+2t)\boldsymbol{e}_x+\frac{d}{dt}(-0.5+3t)\boldsymbol{e}_y+\frac{d}{dt}(0)\boldsymbol{e}_z=2\boldsymbol{e}_x+3\boldsymbol{e}_y\ \text{〔m/s〕}$$

と求めることもできる．

(2)　(1) で速度ベクトル $\boldsymbol{v}$ が求められたので，その大きさ $|\boldsymbol{v}|$ を計算すればよい．

$$|\boldsymbol{v}|=\sqrt{2^2+3^2+0^2}=\sqrt{13}\ \text{m/s}$$

である．

(3)　物体の位置ベクトル $\boldsymbol{r}(t)$ の z 成分は常に 0 なので，これは xy 面内の運動である．始め，$t=0$ s のとき物体の位置は $\boldsymbol{r}(0)=(1,\ -0.5,\ 0)$ m である．時刻 t における物体の x，y 座標はそれぞれ

$$x=1+2t,\quad y=-0.5+3t$$

なので，これらから t を消去すると

$$y=\frac{3}{2}x-2$$

が得られる．$t\geq 0$ なので $x\geq 1$ m，$y\geq -0.5$ m であることに注意して，これをグラフに表すと図 3.2 となる．

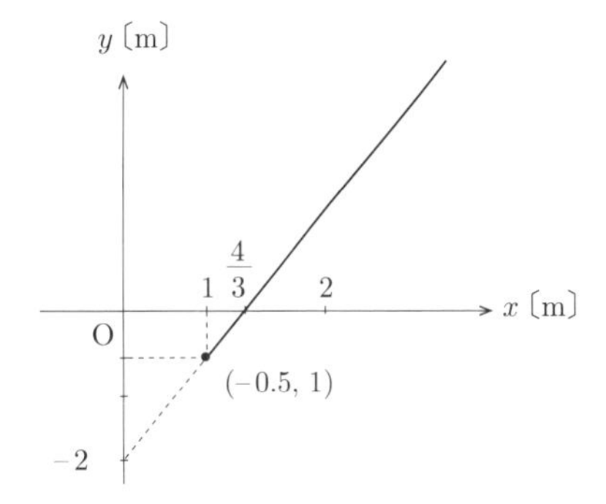

図 3.2　運動の軌跡

例題 3.3　3 次元空間内の等加速度運動について考える．物体が一定の加速度 $\boldsymbol{a}=(a_x,a_y,a_z)$ で運動している．時刻 $t=0$ および t における物体の位置と速度はそれぞれ

$$\boldsymbol{r}(0)=(x(0),y(0),z(0)),\quad \boldsymbol{r}(t)=(x(t),y(t),z(t))$$
$$\boldsymbol{v}(0)=(v_x(0),v_y(0),v_z(0)),\quad \boldsymbol{v}(t)=(v_x(t),v_y(t),v_z(t))$$

である．

(1)　次式が成りたつことを示しなさい．

$$\boldsymbol{v}(t)=\boldsymbol{v}(0)+\boldsymbol{a}t \tag{3.14}$$

すなわち

$$\begin{cases} v_x(t) = v_x(0) + a_x t \\ v_y(t) = v_y(0) + a_y t \\ v_z(t) = v_z(0) + a_z t \end{cases} \tag{3.15}$$

(2)　次式が成りたつことを示しなさい.

$$\boldsymbol{r}(t) = \boldsymbol{r}(0) + \boldsymbol{v}(0)t + \frac{1}{2}\boldsymbol{a}t^2 \tag{3.16}$$

すなわち

$$\begin{cases} x(t) = x(0) + v_x(0)t + \dfrac{1}{2}a_x t^2 \\ y(t) = y(0) + v_y(0)t + \dfrac{1}{2}a_y t^2 \\ z(t) = z(0) + v_z(0)t + \dfrac{1}{2}a_z t^2 \end{cases} \tag{3.17}$$

［解答］　(1)　式 (3.9) において $t = 0$, $\Delta t = t$, $\boldsymbol{a}(t) = \boldsymbol{a}$ (一定値) とおくと

$$\boldsymbol{a} = \frac{\boldsymbol{v}(t) - \boldsymbol{v}(0)}{t}$$

となり, これを変形すれば式 (3.14) が得られる. さらにこれを成分で表示すれば式 (3.15) が得られる.
(2)　式 (3.15) で速度の x 成分を表す式は, 第1章の式 (1.15) と同じ形で表されている. このとき時刻 t における物体の x 座標 $x(t)$ は式 (1.16) となることがわかっている. これは式 (3.17) の x 成分の式と一致する. 同様のことが y, z 成分についてもいえるので, これらをまとめてベクトルの形で表せば式 (3.16) が成りたつ.

3.2　微分・積分を使った表し方

第1章で1次元の運動を扱ったときに微分・積分を使った運動の表し方を学習した (1.4, 1.7節). ここではそのときの考え方を拡張して, 2次元および3次元の運動を表す方法を学ぶ. 必要に応じて1次元運動のときの考え方を復習しながら読み進めるとよいだろう.

運動する物体の速度は単位時間当たりの変位として定義され, 式 (3.6) で与えられる. この物体の時刻 t における瞬間速度は時間 Δt を短くとればよいので, $\Delta t \to 0$ の極限を考えて,

$$\boldsymbol{v}(t) = \lim_{\Delta t \to 0} \frac{\Delta \boldsymbol{r}}{\Delta t} = \frac{d\boldsymbol{r}(t)}{dt} \tag{3.18}$$

である. これを成分分解すると,

$$\begin{aligned} \boldsymbol{v}(t) &= v_x(t)\boldsymbol{e}_x + v_y(t)\boldsymbol{e}_y + v_z(t)\boldsymbol{e}_z \\ &= \frac{dx(t)}{dt}\boldsymbol{e}_x + \frac{dy(t)}{dt}\boldsymbol{e}_y + \frac{dz(t)}{dt}\boldsymbol{e}_z \end{aligned} \tag{3.19}$$

となる. したがって速度ベクトル $\boldsymbol{v}(t)$ の各成分は

$$v_x(t) = \frac{dx(t)}{dt}, \quad v_y(t) = \frac{dy(t)}{dt}, \quad v_z(t) = \frac{dz(t)}{dt} \tag{3.20}$$

である. 式 (3.18) は1次元の場合の式 (1.9) を3次元に拡張し, ベクトルで表したものである. またベクトルの各成分を表す式 (3.20) は, 式 (1.9) と同等の形となっている.

式 (3.18) の両辺を t で t_1 から t_2 まで積分すれば,

$$\boldsymbol{r}(t_2) - \boldsymbol{r}(t_1) = \int_{t_1}^{t_2} \boldsymbol{v}(t)dt \tag{3.21}$$

を得る．この式は式 (1.10) と同様に，速度が時刻の関数としてわかっていれば，ある時間における物体の変位を求めることができることを表している．

運動する物体の加速度についても 1 次元の場合と同様に考えればよい．加速度は単位時間当たりの速度変化として定義され，式 (3.9) で与えられる．したがって，時刻 t におけるこの物体の瞬間加速度 $\boldsymbol{a}(t)$ は $\Delta t \to 0$ の極限を考えて

$$\boldsymbol{a}(t) = \lim_{\Delta t \to 0} \frac{\Delta \boldsymbol{v}}{\Delta t} = \frac{d\boldsymbol{v}(t)}{dt} \tag{3.22}$$

である．式 (3.18) を考慮すれば，式 (3.22) はまた

$$\boldsymbol{a}(t) = \frac{d}{dt}\left(\frac{d\boldsymbol{r}(t)}{dt}\right) = \frac{d^2\boldsymbol{r}(t)}{dt^2} \tag{3.23}$$

と表すこともできる．式 (3.22) を成分分解すると

$$\begin{aligned} \boldsymbol{a}(t) &= a_x(t)\boldsymbol{e}_x + a_y(t)\boldsymbol{e}_y + a_z(t)\boldsymbol{e}_z \\ &= \frac{dv_x}{dt}\boldsymbol{e}_x + \frac{dv_y}{dt}\boldsymbol{e}_y + \frac{dv_z}{dt}\boldsymbol{e}_z \end{aligned} \tag{3.24}$$

となる．ここに現れた $\boldsymbol{a}(t)$ の各成分は次式で表される．

$$a_x(t) = \frac{dv_x(t)}{dt}, \quad a_y(t) = \frac{dv_y(t)}{dt}, \quad a_z(t) = \frac{dv_z(t)}{dt} \tag{3.25}$$

これらはまた，式 (3.23) を使って

$$a_x(t) = \frac{d^2x(t)}{dt^2}, \quad a_y(t) = \frac{d^2y(t)}{dt^2}, \quad a_z(t) = \frac{d^2z(t)}{dt^2} \tag{3.26}$$

と表すこともできる．これらは 1 次元運動のときの式 (1.20)，(1.21) を 3 次元に拡張したものである．式 (3.22) の両辺を t で t_1 から t_2 まで積分すれば，

$$\boldsymbol{v}(t_2) - \boldsymbol{v}(t_1) = \int_{t_1}^{t_2} \boldsymbol{a}(t)dt \tag{3.27}$$

を得る．これは時刻 t の関数として加速度 $\boldsymbol{a}(t)$ がわかっていれば，ある時間での速度変化が積分を使って求められることを表す式である．

例題 3.4 等速度 $\boldsymbol{v}$ で運動する物体について考えよう．この物体の時刻 t における位置ベクトル $\boldsymbol{r}(t)$ は次式で与えられることを積分を使う方法で示しなさい．

$$\boldsymbol{r}(t) = \boldsymbol{r}(0) + \boldsymbol{v}t \tag{3.28}$$

ただし，$\boldsymbol{r}(0)$ は $t = 0$ のときの位置ベクトルである．

[解答] 速度と変位の関係を表す式 (3.21) を使う．$t_1 = 0$，$t_2 = t$，$\boldsymbol{v}(t) = \boldsymbol{v}$ (一定値) とし，積分変数を t' とすると

$$\boldsymbol{r}(t) - \boldsymbol{r}(0) = \int_0^t \boldsymbol{v}dt'$$

となる．$\boldsymbol{v}$ は一定値なので積分の外に出して計算し，結果を整理すると式 (3.28) が得られる．

例題 3.5　等加速度 $\boldsymbol{a}$ で運動する物体について考えよう．この物体の時刻 t における位置ベクトル $\boldsymbol{r}(t)$ は次式で与えられることを積分を使う方法で示しなさい．

$$\boldsymbol{r}(t) = \boldsymbol{r}(0) + \boldsymbol{v}(0)t + \frac{1}{2}\boldsymbol{a}t^2 \tag{3.29}$$

ただし，$\boldsymbol{r}(0)$，$\boldsymbol{v}(0)$ はそれぞれ $t = 0$ のときの位置ベクトル，速度ベクトルである．

［解答］　速度と加速度の関係を表す式 (3.27) で $t_1 = 0$，$t_2 = t$，$\boldsymbol{a}(t) = \boldsymbol{a}$ (一定値) とし，積分変数を t' とすれば次式が得られる．

$$\boldsymbol{v}(t) = \boldsymbol{v}(0) + \boldsymbol{a}t$$

速度と変位の関係を表す式 (3.21) にこの結果を代入して計算すると

$$\begin{aligned}\boldsymbol{r}(t) - \boldsymbol{r}(0) &= \int_0^t \{\boldsymbol{v}(0) + \boldsymbol{a}t'\}\, dt' \\ &= \boldsymbol{v}(0)t + \frac{1}{2}\boldsymbol{a}t^2\end{aligned}$$

となり，式 (3.29) が得られる．

3.3 発射体の放物運動

野球中継で「打球は大きな放物線を描いてスタンドに消えていった！」というフレーズを耳にすることがある．ここでいう放物線とは，打球がたどる軌跡のことである．数学では2次関数のグラフを放物線とよぶ．そう，打球の軌跡は2次関数のグラフと同じ形をしているのである．本節では発射体の放物運動，例えばバッターが打ったボールや大砲から発射された弾丸の運動を調べる．

第1章で物体の自由落下運動について学習した．このとき，物体には重力がはたらいているので投げた物体はいずれ地面に落下することを学んだ．本節で扱うのは，水平または斜め方向に発射された物体の運動である．自由落下運動と同様に，重力のはたらきで物体はいずれ地面に落下する．しかしこんどは鉛直方向だけでなく水平方向の運動も考える必要がある．この運動をどうやって表したらよいだろうか．ここで役立つのがベクトルである．物体の位置，変位，速度，加速度を水平成分と鉛直成分に分解して扱うのである．こうすることで物体の斜め方向の運動を，水平・鉛直方向2つの独立な1次元運動に分けて考えることができる．

図 3.3 のように斜め上方に打ち上げた物体の運動を考えよう．この物体は図の破線のような軌跡をたどって運動する．あとでわかるように，この破線は2次関数のグラフすなわち放物線になっている．ベクトルを使って運動を記述するために，図のように水平方向を x 軸，鉛直方向を y 軸，発射地点を原点 (0, 0) とする座標を導入する．発射した時刻を $t = 0$ とする．物体の初速度 $\boldsymbol{v}(0)$ (速度はベクトルなので太文字になっていることに注意) をベクトルの成分に分けて，$\boldsymbol{v}(0) = (v_x(0),\ v_y(0))$ と表す．重力は鉛直下向きにはたらくので，y 方向の運動は重力加速度の大きさを g として，加速度 $-g$ の等加速度運動，すなわち自由落下運動である．一方，水平

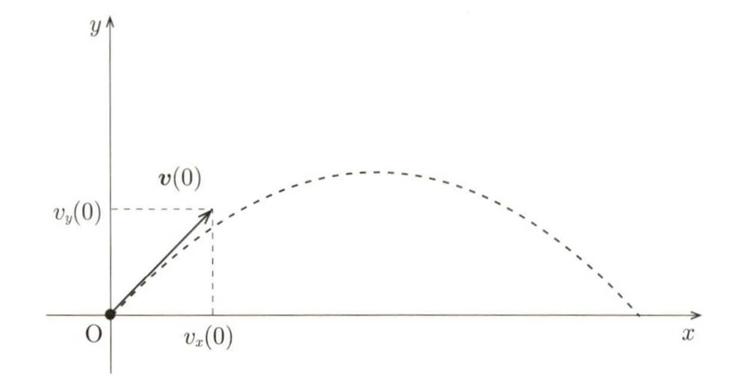

図 3.3　斜め上方に打ち上げた物体の運動

方向には力がはたらかないので，水平方向の運動は一定速度 $v_x(0)$ の等速度運動である．

以上より，発射体の放物運動は水平方向と鉛直方向に分けて 2 つの 1 次元運動として取り扱い，

水平方向は等速度運動，鉛直方向は自由落下運動

であることを使って考えていけばよい．

例題 3.6 発射体の放物運動は，水平方向には等速度運動をすることがわかった．水平方向の初速度を $v_x(0)$ として以下の問いに答えなさい．

(1) 時刻 t における物体の水平速度 $v_x(t)$ を求めなさい．

(2) 時刻 t における物体の水平位置 $x(t)$ を求めなさい．発射地点を座標の原点とする．

［解答］ (1) 水平方向は等速度運動だから，x 方向の速度は時刻によらず一定である．したがって $v_x(t)$ は次式となる．

$$v_x(t) = v_x(0) \tag{3.30}$$

(2) 等速度運動の位置を表す式 (1.8) を使う．発射地点を座標の原点としているので $x(0) = 0$ である．したがって $x(t)$ は次式となる．

$$x(t) = v_x(0)t \tag{3.31}$$

例題 3.7 発射体の放物運動は，鉛直方向には自由落下の等加速度運動をすることがわかった．鉛直方向の初速度を $v_y(0)$，重力加速度の大きさを g として以下の問いに答えなさい．

(1) 時刻 t における物体の鉛直速度 $v_y(t)$ を求めなさい．

(2) 時刻 t における物体の鉛直位置 $y(t)$ を求めなさい．発射地点を座標の原点とする．

［解答］ (1) 鉛直方向は自由落下運動だから，速度の式 (1.25) を使う．y 方向の初速度は $v_y(0)$ と与えられているので，$v_y(t)$ は次式となる．

$$v_y(t) = v_y(0) - gt \tag{3.32}$$

(2) 自由落下運動の位置を表す式 (1.26) を使う．発射地点を座標の原点としているので $y(0) = 0$ である．したがって $y(t)$ は次式となる．

$$y(t) = v_y(0)t - \frac{1}{2}gt^2 \tag{3.33}$$

例題 3.8 式 (3.31) と (3.33) はそれぞれ放物運動する物体の時刻 t における x および y 座標である．これらの式から t を消去すると x と y の関係，つまり物体の軌跡を求めることができる．放物運動する発射体の軌跡は放物線となることを示しなさい．

［解答］ 式 (3.31) より

$$t = \frac{x}{v_x(0)}$$

これを式 (3.33) に代入して

$$\begin{aligned} y &= v_y(0)\left(\frac{x}{v_x(0)}\right) - \frac{1}{2}g\left(\frac{x}{v_x(0)}\right)^2 \\ &= -\frac{g}{2v_x(0)^2}x^2 + \frac{v_y(0)}{v_x(0)}x \end{aligned} \tag{3.34}$$

したがって y は x の 2 次関数である．2 次関数のグラフは放物線なので，発射体の軌跡は放物線である．

3.4 等速円運動

一定の半径をもつ円軌道を一定の速さでぐるぐる回転する運動を**等速円運動**という．等速円運動について，まず時間・距離・回転角の関係を調べよう．角度はすべてラジアン (radian) で記述する．円軌道の半径を R，物体の速さ (速度の大きさ) を v とする．等速円運動なので，R と v の値はどちらも時刻によらず一定である．物体が軌道を一周するのに要する時間 T のことを周期という．円軌道一周の長さ L は，$L = 2\pi R$ なので，周期は

$$T = \frac{L}{v} = \frac{2\pi R}{v} \tag{3.35}$$

である．

図 3.4 のように時刻 t_1，$t_2 (t_1 < t_2$ とする) のときに物体はそれぞれ円周上の点 A，B にいたとしよう．時間 $\Delta t = t_2 - t_1$ のあいだに物体は円軌道に沿って $\Delta L = v\Delta t$ の距離だけ移動する．ここで，ΔL は AB 間の直線距離ではなく，円周に沿った弧の長さであることに注意しよう．時間 Δt のあいだに物体が円軌道を回った角度を $\Delta\theta$ とする．角度 2π 回ると一周の長さ L だけ進むので，角度が $\Delta\theta$ ならば進む距離 ΔL は

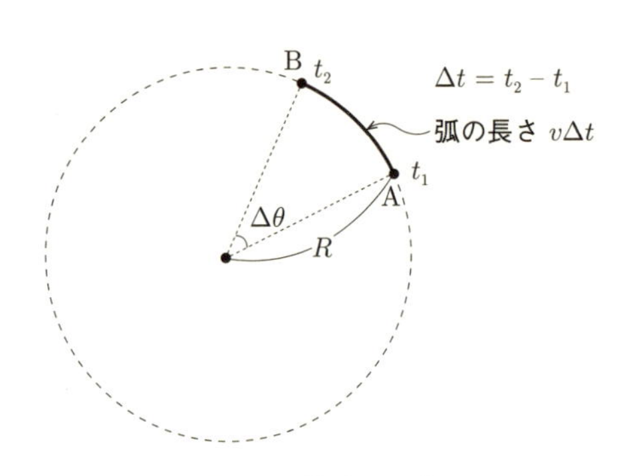

図 3.4　等速円運動

$$\Delta L = L\frac{\Delta\theta}{2\pi} \tag{3.36}$$

である．この ΔL が $v\Delta t$ に等しいので

$$v\Delta t = 2\pi R\frac{\Delta\theta}{2\pi} = R\Delta\theta$$

を得る．両辺を Δt で割ると

$$v = R\frac{\Delta\theta}{\Delta t} \tag{3.37}$$

となる．ここで

$$\omega = \frac{\Delta\theta}{\Delta t} \tag{3.38}$$

と定義すると，式 (3.37) は

$$v = R\omega \tag{3.39}$$

となる．式 (3.38) の ω は単位時間当たりにどれだけの角度回転するのかを表すので，角速度とよばれる．等速円運動ならば v と R の値は一定なので，式 (3.39) より角速度 ω もまた一定値である．したがって，等速円運動は角速度が一定の円運動であると考えることもできる．

例題 3.9 遠心分離機は，モーターで試料を入れた容器を高速回転させて内容物を分離する装置である．ある遠心分離機は，回転中心から試料容器までの距離が 5.0 cm，試料の回転数は 12000 rpm (rpm = revolutions per minute：1 分間の回転数) である．以下の問いに答えなさい．

(1) 試料の角速度を rad/s の単位で求めなさい．

(2) 試料のスピードを m/s および km/h の単位で求めなさい．

図 3.5 遠心分離機

［解答］ (1) この遠心分離機は 1 分間に 12000 回転するのだから，1 秒当たりの回転数は 200 回転．角速度は 1 秒当たりの回転角なので，

$$\omega = 200 \times 2\pi \text{ rad/s} = 400\pi \text{ rad/s}$$

である．

(2) 式 (3.39) を使って

$$v = R\omega = 5.0 \times 10^{-2} \times 400\pi \text{ m/s} = 20\pi \text{ m/s} = 63 \text{ m/s}$$

となる．これを km/h の単位に変換すると $v = 226$ km/h となる．新幹線のようなスピードで回っているのだ．

等速円運動の速度が円軌道の接線方向を向くことを示そう．運動する物体の変位と速度の関係は式 (3.6) で与えられるので，速度と変位の方向は同じである．時間 Δt の選び方によって変位の方向は変化するが，ここでは時刻 t における瞬間速度を調べるために Δt をきわめて小さくとる．位置ベクトル $\boldsymbol{r}(t+\Delta t)$ は，時間 Δt が小さいほど元の位置 $\boldsymbol{r}(t)$ に近い．したがって Δt がきわめて小さいときは，図 3.6 からわかるように，変位 $\Delta r = \boldsymbol{r}(t+\Delta t) - \boldsymbol{r}(t)$ の方向は軌道の接線方向となる．速度と変位の方向は同じなので，速度の方向は軌道の接線方向であることがわかる．

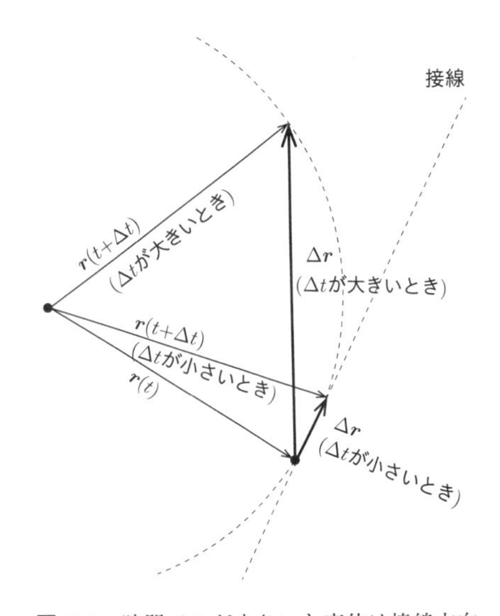

図 3.6 時間 Δt が小さいと変位は接線方向を向く

例題 3.10 ここで導かれた結論は，実は等速円運動の場合に限らずどんな運動の場合にもあてはまる．以下の記述が正しいことを確かめなさい．

物体が任意の曲線軌道上を運動するとき，物体の瞬間速度は軌道の接線方向を向く．

［解答］ 実際に作図しながら考えていこう．紙の上に好きな形の曲線を 1 つ描き，その曲線軌道に沿って物体が運動するものとする．軌道上に 1 つ点をとり，その点を A とする．時刻 t のとき物体は点 A を通過したとしよう．点 A における曲線の接線を紙面に書き込む．

次に点 A から離れた点 B を軌道上にとる．時刻 $t + \Delta t$ に物体は点 B を通過したとする．点 A から点 B に向かう矢印を描けば，ベクトル $\overrightarrow{\mathrm{AB}}$ が変位 $\Delta \boldsymbol{r}$ を表す．

いろいろ大きさの異なる Δt で同じ作業をやってみよう．Δt が小さければ点 B は点 A に近く，大きければ遠い．そして，Δt がきわめて小さい場合は変位の方向と接線の方向が一致することを確かめることができるだろう．

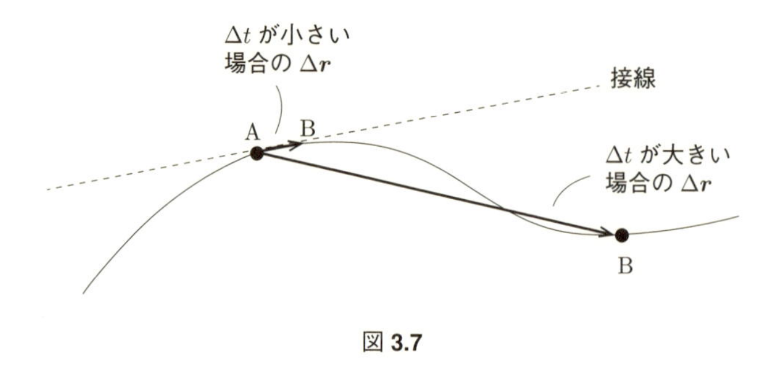

図 3.7

図 3.8 は等速円運動をする物体の位置ベクトル $\boldsymbol{r}(t)$ と速度ベクトル $\boldsymbol{v}(t)$ の方向を表したものである．$\boldsymbol{r}(t)$，$\boldsymbol{v}(t)$ ともに周期 $T = \dfrac{2\pi}{\omega}$ ごとに元にもどる．円の接線は円の中心と接点を結ぶ半径と直交することから，$\boldsymbol{r}(t)$ と $\boldsymbol{v}(t)$ は常に直交することに注意しよう．

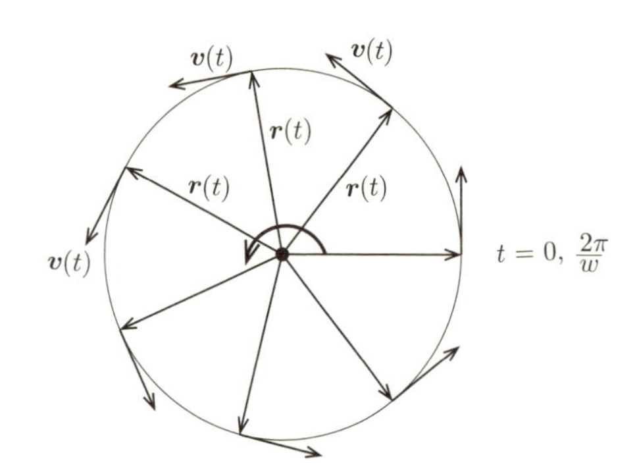

図 3.8　等速円運動する物体の位置 $\boldsymbol{r}(t)$ と速度 $\boldsymbol{v}(t)$

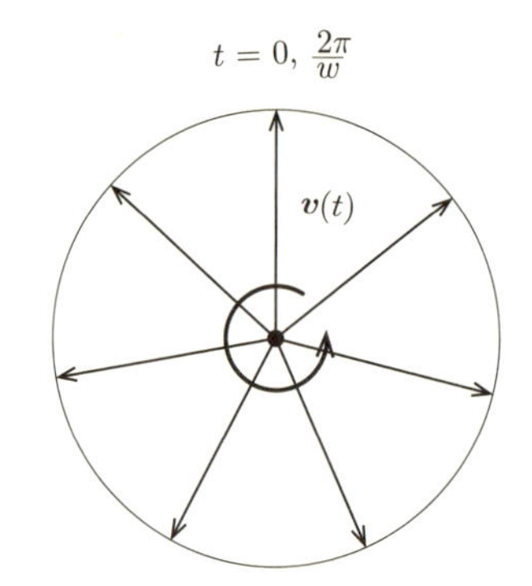

図 3.9　速度ベクトルの始点を一致させる

等速円運動する物体の加速度について調べよう．時刻 t における加速度 $\boldsymbol{a}(t)$ は次式で与えられる．

$$\boldsymbol{a}(t) = \frac{\Delta v}{\Delta t} = \frac{\boldsymbol{v}(t+\Delta t) - \boldsymbol{v}(t)}{\Delta t} \tag{3.40}$$

速度の変化量 $\boldsymbol{v}(t+\Delta t) - \boldsymbol{v}(t)$ を求めるために図 3.8 に表されている速度ベクトルを集めてきて図 3.9 のようにベクトルの始点を一致させる．ベクトルの定義により，始点の位置に制限がないことを思い出そう．

すると $t=0$ のとき真上を向いていた $\boldsymbol{v}$ が，時間の経過とともに反時計回りに回転し，周期 $T = \dfrac{2\pi}{\omega}$ で一周することがわかる．$\boldsymbol{v}$ の大きさ v の値は一定なので，ベクトルの先端は半径 v の円を描く．

図 3.10 のように時刻 t および $t+\Delta t$ における速度ベクトルをそれぞれ $\boldsymbol{v}(t)=\overrightarrow{\mathrm{OA}}$, $\boldsymbol{v}(t+\Delta t)=\overrightarrow{\mathrm{OB}}$ とすると，速度の変化量は $\Delta\boldsymbol{v}=\overrightarrow{\mathrm{OB}}-\overrightarrow{\mathrm{OA}}$ である．$\overrightarrow{\mathrm{OB}}$ と $\overrightarrow{\mathrm{OA}}$ のあいだの角度は $\omega\Delta t$ である．二等辺三角形 OAB に対して余弦定理を適用すれば，$\Delta\boldsymbol{v}$ の大きさ $|\Delta\boldsymbol{v}|=\Delta v$ は以下のように求められる．

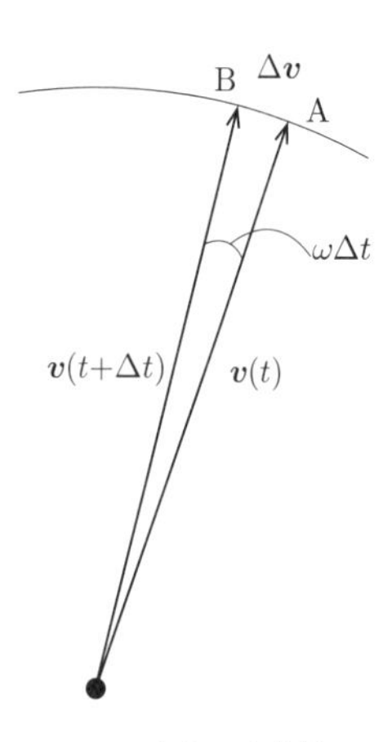

図 3.10 速度の変化量 $\Delta\boldsymbol{v}$ を求める

$$
\begin{aligned}
\Delta v^2 &= v^2+v^2-2v^2\cos(\omega\Delta t)=2v^2(1-\cos(\omega\Delta t)) \\
&= 2v^2\times 2\sin^2(\omega\Delta t)=4v^2\sin^2\left(\frac{\omega\Delta t}{2}\right)
\end{aligned}
$$

したがって

$$
\Delta v = 2v\sin\left(\frac{\omega\Delta t}{2}\right) \tag{3.41}
$$

となる．時刻 t における瞬間加速度の大きさを求めるために式 (3.41) の両辺を時間 Δt で割り，$\Delta t\to 0$ の極限をとる．

$$
|\boldsymbol{a}(t)|=\lim_{\Delta t\to 0}\frac{\Delta v}{\Delta t}=\lim_{\Delta t\to 0}\frac{2v\sin(\frac{\omega\Delta t}{2})}{\Delta t}=\lim_{\Delta t\to 0}\frac{v\omega\sin(\frac{\omega\Delta t}{2})}{\frac{\omega\Delta t}{2}}=v\omega
$$

等速円運動の v, ω の値は一定なので，加速度の大きさは時刻によらず一定値 $a=v\omega$ となる．式 (3.39) を使えば次式を得る．

$$
a = R\omega^2 \tag{3.42}
$$

こんどは等速円運動の加速度 $\boldsymbol{a}(t)$ の方向について調べよう．図 3.10 より，$\Delta\boldsymbol{v}$ の方向は Δt が小さいときは $\boldsymbol{v}(t)$ が描く円の接線方向であることがわかる．したがって $\Delta\boldsymbol{v}$ と平行な $\boldsymbol{a}(t)$ は $\boldsymbol{v}(t)$ が描く円の接線方向を向く．図 3.8 の中に $\boldsymbol{a}(t)$ を書き込むと，図 3.11 のように $\boldsymbol{a}(t)$ は常に $\boldsymbol{r}(t)$ と反対方向を向くことがわかる．等速円運動の加速度の方向は，物体が周回する円軌道の中心を向くので，向心加速度という．

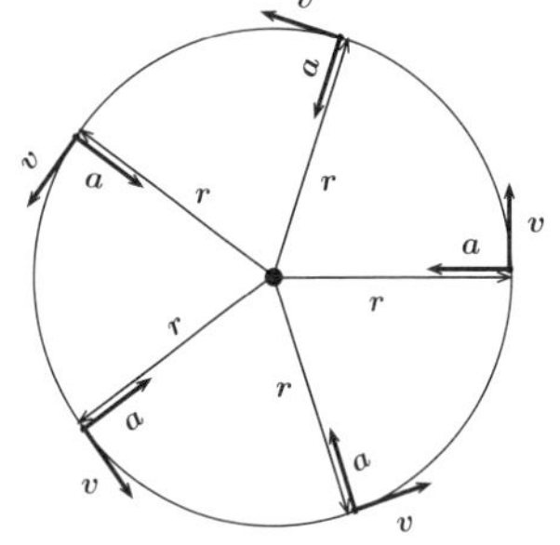

図 3.11 位置 $\boldsymbol{r}$, 速度 $\boldsymbol{v}$, 加速度 $\boldsymbol{a}$ の方向

等速円運動をする物体の位置 $\boldsymbol{r}(t)$, 速度 $\boldsymbol{v}(t)$, 加速度 $\boldsymbol{a}(t)$ の大きさと方向を表 3.1 にまとめる．

表 3.1

	ベクトル表記	大きさ	方向
位置	$\boldsymbol{r}(t)$	R	半径方向
速度	$\boldsymbol{v}(t)$	$v=R\omega$	円軌道の接線方向
加速度	$\boldsymbol{a}(t)$	$a=R\omega^2$	円の中心方向

等速円運動をベクトルの成分表示で記述してみよう．図 3.12 のように半径 R の円軌道の中心を原点とする座標軸をとる．時刻 $t=0$ に物体は x 軸上の点 $(R,\ 0)$ を出発し，一定の角速度 ω で軌道上を反時計回りに進むものとする．時刻 t に物体がいる位置を $\boldsymbol{r}(t)$ とすると，$\boldsymbol{r}(t)$ と x 軸のあいだの角度 $\theta(t)$ は

$$
\theta(t)=\omega t \tag{3.43}
$$

である．この $\theta(t)$ のことを回転の位相という．このとき $\boldsymbol{r}(t)$ はベクトルの成分表示で

$$
\boldsymbol{r}(t)=(R\cos\theta(t),\ R\sin\theta(t))=(R\cos(\omega t),\ R\sin(\omega t)) \tag{3.44}
$$

と表される．$\boldsymbol{r}(t)$ の大きさは当然 R となるはずである．このことを確かめよう．

$$
|\boldsymbol{r}(t)|=\sqrt{R^2\cos^2(\omega t)+R^2\sin^2(\omega t)}=R \tag{3.45}
$$

したがって位置ベクトル $\boldsymbol{r}(t)$ の大きさは軌道の半径 R に等しい．

次に速度ベクトル $\boldsymbol{v}(t)$ の成分表示を求める．ベクトル $\boldsymbol{v}(t)$ はベクトル $\boldsymbol{r}(t)$ と直交し，大きさが $R\omega$ であることはすでに調べたとおりである．角速度が $\omega > 0$ で物体が円軌道を反時計回りに運動するならば，ベクトル $\boldsymbol{v}(t)$ の方向は図 3.12 からわかるように，$\omega t + \dfrac{\pi}{2}$ である．したがってベクトル $\boldsymbol{v}(t)$ の成分表示は

$$\begin{aligned}\boldsymbol{v}(t) &= \left(R\omega\cos\left(\omega t + \frac{\pi}{2}\right),\ R\omega\sin\left(\omega t + \frac{\pi}{2}\right)\right)\\ &= (-R\omega\sin(\omega t),\ R\omega\cos(\omega t)) \qquad (3.46)\end{aligned}$$

となる．

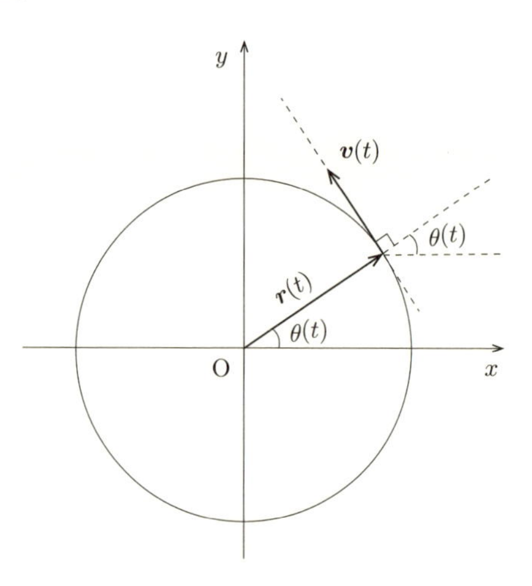

図 3.12　等速円運動

加速度ベクトル $\boldsymbol{a}(t)$ は，大きさ $R\omega^2$ で $\boldsymbol{r}(t)$ と反対向きである．したがって $\boldsymbol{a}(t)$ の成分表示は次式となる．

$$\boldsymbol{a}(t) = (-R\omega^2\cos(\omega t),\ -R\omega^2\sin(\omega t)) \qquad (3.47)$$

ここまでは $t = 0$ のときに x 軸上の点を出発する等速円運動について調べてきた．もっと一般的に扱うには $t = 0$ のときの位相を δ として，回転運動の位相 $\theta(t)$ を

$$\theta(t) = \omega t + \delta \qquad (3.48)$$

とする．この場合の各ベクトルの成分表示は以下のようになる．

$$\boldsymbol{r}(t) = (R\cos(\omega t + \delta), R\sin(\omega t + \delta)) \qquad (3.49)$$

$$\boldsymbol{v}(t) = (-R\omega\sin(\omega t + \delta), R\omega\cos(\omega t + \delta)) \qquad (3.50)$$

$$\boldsymbol{a}(t) = (-R\omega^2\cos(\omega t + \delta), -R\omega^2\sin(\omega t + \delta)) \qquad (3.51)$$

例題 3.11　2 つのベクトルのスカラー積がゼロならば，これらのベクトルは互いに直交する．このことを使って式 (3.49) – (3.51) で表されるベクトルについて $\boldsymbol{r}(t) \perp \boldsymbol{v}(t)$，$\boldsymbol{v}(t) \perp \boldsymbol{a}(t)$ であることを確かめなさい．ただし $\perp$ は 2 つのベクトルが互いに直交するという意味である．

[解答]

$$\boldsymbol{r}(t)\cdot\boldsymbol{v}(t) = -R^2\omega\sin(\omega t + \delta)\cos(\omega t + \delta) + R^2\omega\sin(\omega t + \delta)\cos(\omega t + \delta) = 0$$

したがって $\boldsymbol{r}(t) \perp \boldsymbol{v}(t)$ である．

$$\boldsymbol{v}(t)\cdot\boldsymbol{a}(t) = R^2\omega^3\sin(\omega t + \delta)\cos(\omega t + \delta) - R^2\omega^3\sin(\omega t + \delta)\cos(\omega t + \delta) = 0$$

したがって $\boldsymbol{v}(t) \perp \boldsymbol{a}(t)$ である．

例題 3.12　位置 $\boldsymbol{r}(t)$ を時刻 t で微分すると速度 $\boldsymbol{v}(t)$，もういちど t で微分すると加速度 $\boldsymbol{a}(t)$ が得られることはすでに学習した．式 (3.49) を t で微分すると式 (3.50)，もういちど t で微分すると式 (3.51) が得られることを確かめなさい．

［解答］　各ベクトルの x 成分について確かめる．式 (3.49) の x 成分

$$x(t) = R\cos(\omega t + \delta) \tag{3.52}$$

の両辺を t で微分する．

$$\frac{dx(t)}{dt} = v_x = -R\omega\sin(\omega t + \delta) \tag{3.53}$$

これは式 (3.50) の x 成分と一致する．これをさらに t で微分する．

$$\frac{d^2x(t)}{dt^2} = a_x = -R\omega^2\cos(\omega t + \delta) \tag{3.54}$$

これは式 (3.51) の x 成分と一致する．

各ベクトルの y 成分についても同様に確かめることができる．

3.5 単　振　動

図 3.13 のように半径 R の等速円運動を y 軸に射影すると，物体の影は $y = 0$ を中心にして $-R \leq y \leq R$ の範囲を往復運動する．

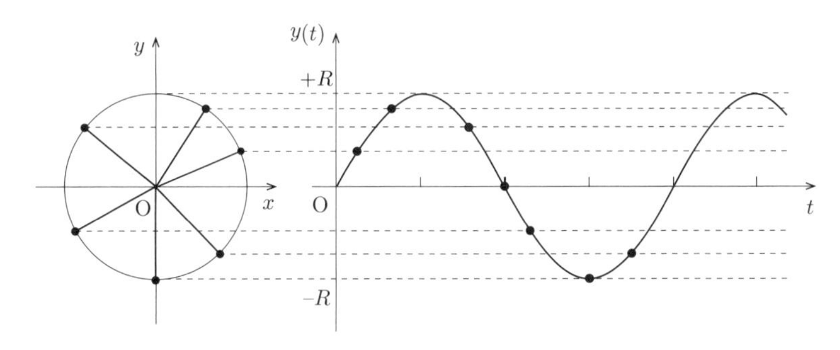

図 3.13　等速円運動の y 軸への射影

式 (3.49) で表される等速円運動の y 軸への射影は

$$y(t) = R\sin(\omega t + \delta) \tag{3.55}$$

である．このように sin または cos で表される運動のことを**単振動**とよぶ．このとき R を**振幅**，ω を**角速度**または**角振動数**という．私たちは生活の中で，物体がブルブルと振動する現象をよく見かける．身のまわりの振動の多くは単振動よりもっと複雑な動きをしている．単振動は，そんな複雑な振動を理解するための基本となる．ここでしっかりと学習しておこう．

例題 3.13　身のまわりで見かける振動現象にどんなものがあるか．例をあげなさい．単振動でなくてもよい．

［解答］　時計の振り子，水の表面波，ギターの弦の振動，ドラムの膜の振動，電動ドリルの振動，スマートフォンのバイブ，などいろいろある．どれも運動する物体の変位が周期的にくり返される．

例題 3.14　式 (3.55) で表される単振動について以下の問いに答えなさい．

(1)　振動の周期 T を求めなさい．

(2)　単位時間当たりに振動する回数を振動数といい，英語の frequency の頭文字をとって記号 f で表す．この振動の振動数を求めなさい．

(3)　角速度が $\omega = 100\pi$ rad/s のとき，1 秒当たりの振動数を求めなさい．1 秒当たりの振動数なので単位は回/s であるが，これを Hz と表記してヘルツとよむ．

［解答］　(1)　式 (3.55) の sin の中の角度 $\omega t + \delta$ のことを振動の位相とよび，記号 $\theta(t)$ で表す．すなわち

$$\theta(t) = \omega t + \delta \tag{3.56}$$

である．時刻 t から周期 T だけ時間が経過すると，式 (3.55) の位相は 2π だけ変化して y の値がもとにもどる．

$$\theta(t+T) = \theta(t) + 2\pi \tag{3.57}$$

式 (3.57) に式 (3.56) を代入して整理する．

$$\omega(t+T) + \delta = \omega t + \delta + 2\pi$$

$$\omega T = 2\pi$$

$$T = \frac{2\pi}{\omega} \tag{3.58}$$

したがってこの振動の周期は $T = \dfrac{2\pi}{\omega}$ である．

(2)　時間 T で 1 周期だから，単位時間当たり $1/T$ 周期．したがって

$$f = \frac{1}{T} \tag{3.59}$$

である．

(3)　式 (3.59) に式 (3.58) を代入する．

$$f = \frac{\omega}{2\pi} \tag{3.60}$$

これに与えられた数値を代入すると

$$f = \frac{100\pi}{2\pi} = 50 \tag{3.61}$$

したがって求める振動数は 50 Hz である．

例題 3.15　式 (3.55) で表される単振動の様子をグラフに表しなさい．横軸を t，縦軸を $y(t)$ とする．

［解答］　$y(t)$ のグラフは図 3.14 のようになる．

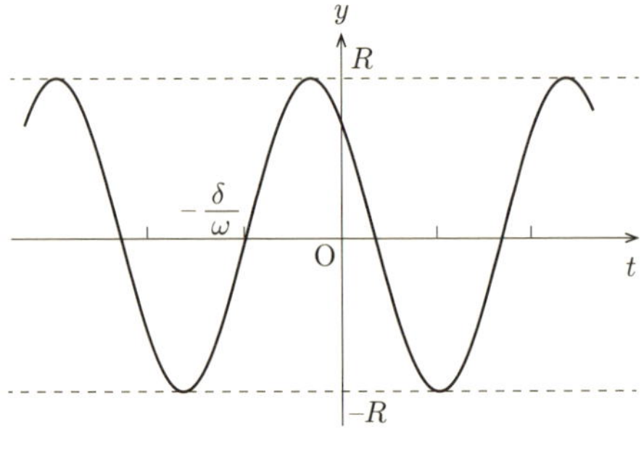

図 3.14

例題 3.16 式 (3.55) で表される単振動をする物体がある．この物体の時刻 t における速度 $v_y(t)$ および加速度 $a_y(t)$ を求めなさい．また，$v_y(t)$ と $a_y(t)$ のグラフを描きなさい．

［解答］ 速度 $v_y(t)$ および加速度 $a_y(t)$ の表式は

$$v_y(t) = R\omega\cos(\omega t + \delta) \tag{3.62}$$

$$a_y(t) = -R\omega^2\sin(\omega t + \delta) \tag{3.63}$$

となる．これらをグラフに表すと図 3.15(A) および (B) となる．

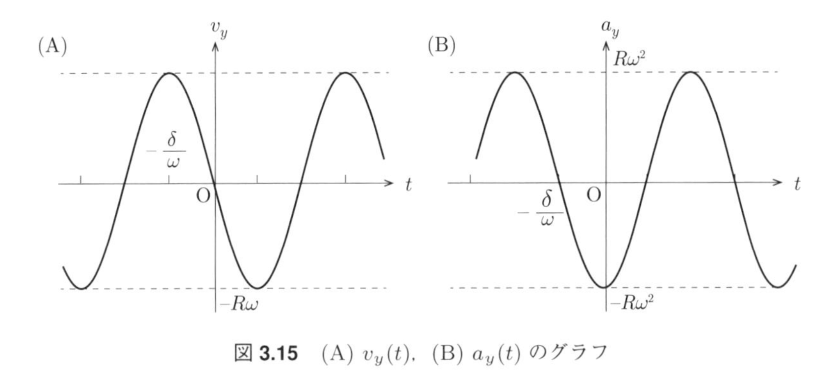

図 3.15 (A) $v_y(t)$，(B) $a_y(t)$ のグラフ

3.6 相 対 運 動

物体の運動を観測する場合，観測者が静止している場合と動いている場合，また観測者が動いているならばその速度によって観測結果が異なる．かならずしも静止しているとは限らない観測者から見た物体の運動を**相対運動**という．例をあげながら相対運動について考えていこう．

イギリスのテレビ局 BBC のネイチャー・ドキュメンタリープロデューサー，ジョン・ダウナーは，最新の技術を駆使して鳥と一緒に超軽量飛行機で飛んで撮影を行った．その結果，鳥の目線で地上を眺め，そこに広がる驚きの世界を撮影することに成功した (図 3.16)．この撮影で大切なことは鳥と同じ速度で飛ぶことである．それはなぜか．鳥と同じ速度で飛ぶことでカメラマンには鳥が静止しているように見える．その結果，カメラマンは鳥が見ているのと同じ景色を撮影できるのである．このとき，「カメラマンに対する鳥の相対速度は $\mathbf{0}$ である」という．また地上で静止している人が観測した鳥の速度を $\boldsymbol{v}$ とすれば，「地面に対する鳥の相対速度は $\boldsymbol{v}$ である」という．

図 3.16 鳥の目線で見える景色 (画像：Wikimedia Commons)

一般に物体A, Bがそれぞれ速度 $\boldsymbol{v}_{\mathrm{A}}$, $\boldsymbol{v}_{\mathrm{B}}$ で運動しているとき，Aに対するBの相対速度 (relative velocity) $\boldsymbol{v}_{\mathrm{rel}}$ は次式で表される．

$$\boldsymbol{v}_{\mathrm{rel}} = \boldsymbol{v}_{\mathrm{B}} - \boldsymbol{v}_{\mathrm{A}} \tag{3.64}$$

例題 3.17　スピード違反の車をパトカーが追いかける．車とパトカーの速さはそれぞれ 180 km/h, 185 km/h である．ある地点を時刻 $t = 0$ s に車が通過してから 15 s 後にパトカーが同じ地点を通過した．道路は直線であるとして以下の問いに答えなさい．

(1)　車に対するパトカーの相対速度を求めなさい．

(2)　パトカーに対する車の相対速度を求めなさい．

(3)　パトカーが車に追いつく時刻を求めなさい．

[解答]　(1)　式 (3.64) より，

$$v_{\text{パトカー}} - v_{\text{車}} = 185 - 180 = 5 \text{ km/h}$$

である．

(2)　前問と同様に

$$v_{\text{車}} - v_{\text{パトカー}} = 180 - 185 = -5 \text{ km/h}$$

である．

(3)　時刻 t〔s〕における車とパトカーの位置 $x(t)$ を表す式を求める．時刻 $t = 0$ s のときの車の位置を $x = 0$ km とする．どちらの運動も等速度運動なので，求める式は

$$x(t) = x(0) + vt \tag{3.65}$$

で表される．車の位置 $x_{\text{車}}(t)$ は

$$x_{\text{車}}(t) = x_{\text{車}}(0) + v_{\text{車}}t \tag{3.66}$$

で，$t = 0$ のとき $x_{\text{車}}(0) = 0$ だから

$$x_{\text{車}}(t) = v_{\text{車}}t \tag{3.67}$$

である．パトカーの位置 $x_{\text{パトカー}}(t)$ は

$$x_{\text{パトカー}}(t) = x_{\text{パトカー}}(0) + v_{\text{パトカー}}t \tag{3.68}$$

で，$t = 15$ のとき $x_{\text{パトカー}}(t) = 0$ だから

$$0 = x_{\text{パトカー}}(0) + 15v_{\text{パトカー}} \tag{3.69}$$

である．これより $x_{\text{パトカー}}(0) = -15v_{\text{パトカー}}$ が得られる．これを式 (3.68) に代入して

$$\begin{aligned} x_{\text{パトカー}}(t) &= -15v_{\text{パトカー}} + v_{\text{パトカー}}t \\ &= v_{\text{パトカー}}(t - 15) \end{aligned} \tag{3.70}$$

となる．

パトカーが車に追いつく時刻を求めたいのだから，$x_{\text{車}} = x_{\text{パトカー}}$ となる時刻 t を求めればよい．式 (3.67) と (3.70) より，

$$v_{\text{車}}t = v_{\text{パトカー}}(t - 15) \tag{3.71}$$

が得られ，これを t について解くと

$$t = \frac{15v_{\text{パトカー}}}{v_{\text{パトカー}} - v_{\text{車}}} \tag{3.72}$$

となる．数値を代入すると

$$t = \frac{15 \times 185}{185 - 180} = 555 \text{ s} \tag{3.73}$$

となる．したがってパトカーが車に追いつくのは $t = 555$ s である．

注意 式 (3.73) で，それぞれの速度の値を km/h の単位のまま代入して計算した．そして求めた時刻の単位は s である．単位まで含めて正しく計算したのだろうか？まちがいなく計算するためには，数値をすべて国際単位系 (SI) に換算してから式に代入するべきである (付録 A.1 参照)．そこで，車とパトカーの速度を km/h から m/s に換算する．

$$v_{\text{車}} = 180 \times \frac{1000}{3600}\ \text{m/s}, \qquad v_{\text{パトカー}} = 185 \times \frac{1000}{3600}\ \text{m/s} \tag{3.74}$$

これを式 (3.72) に代入すると

$$t = \frac{15 \times 185 \times \frac{1000}{3600}}{185 \times \frac{1000}{3600} - 180 \times \frac{1000}{3600}} = \frac{15 \times 185 \times \frac{1000}{3600}}{(185 - 180) \times \frac{1000}{3600}} = \frac{15 \times 185}{185 - 180} \tag{3.75}$$

となって結局式 (3.73) と同じ式を得る．したがって式 (3.73) の計算は正しい．

このように同じ次元をもつ物理量の比を計算するときは，分母と分子の単位をそろえておけばどんな単位を使っても同じ結果が得られるのである．

別解 $t = 0$ のとき，車とパトカーのあいだの距離は $15v_{\text{パトカー}}$ である．パトカーは車に対する相対速度 v_{rel} でだんだん距離を縮める．時刻 t で距離がゼロになると考えると

$$15v_{\text{パトカー}} = v_{\text{rel}}t \tag{3.76}$$

t について解くと

$$t = \frac{15v_{\text{パトカー}}}{v_{\text{rel}}} = \frac{15 \times 185}{5} = 555\ \text{s} \tag{3.77}$$

が得られる．

さきほどの鳥の撮影を一般化して，2 つの異なる座標系から同じ対象物を見たときに，両者の見え方の関係を表す式を導こう．図 3.17 のように地面で静止している人から見た座標系を S，小型飛行機で地面に対して一定速度 $\boldsymbol{u}$ で移動しているカメラマンから見た座標系を S' とする．両者はともに常にそれぞれの座標系の原点にいる．S および S' の原点をそれぞれ O，O$'$ とする．時刻 $t = 0$ において O と O$'$ は一致していたとしよう．1 羽の鳥の運動を S と S' でどうやって記述できるか考えよう．静止している座標系 S から見た鳥の位置ベクトルを，時刻 0 および t においてそれぞれ $\boldsymbol{r}(0)$，$\boldsymbol{r}(t)$ であるとする．鳥の速度 $\boldsymbol{v}$ が一定であるならば，鳥の変位と速度のあいだに次式が成りたつ．

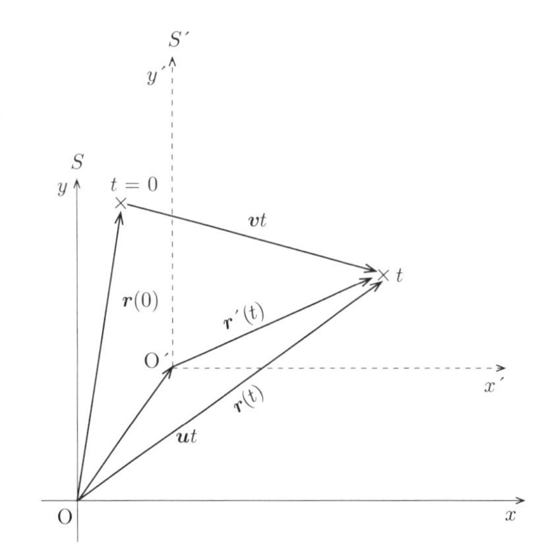

図 3.17 ガリレイ変換

$$\boldsymbol{r}(t) - \boldsymbol{r}(0) = \boldsymbol{v}t \tag{3.78}$$

動いている座標系 S' から見た鳥の位置ベクトルを $\boldsymbol{r}'(0)$，$\boldsymbol{r}'(t)$，速度を $\boldsymbol{v}'$ とすると，上と同様に次式が成りたつ．

$$\boldsymbol{r}'(t) - \boldsymbol{r}'(0) = \boldsymbol{v}'t \tag{3.79}$$

ベクトル $\boldsymbol{r}(t)$ と $\boldsymbol{r}'(t)$ の関係は図 3.17 より，

$$\boldsymbol{r}(t) = \overrightarrow{\mathrm{OO'}} + \boldsymbol{r}'(t) \tag{3.80}$$

である．時刻 $t=0$ で2つの座標系の原点 O と O′ は一致していたので $\boldsymbol{r}(0) = \boldsymbol{r}'(0)$，また O′ は O に対して一定速度 $\boldsymbol{u}$ で動いているので $\overrightarrow{\mathrm{OO'}} = \boldsymbol{u}t$ である．このことを使って式(3.80)を変形すると座標の変換法則

$$\boldsymbol{r}'(t) = \boldsymbol{r}(t) - \boldsymbol{u}t \tag{3.81}$$

を得る．これを式(3.79)に入れて $\boldsymbol{v}'$ を求める．

$$\boldsymbol{v}'t = \boldsymbol{r}(t) - \boldsymbol{u}t - \boldsymbol{r}'(0) = \boldsymbol{r}(0) + \boldsymbol{v}t - \boldsymbol{u}t - \boldsymbol{r}(0) = \boldsymbol{v}t - \boldsymbol{u}t$$

両辺を t で割ると速度の変換法則

$$\boldsymbol{v}' = \boldsymbol{v} - \boldsymbol{u} \tag{3.82}$$

を得る．式(3.81)と(3.82)は，1つの物体を互いに等速度で動く2つの座標系 S と S' から見たとき，それぞれの座標系で観測される位置と速度の変換法則を与える式である．これを**ガリレイ変換**とよぶ．

章 末 問 題

[3.1] ある物体が時刻 $t=0$ のとき位置 $\boldsymbol{r}(0) = (0,\ 0,\ 0)$ を初速度 $\boldsymbol{v}(0) = (v_x(0),\ v_y(0),\ 0)$ で出発して運動を始めた．この物体の加速度は一定値 $\boldsymbol{a} = (0,\ a,\ 0)$ である．以下の問いに答えなさい．

(1) 時刻 $t > 0$ におけるこの物体の位置ベクトル $\boldsymbol{r}(t)$ を求めなさい．

(2) $t > 0$ でこの物体が運動する軌跡を表す式を求めなさい．

(3) $a = 1\ \mathrm{m/s^2}$，$v_x(0) = 0.5\ \mathrm{m/s}$，$v_y(0) = 0.5\ \mathrm{m/s}$ とする．$t > 0\ \mathrm{s}$ でこの物体が運動する軌跡を図示しなさい．

[3.2] 時刻 $t = 0\ \mathrm{s}$ に地面の高さから初速度 $\boldsymbol{v}_0 = 7\boldsymbol{e}_x + 14\boldsymbol{e}_y$〔m/s〕で物体を発射した．発射地点を座標の原点，水平方向を x，鉛直方向を y とし，$\boldsymbol{e}_x$，$\boldsymbol{e}_y$ はそれぞれ x および y 方向の単位ベクトルである．以下の問いに答えなさい．重力加速度の大きさを $g = 9.8\ \mathrm{m/s^2}$ とする．

(1) この物体が運動する軌跡を表す式を求め，発射してから地面に落下するまでの軌跡をグラフに表しなさい．

(2) この物体の最高到達点の座標を求めなさい．また，最高到達点に達するのは発射から何秒後か求めなさい．

(3) この物体が地面に落下する場所は発射地点から何 m 離れているか．また，落下するのは発射してから何秒後か．

[3.3] 式(3.49)で表される等速円運動の x 軸への射影もまた単振動である．

(1) $x(t)$ のグラフを描きなさい．

(2) $v_x(t)$，$a_x(t)$ を求め，グラフに表しなさい．

(3) この単振動の振幅，周期，角振動数，振動数を求めなさい．

[3.4] 阪急電車京都線大山崎（おおやまざき）–上牧（かんまき）間は新幹線と平行に走る直線区間である．満員の阪急電車に乗ってガタンゴトン揺られながら新幹線に一気に抜かれると，なんとなく悔しい気持ちになる．

速さ 80 km/h で走る阪急電車に乗って，窓の横を後方からきたのぞみが先頭から最後尾まで走り去る時間を測ったら 8.58 秒であった．また，前方からきたのぞみが先頭から最後尾まですれちがう時間を測ったら 4.42 秒であった．のぞみの速さと長さを求めなさい．

図 **3.18**　阪急京都線とのぞみ

[3.5] 船舶で航行するときは，ほかの船との衝突を防止するため，注意して見張りをしなければならない．自分の船から見える相手船の方向には特に気をつける．自分の船が一定速度で航行しているとき，相手船の見える方向がずっと同じである場合，両船は衝突する危険性が高い．その理由を説明しなさい．

4 力と運動の法則

これまでの章では，物体の位置，速度，加速度といった概念を導入し，物体の運動を数学的にどのように記述するか見てきた．この章では，「力」の概念を導入し，物体にはたらく力と物体の運動を関係づける「運動の法則」について学ぶ．さらに具体的な例題を解くことにより運動方程式の立て方，またその解法を身につける．

4.1 力について

4.1.1 力とは

私たちは日常的に「力」という概念を感覚的に捉え，さまざまな意味に用いている．押したり引っ張ったりして「力を加える」というように，「力」は元々は人間の動作，筋肉の動きに伴う概念だが，普段「判断力」や「理解力」など直接の動作が伴わなくても比喩的に使う場合も多い．しかし，物理学では言葉の意味を厳密に定義しておく必要がある．物理学では，**2 つの物体のあいだの相互作用**を「力」とよぶ．つまり，力はかならず 1 つの物体からもう 1 つの物体に作用する．例えば，地表にある物体にはたらく重力は地球が物体を引く力であり，地球から物体に作用する．また物体を手で押すときに物体にはたらく力は，手から物体に作用する．

一般に，**力は物体の運動の状態を変化させる原因となる**．例えば，静止している物体を押すと物体は動き出す．動いている物体に対して進行方向に力がはたらくと物体は加速し，進行方向と反対の方向に力がはたらくと減速する．また，物体の進行方向に対して垂直に力がはたらくと，物体の進行方向は力の方向に曲がる．このように力は**方向**をもつ．また，静止している物体を強く押すと物体は早く動き，弱く押すとゆっくり動くことから，力は**大きさ**をもつことがわかる．したがって，力は大きさと方向をもつ量，つまり**ベクトル量**である．

4.1.2 力の図示の仕方

力を図に示す場合には，図 4.1 のように，力が作用している物体自身の内部や表面の点を始点として力の方向をもつ矢印を描く．このとき，矢印の長さは力の大きさを表す．また，矢印の近くに力のベクトル $\boldsymbol{F}$ やその大きさ F などの式を書き入れる．ある物体がほかの物体と接触して力を受けている場合は，接触している点 (作用点) を始点としてベクトルを描く．重力 (図 4.1 の $\boldsymbol{W}$) の場合は物体の中心付近を始点とする．力を表すベクトルは，英語の「力」を意味する単語 force の頭文字をとって $\boldsymbol{F}$ と表されることが多い．

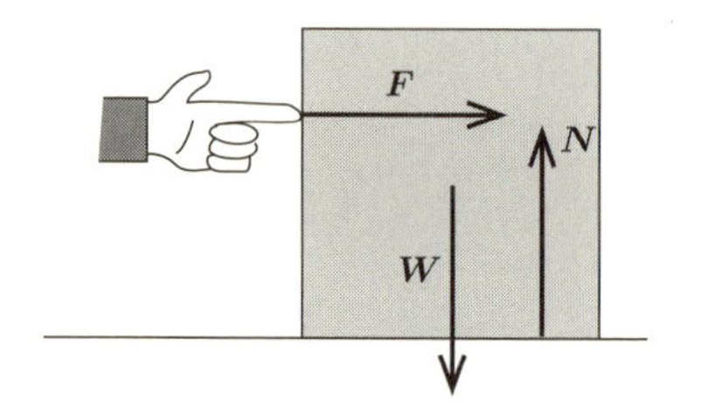

図 4.1　力の図示の仕方

例題 4.1 風がない状況で飛行機が機首を北に向けて速度 $\boldsymbol{v}$ で飛んでいる．この飛行機に対し風が吹きつけるとする．風が東，西，南，北のそれぞれの方向から吹いているときの飛行機の速度 $\boldsymbol{v}'$ は $\boldsymbol{v}$ からどのように変化するか答えなさい．

［解答］ 北から風が吹くと飛行機は南方向に力 $\boldsymbol{F}$ を受けるため，$\boldsymbol{v}'$ は図 4.2(a) のように減速する．南から風が吹くと飛行機は北方向の力を受けるため，$\boldsymbol{v}'$ は図 4.2(b) のように加速する．西 (東) から風が吹くと飛行機は東 (西) 方向の力 $\boldsymbol{F}$ を受け，速度 $\boldsymbol{v}'$ は図 4.2(c)((d)) のように東 (西) 向きの成分をもち，飛行機は東 (西) に旋回する．

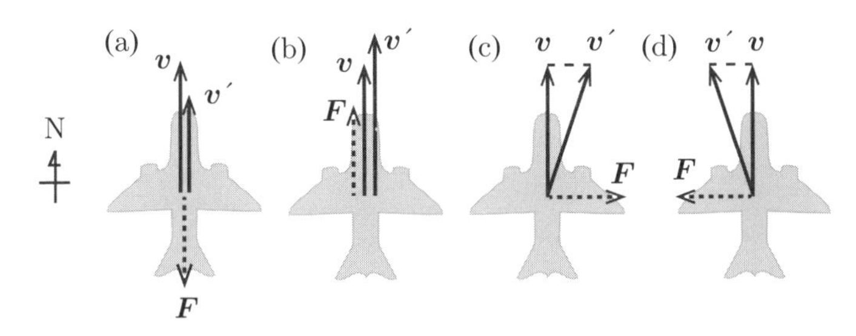

図 4.2 風による飛行機の速度の変化

例題 4.2 図 4.3 は野球のバッターがボールを打つ瞬間を表している．ボールにはたらく力をすべて図に書き込みなさい．

図 4.3 ボールを打つバッター

［解答］ 図 4.4 のように，ボールは接触しているバットから力 $\boldsymbol{F}$ を受ける．またボールには重力 $\boldsymbol{W}$ もはたらく．

図 4.4 ボールにはたらく力

4.1.3 力の合成，分解

図 4.5 のように，A さんと B さんが大きな四角い段ボールに入った荷物に力 $\boldsymbol{F}_1$, $\boldsymbol{F}_2$ を加えて押している．二人が荷物の反対の面を同じ大きさの力で押しているとき，明らかに荷物は動かない (図 4.5(a))．このとき $\boldsymbol{F}_2 = -\boldsymbol{F}_1$ より $\boldsymbol{F}_1 + \boldsymbol{F}_2 = \boldsymbol{0}$ が成りたち，2 つの力の合計はゼロベクトルになる．もし，A さんの力の方が B さんの力より大きいとき (図 4.5(b))，$\boldsymbol{F}_1$ と $\boldsymbol{F}_2$ は反対向きで $|\boldsymbol{F}_1| > |\boldsymbol{F}_2|$ より，2 つの力の合計 $\boldsymbol{F} = \boldsymbol{F}_1 + \boldsymbol{F}_2$ は右向きで，荷物も右向きに動く．また，二人が隣り合う段ボールの面をお互いに垂直な方向に押すと (図 4.5(c))，2 つの力の合計 $\boldsymbol{F} = \boldsymbol{F}_1 + \boldsymbol{F}_2$ は上から見て段ボールの対角線方向を向き，段ボールは $\boldsymbol{F}$ の方向に動く．

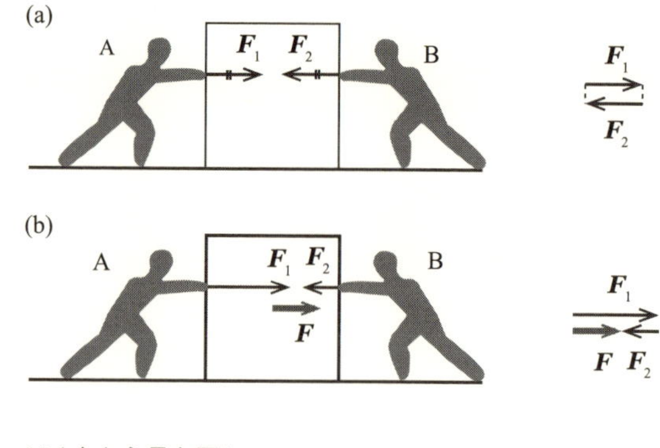

図 4.5　荷物を押すと荷物に力がはたらく

このことからわかるように，1 つの物体に 2 つの力 $\boldsymbol{F}_1$ と $\boldsymbol{F}_2$ が加わると，物体には正味の 1 つの力 $\boldsymbol{F} = \boldsymbol{F}_1 + \boldsymbol{F}_2$ が加わったときと同じ運動の変化が生じる．そのため，物体には 1 つの力 $\boldsymbol{F}$ がはたらいているとみなせる．このように力は**合成**することができる．合成された力を**合力**という．逆に，ある物体に 1 つの力 $\boldsymbol{F}$ がはたらいているときには，合力が $\boldsymbol{F}$ となる 2 つの力 $\boldsymbol{F}_1$, $\boldsymbol{F}_2$ が物体にはたらいているとみなせる．このように力は**分解**することもできる．

一般に，n 個の力 $\boldsymbol{F}_1, \boldsymbol{F}_2, ..., \boldsymbol{F}_n$ が物体に加わるとき，単一の正味の力

$$\boldsymbol{F} = \boldsymbol{F}_1 + \boldsymbol{F}_2 + \cdots + \boldsymbol{F}_n = \sum_{i=1}^{n} \boldsymbol{F}_i \tag{4.1}$$

が物体にはたらいているとみなせる．逆に，1 つの力 $\boldsymbol{F}$ が物体にはたらいているとき，式 (4.1) のように合力が $\boldsymbol{F}$ となる n 個の力 $\boldsymbol{F}_1, \ldots, \boldsymbol{F}_n$ が物体にはたらいているとみなせる．このような力の合成，分解についての性質を**重ね合わせの原理**という．

例題 4.3　図 4.6(a), (b), (c) は物体に 2 つの力 $\boldsymbol{F}_1$, $\boldsymbol{F}_2$ がはたらいている様子を示している．$\boldsymbol{F}_1$, $\boldsymbol{F}_2$ を合成し，物体にはたらく合力を図示しなさい．

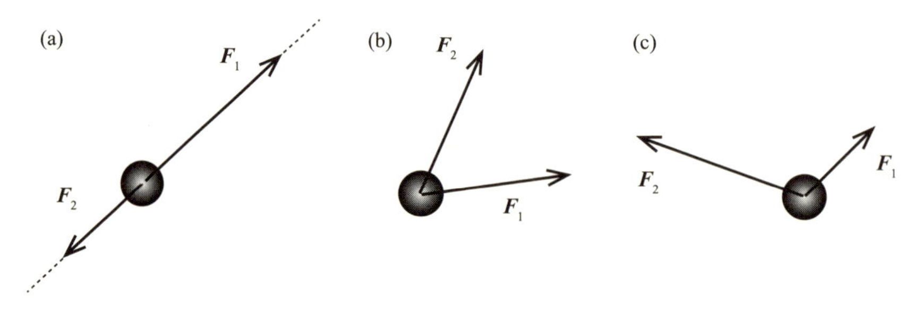

図 4.6　物体にはたらく力

［解答］　合力 $\boldsymbol{F} = \boldsymbol{F}_1 + \boldsymbol{F}_2$ は図 4.7 のようになる．

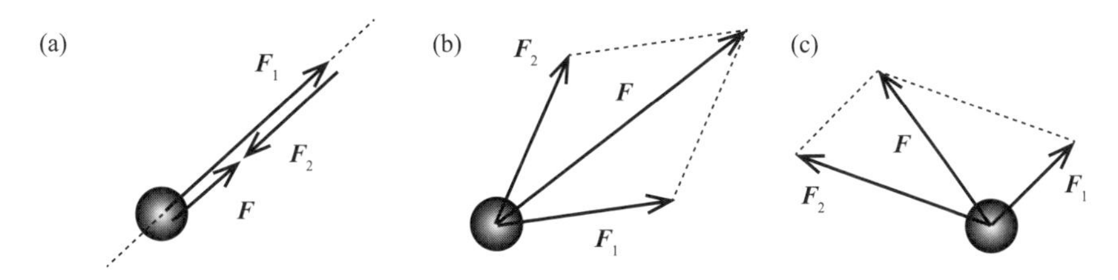

図 **4.7**　物体にはたらく力とその合力

例題 4.4　例題 4.2 において，ボールにはたらくすべての力の合力を図に書き込みなさい．

［解答］　ボールがバットから受ける力 $\boldsymbol{F}$ と重力 $\boldsymbol{W}$ の合力 $\boldsymbol{F}' = \boldsymbol{F} + \boldsymbol{W}$ は図 4.8 のようになる．

図 **4.8**　ボールにはたらく力の合力

例題 4.5　図 4.9 のように xy 平面内にはたらく力 $\boldsymbol{F}$ を x 軸，y 軸に平行な 2 つの力 $\boldsymbol{F}_x$, $\boldsymbol{F}_y$ に分解する．$\boldsymbol{e}_x$, $\boldsymbol{e}_y$ をそれぞれ x, y 方向の単位ベクトルとすると，$\boldsymbol{F}_x = F_x \boldsymbol{e}_x$, $\boldsymbol{F}_y = F_y \boldsymbol{e}_y$ と書いたとき，F_x, F_y をそれぞれ $\boldsymbol{F}$ の x 成分，y 成分という．F_x, F_y を $\boldsymbol{F}$ の大きさ $F(= |\boldsymbol{F}|)$ と図 4.9 の角度 θ を用いて表しなさい．また，$\theta = \dfrac{\pi}{6}, \dfrac{5\pi}{4}$ のときの F_x, F_y をそれぞれ求めなさい．

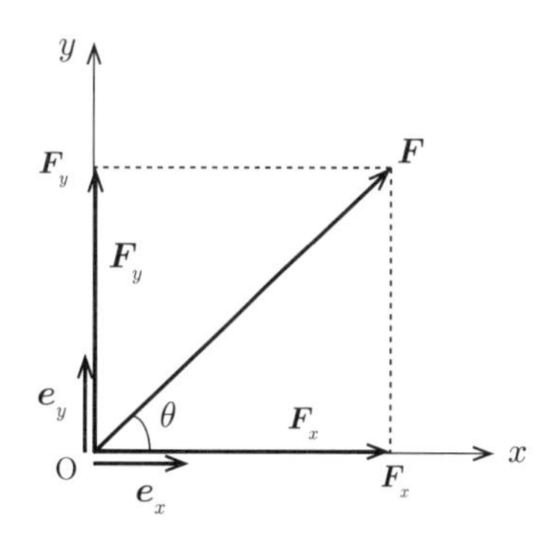

図 **4.9**　力 $\boldsymbol{F}$ の x 方向，y 方向への分解

［解答］　図 4.9 より，F_x, F_y は

$$F_x = F\cos\theta, \quad F_y = F\sin\theta \tag{4.2}$$

と表される．$\theta = \dfrac{\pi}{6}$ のとき，$\cos\theta = \dfrac{\sqrt{3}}{2}, \sin\theta = \dfrac{1}{2}$ より

$$F_x = \frac{\sqrt{3}}{2}F, \quad F_y = \frac{1}{2}F \tag{4.3}$$

となる．$\theta = \dfrac{5\pi}{4}$ のとき，$\cos\theta = -\dfrac{1}{\sqrt{2}}, \sin\theta = -\dfrac{1}{\sqrt{2}}$ より

$$F_x = -\frac{1}{\sqrt{2}}F, \quad F_y = -\frac{1}{\sqrt{2}}F \tag{4.4}$$

となる．

例題 4.6　図 4.10 のように，ある瞬間に速度 $\boldsymbol{v}$ で運動する物体に力 $\boldsymbol{F}$ がはたらいている．$\boldsymbol{F}$ を $\boldsymbol{v}$ に平行な成分と垂直な成分に分解し図示しなさい．

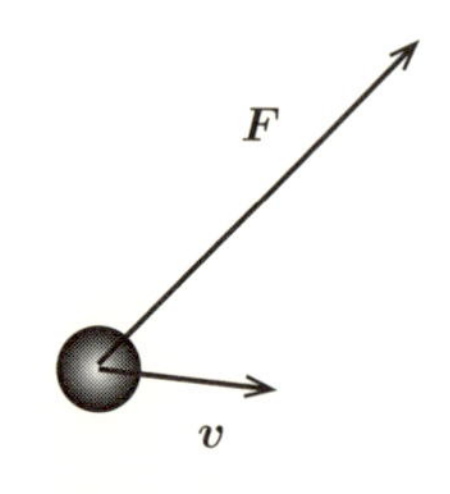

図 **4.10**　物体の速度 $\boldsymbol{v}$ と物体にはたらく力 $\boldsymbol{F}$

［解答］　力 $\boldsymbol{F}$ を速度 $\boldsymbol{v}$ に平行な成分 $\boldsymbol{F}_{\parallel}$ と垂直な成分 $\boldsymbol{F}_{\perp}$ に分解すると，図 4.11 のようになる．$\boldsymbol{F} = \boldsymbol{F}_{\parallel} + \boldsymbol{F}_{\perp}$ をみたすことに注意しよう．

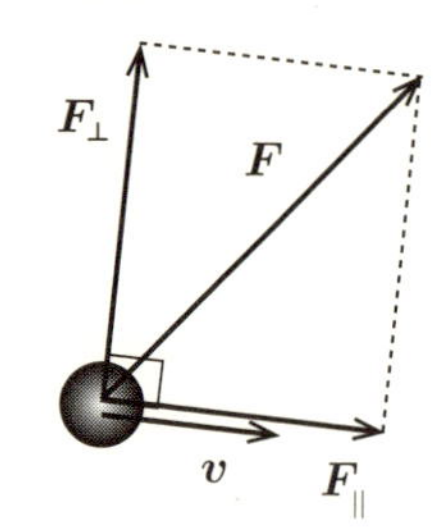

図 **4.11**　力の速度に平行な成分，垂直な成分への分解

4.2　身のまわりの力

身のまわりの物体の運動はいくつかの種類の力によって理解できる．これらの力は遠隔力と接触力の 2 つに分類される．空間的に離れている 2 つの物体のあいだにはたらく力を**遠隔力**とよび，接触している 2 つの物体のあいだにはたらく力を**接触力**とよぶ．例えば，重力は地球と物体が接触していなくても作用するため遠隔力であり，手で物体を押すときに物体にはたらく力は，手と物体が接触することにより作用するため接触力である．以下で遠隔力，接触力それぞれの例について見ていこう．

4.2.1　遠　隔　力

a.　重　　力

質量をもつ 2 つの物体は互いに引き合う．これを**万有引力**という (万有引力について詳しくは『力学［発展編］』の第 3 章で扱う)．地表にある物体には，地球からの万有引力によりつねに鉛直下向きの力がはたらく (図 4.12)．この力を**重力**という．

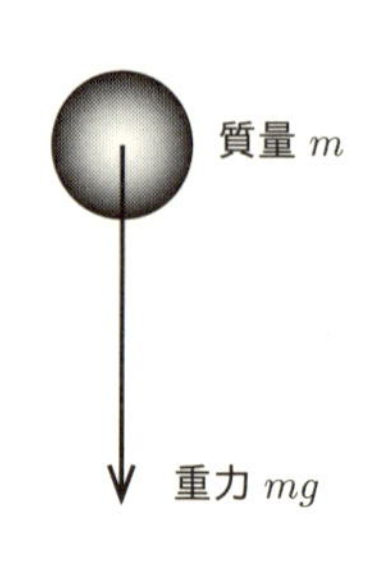

図 **4.12**　重力

物体の質量を m とするとき，地表における重力の大きさ W は

$$W = mg \tag{4.5}$$

で与えられる．g は物体の落下の加速度の大きさ，すなわち**重力加速度**の大きさを表し

$$g = 9.8\ \mathrm{m/s^2} \tag{4.6}$$

で与えられる．重力の大きさ $W = mg$ を物体の**重さ**，もしくは**重量** (weight) という．

(注意 1) 力の大きさの単位について 質量の単位を kg，加速度の単位を $\mathrm{m/s^2}$ とすると，式 (4.5) より重さは両者の積 $\mathrm{kg \cdot m/s^2}$ の単位をもつ．この単位を N (ニュートン，newton) とよぶ．

$$\mathrm{N} = \mathrm{kg \cdot m/s^2} \tag{4.7}$$

重さの単位は力の大きさの単位に等しい．つまり，N は力の大きさの単位にほかならない．例えば 100 g のリンゴにはたらく重力の大きさは約 1 N である．実際にリンゴを手にのせて，1 N の重さを実感してみよう．力の単位として kgw (キログラム重) を用いることもある．1 kgw は 1 kg の物体にはたらく重力の大きさ，すなわち 9.8 N に等しい．

(注意 2) 質量と重さの違い 日常生活では「質量」と「重さ」を区別なく使うが，物理学ではこれら 2 つを区別する．質量は物体に固有の量であり，場所が変わったとしても変化しない．これに対し，重さはそれぞれの場所で物体にはたらく重力の大きさを表し，場所によって変化する．例えば，地表において重力加速度の大きさ g の値はつねに一定ではなく地表の場所ごとにわずかに異なる．$g = 9.8\ \mathrm{m/s^2}$ はその平均値で，g の値は場所によってだいたい $9.78\ \mathrm{m/s^2}$ から $9.82\ \mathrm{m/s^2}$ のあいだを変化する．そのため，同じ物体の重さも地表の異なる地点でわずかに異なる値をもつ．また，月面での月の引力による重力は地表における重力よりも小さい．そのため，月面で体重を測ったとすると地球での体重よりも軽くなる．月で体重を測ると軽くなるからといってダイエットできたと喜ぶ人はいないだろう．こうして考えると普段，「体重」を「重さ」ではなく「質量」という意味で使っていることになる．ちなみに体重計は乗る人の重さを測定し，それを質量に換算して表示している．地表における g の変化による補正が可能な体重計も開発されている．

例題 4.7 読者自身，自分の質量から地上および月面での自分の重さを求めなさい．また，もし仮に読者が月面に旅行をしたとして，月面で地球からもってきた体重計に乗ったとする．このとき，体重計の示す値を kgw を単位として求めなさい．ただし，地表における重力加速度を $g_\mathrm{E} = 9.8\ \mathrm{m/s^2}$，月面における重力加速度を $g_\mathrm{M} = 1.5\ \mathrm{m/s^2}$ とする．

[解答] 読者の質量を m とする．例えば，$m = 50$ kg のとき，地上での重さ W_E，月面での重さ W_M はそれぞれ

$$W_\mathrm{E} = mg_\mathrm{E} = 4.9 \times 10^2\ \mathrm{N}, \quad W_\mathrm{M} = mg_\mathrm{M} = 7.5 \times 10^1\ \mathrm{N} \tag{4.8}$$

となる．また，月面で体重計に乗ると，体重計には W_M の力がはたらくので，体重計の示す値は kgw を単位として

$$\frac{W_\mathrm{M}}{g_\mathrm{E}} = \frac{7.5 \times 10^1\ \mathrm{N}}{9.8\ \mathrm{N/kgw}} = 7.65\ \mathrm{kgw} \tag{4.9}$$

となる．地表で体重計に乗ると体重計は 50 kgw を示すので，月では地表の約 1/7 の値になる．

b. クーロン力

電荷をもつ 2 つの物体のあいだには，**クーロン力**，または**静電気力**とよばれる遠隔力がはたらく．同じ符号の電荷をもつ 2 つの物体のあいだには斥力がはたらき，異なる符号の電荷をもつ 2 つの物体のあいだには引力がはたらく．例えば，プラスチック製のものさしを衣服でこすって頭に近づけると髪がものさしにくっつく．これはものさしと髪が帯電し，両者のあいだにクーロン力がはたらくためである (クーロン力について詳しくは『力学［発展編］』の第 3 章で扱う).

4.2.2 接　触　力

物体を指で押す，棒でつつく，ひもやゴムで引っ張る，ばねで押すなどすると物体には力がはたらく．このように物体は直接触れているあらゆるものから力を受ける．これらすべての力が**接触力**である．力学の問題を解く際には特に以下にあげる接触力が重要となる．

a. 垂 直 抗 力

図 4.13 のように，物体が平らな面をもつ台の上におかれているとき，物体には面と垂直な方向に台から力がはたらく．この力を**垂直抗力**という．垂直抗力は通常 normal (垂直) の頭文字をとって N と表す．垂直抗力は，図 4.13 のように，表面を始点として表面から物体に向かう矢印として図に書き入れる．

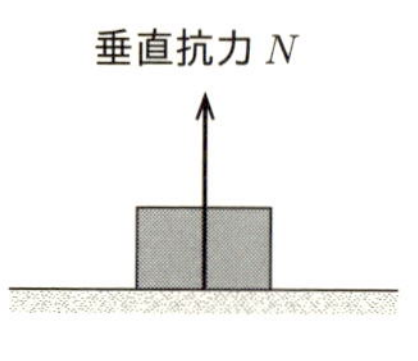

図 4.13 垂直抗力

例題 4.8 図 4.14 のように水平から傾いた面に物体がおかれている．物体にはたらく力をすべて図に記入しなさい．

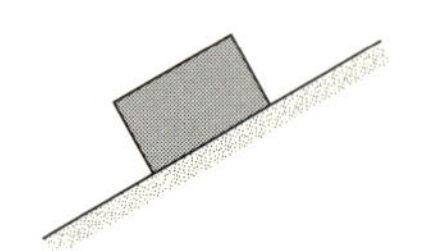

図 4.14 斜面上の物体

［解答］ 図 4.15 のように物体には垂直抗力 N と重力 W がはたらく．

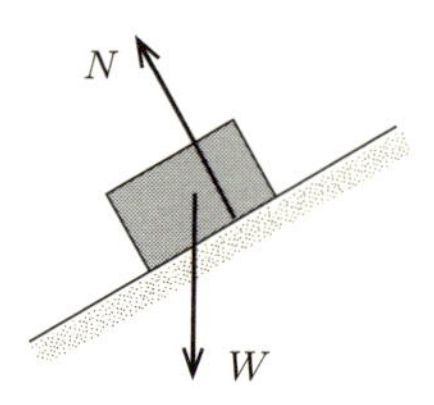

図 4.15 斜面におかれた物体にはたらく力

b. 張　　力

図 4.16 のように物体が糸でつり下げられているとき，物体は糸から鉛直上向きの力で引かれている (もしこのような力がなければ，物体は重力により落下してしまう)．このように，ピンと張った糸やロープなどが物体を引っ張る力を張力 (tension) という．張力は糸やロープに沿った方向にはたらき，通常 T と表す．張力は，図 4.16 のように，糸が物体と接触している点を始点とし，糸に沿った方向の矢印として書き入れる．

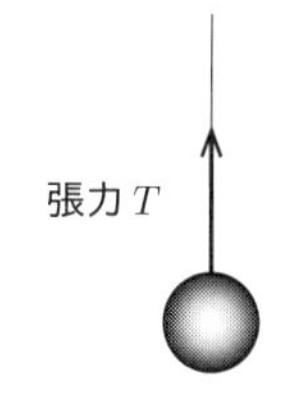

図 4.16　張力

例題 4.9　図 4.17 のように物体に糸を取りつけて引っ張るとき，物体にはたらく力をすべて図に記入しなさい．

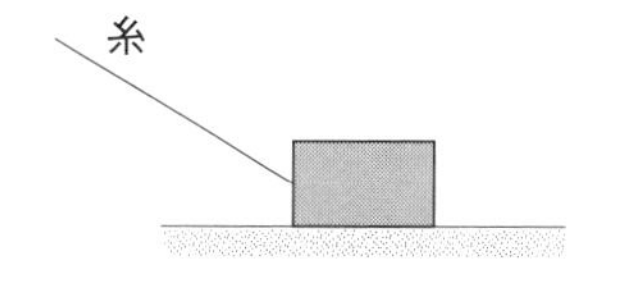

図 4.17　物体を斜めに引っ張る

［解答］　図 4.18 のように物体には張力 T，垂直抗力 N，重力 W がはたらく．

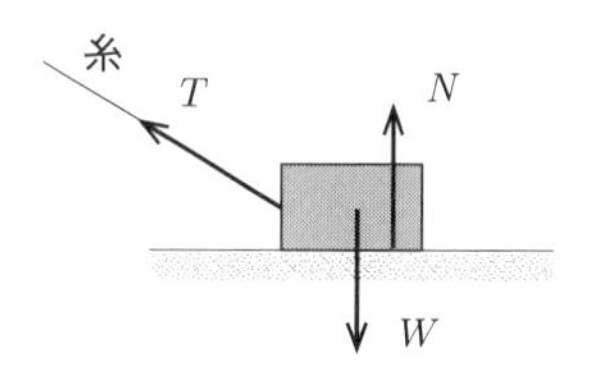

図 4.18　斜めに引っ張られる物体にはたらく力

例題 4.10　図 4.19 のように細い鎖の先に宝石がついたネックレスがある．宝石にはたらく力をすべて図に記入しなさい．

図 4.19　ネックレス

［解答］　図 4.20 のように宝石には，それぞれの鎖からの張力 T, T' と重力 W がはたらく．

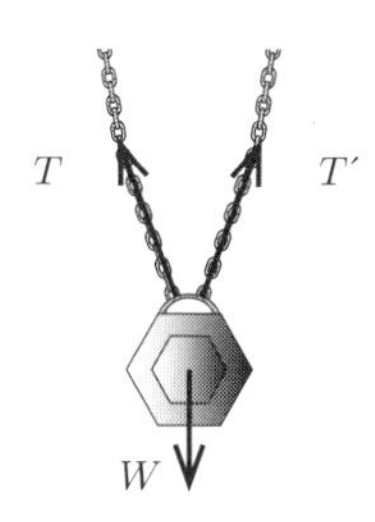

図 4.20　ネックレスの宝石にはたらく力

c. その他の接触力

接触力には垂直抗力，張力のほかにも次のようなものがある．

- 摩擦力：物体が粗い面上におかれているとき，面から物体に対してはたらく力．摩擦力はつねに物体の運動を妨げる方向にはたらく．
- ばねの弾性力：ばねに物体をつないでばねを伸ばしたり縮めたりしたときに，ばねが元にもどろうとして物体を引くまたは押す力．

これらの力については第5章で詳しく扱う．

4.2.3 (参考) 自然界の4つの力

これまでいくつかの接触力について見てきたが，ミクロなスケールで見るとこのように何種類もの力があるわけではない．上にあげた接触力はすべて物質を構成している原子や分子のあいだにはたらく力を合成したもので，さらにミクロのスケールで見るとそれらの力は，原子，分子を構成する電子，陽子のあいだにはたらく力が起源となっている．このように，私たちの身のまわりの物体のあいだにはたらく力は，その物体を構成する素粒子のあいだにはたらく力が起源となる．素粒子のあいだにはたらく力は現在のところ，**電磁気力**，**万有引力**，**強い力**，**弱い力**の4種類のみが知られている．電磁気力，万有引力は身のまわりの物理現象にも現れるが，残りの2つの力は電磁気力，万有引力に比べて到達距離がずっと短く，身近な現象にはほとんど顔を出さない．

原子核を構成しているのは陽子や中性子とよばれる粒子であるが，これらの粒子はさらにクォークとよばれる素粒子が構成している．強い力はクォークのあいだにはたらく力で，クォークを陽子や中性子の中に閉じ込めている．例えば，不安定な原子核の中の中性子が崩壊して電子と陽子と反ニュートリノとよばれる粒子が生成される過程をベータ崩壊とよぶ．弱い力はこのようなベータ崩壊を引き起こす力である．強い力，弱い力という名前は専門用語としては曖昧に聞こえるかもしれないが，電磁気力に比べて強い，弱いという意味でこのような名前がついている．

4.3 運動の法則

ここまで力について学んできた．本節では物体にはたらく力と物体の運動の関係を記述する「運動の法則」について学んでいく．「運動の法則」は，第1法則から第3法則の3つの法則から成りたっている．これら3つの法則 (運動の3法則) によって，力がはたらいているときの物体の運動を決定することが可能となる．運動の3法則はニュートン (I. Newton) により1687年にその著書『自然哲学の数学的諸原理 (プリンキピア)』において定式化されたので，「ニュートンの運動法則」や「ニュートンの3法則」ともよばれる．以下でそれぞれの法則について見ていこう．

4.3.1 第 1 法 則

第1法則は，力がはたらいていないときの物体の運動について，次のように記述する．

- 第1法則 (慣性の法則)
  物体に力がはたらいていないとき，物体は等速度運動を続ける．

静止している状態は，速度ゼロで等速度運動しているとみなすことができるため，第1法則は物体が静止している場合も含んでいる．つまり，第1法則によると，最初にある有限の速度で運動している物体は，その物体に力がはたらかない限り同じ速度で運動しつづけ，最初に静止している物体は，その物体に力がはたらかない限り静止し続ける．

机の上におかれた物体は，手で押しているときは動くが手をはなすと止まってしまう．このような例から，力がはたらいていないと物体はいつでも止まっていると考えるかもしれない．しかし，机の上の物体はいつでも机の表面から摩擦力を受けている．物体にまったく力がはたらいていない状況を実際につくるのは容易ではないが，例えば，宇宙船の中で宇宙飛行士が物体をもった手をはなすと，物体がフワフワと一定の速度で飛んでゆく．これは，宇宙空間で重力や摩擦がまったくない状況では，物体は確かに等速度運動することを示している．また，ストーンとよばれる大きな石を氷の上で滑らせ，的に入れて得点を競うカーリングというスポーツがある．氷とストーンのあいだの摩擦が小さいため，ストーンは氷の上をいちどすべり始めると，ほぼ一定の速度で長い距離をすべり続ける．この場合にも第1法則が成りたつことが確認できる．

a. 慣性とは

第1法則は「**慣性の法則**」ともよばれる．「慣性」は「惰(だ)性」と同じ意味であると思ってよい．「惰性で食べる」，「惰性で眠る」など「惰性で〜する」という表現があるように，「惰性」は現在行っている行動をし続けようとする性質をいう．つまり「慣性」とは，物体が現在の運動の状態をそのままに保とうとする性質である．第1法則は，**物体にはそのままの運動を続けようとする性質がある**ということを意味している．そのため，力が作用しないと，一定の速度で動いている物体はその速度を保ったままいつまでも等速度運動を続ける．

例題 4.11 バスに乗っているとバスがカーブを曲がるときに，自分の体がカーブの外側に引っ張られるように感じる．この現象を第1法則によって説明しなさい．

［解答］ この現象を，バスの外にいる人の立場で考えるとわかりやすい．バスの外から見ると，バスに乗っている人の体は**慣性**のためにバスの進んできた方向を保ってまっすぐ進もうとする．これに対して，バスはカーブを曲がるときにこれまで走ってきた直進軌道から逸れるため，結果として乗車している人の体は壁の方に引っ張られる (図 4.21)．バスの中にいる人の立場では，あたかも力を受けて自分の体がカーブの外側に引っ張られているように感じる．このような見かけの力を慣性力とよぶ (慣性力については第5章で詳しく扱う)．

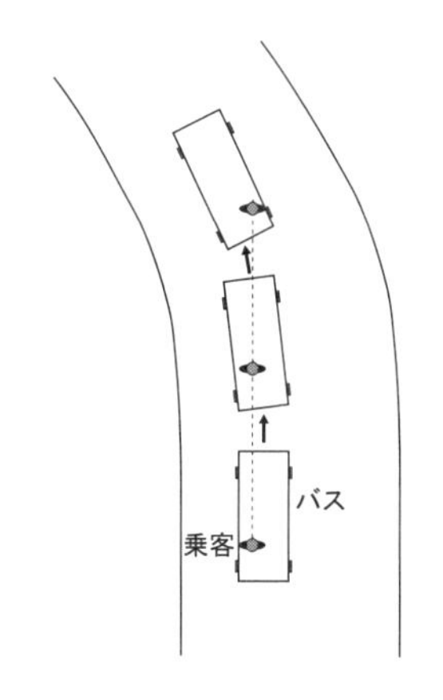

図 4.21 カーブを曲がるバス

例題 4.12 第1法則により理解できる身近な現象をあげなさい．

［解答］ 以下の例があげられる．

- スケートをしているとき，勢いがつくとなかなか止まらない．これは氷の表面とスケートシューズのあいだの摩擦力が小さいので，第1法則により滑っている人の体が等速度運動を続けようとするためである．

- 電車に乗っていると，電車が加速するときには体が後ろに引っ張られ，電車がブレーキをかけたときには前につんのめる．これは，第1法則により電車に乗っている人の体が加速 (減速) する前の速度を維持しようとするのに対し，電車はより速い (遅い) 速度で動くためである．
- 糸におもりをつけ，糸の一端をもって頭上でおもりが円軌道を描くように回転させたとき，糸をはなすとおもりは円の接線方向に飛んでいく．これは手をはなす直前におもりは円の接線方向の速度をもち，手をはなしたあとも第1法則によりそれを維持しようとするためである．

4.3.2 第 2 法 則

第1法則により，力がはたらいていないとき物体は等速度運動を続ける．それでは，力がはたらくと物体の運動はどうなるだろうか．この問いに答えるのが第2法則である．

第2法則によると，力がはたらくと物体の速度は変化する．つまり，加速度が生じる．第2法則は物体に作用する力と，生じる加速度のあいだの関係について次のように記述する．

- 第2法則

質量 m の物体に力 $\boldsymbol{F}$ が作用しているとき，物体には $\boldsymbol{F}$ と同じ方向に加速度が生じる．加速度の大きさは力の大きさに比例し，質量に反比例する．すなわち，物体の加速度は

$$\boldsymbol{a} = \frac{\boldsymbol{F}}{m} \tag{4.10}$$

と与えられる．

式 (4.10) について考えてみよう．静止している物体を手で押すと，物体は押した方向に動き出し，押す力が大きいほど物体のスピードは大きくなる．つまり，物体は力の方向に加速し，加速度の大きさは力の大きさに比例する．これより，加速度 $\boldsymbol{a}$ が力 $\boldsymbol{F}$ に比例することが理解できる．それでは，加速度が質量に反比例するとはどういうことだろう．質量 m_1, m_2 をもつ2つの物体1, 2に同じ力 $\boldsymbol{F}$ がはたらいているとしよう．いま，物体2の方が重く，$m_1 < m_2$ とする．このとき式 (4.10) よりそれぞれの物体の加速度 $\boldsymbol{a}_1$ と $\boldsymbol{a}_2$ は

$$\boldsymbol{a}_1 = \frac{\boldsymbol{F}}{m_1}, \quad \boldsymbol{a}_2 = \frac{\boldsymbol{F}}{m_2} \tag{4.11}$$

となる．加速度の大きさを比べると，$m_1 < m_2$ より，$|\boldsymbol{a}_1| > |\boldsymbol{a}_2|$ となり，物体1の加速度は物体2よりも大きくなる．これは軽い物体と重い物体を同じ力で押したときに，軽い物体の方がより大きな加速度をもつことを意味している．これは経験的にも正しい．

質量が大きい物体ほど加速度が小さくなることは，言い換えると，質量が大きいほど速度が変化しにくいことを意味する．例えば，止まっているボーリングのボールとテニスボールを動かすときには，ボーリングのボールの方が動かしにくく，動かすには大きな力が必要となる．また，同じスピードで転がっているボーリングのボールとテニスボールを止めるには，ボーリングのボールの方が止まりにくく，止めるには大きな力が必要となる．これは，質量が物体の運動の変化のしにくさ，または慣性 (運動を維持しようとする性質) の強さを表す量であると考えることもできる．

加速度は，物体のスピードの変化だけではなく，運動の方向が変化したときにも生じる．例えば，小学校の運動会で，大勢の人が大きなボールを目的地まで転がす大玉転がしという競技があるが，

大玉のように質量の大きなボールは大勢で叩いて力を加えてもなかなか転がる方向を変えることができない．このように，質量が大きい物体ほど運動の方向も変化しにくい．

(参考) 慣性質量と重力質量　物体の質量は，2 つの異なる方法で定義することができる．1 つは運動の第 2 法則 (4.10) に基づく定義で，物体の慣性の強さを表し，慣性質量とよばれる．もう 1 つは万有引力の式に基づく定義で，重力の式 (4.5) に現れ，物体の重さを特徴づける．これは重力質量とよばれる．慣性質量と重力質量が同一の量か否かは自明ではないが，実験的には 10^{-12} の精度で一致している．この等価性は，ニュートン力学では偶然の一致とみなせるが，アインシュタインの一般相対性理論では必然的なものである．

例題 4.13　摩擦の無視できるなめらかな床の上に 10 kg の荷物が静かにおかれている．荷物を水平方向に 5 N の力で押したとき，荷物の加速度の大きさはいくらか．

［解答］　水平方向に対して第 2 法則 (4.10) を用いる．水平方向において荷物を押す方向を正にとり，荷物の加速度を a とすると

$$a = \frac{5\ \mathrm{N}}{10\ \mathrm{kg}} = 0.5\ \mathrm{m/s^2}. \tag{4.12}$$

例題 4.14　乗用車は，アクセルを踏むと早く加速できるが，バスなどの大型車はアクセルを踏んでもなかなか加速しない．これはなぜか．第 2 法則により説明しなさい．

［解答］　バスは乗用車より大きな質量をもつので，第 2 法則の式 (4.10) より同じ大きさの力で加速した場合に，バスの方が乗用車よりも加速度が小さくなる．

4.3.3 運動方程式

式 (4.10) を使い勝手のよい形に変形しよう．式 (4.10) の両辺に m をかけると

- 運動方程式 (1)

$$m\boldsymbol{a} = \boldsymbol{F} \tag{4.13}$$

が得られる．上の式 (4.13) を一般に**運動方程式**とよぶ．また加速度 $\boldsymbol{a}$ は速度 $\boldsymbol{v}$，位置ベクトル $\boldsymbol{r}$ を用いて

$$\boldsymbol{a} = \frac{d\boldsymbol{v}}{dt} = \frac{d^2\boldsymbol{r}}{dt^2} \tag{4.14}$$

と表せることから，運動方程式 (4.13) を

- 運動方程式 (2)

$$m\frac{d\boldsymbol{v}}{dt} = \boldsymbol{F} \tag{4.15}$$

または

- 運動方程式 (3)

$$m\frac{d^2\boldsymbol{r}}{dt^2} = \boldsymbol{F} \tag{4.16}$$

と書くこともある．式 (4.15), (4.16) と書くと，運動方程式が時刻 t の関数としての速度 $\boldsymbol{v}(t)$ または位置 $\boldsymbol{r}(t)$ に関する微分方程式であることがわかる．実際に物体の運動を求めるときには，微分方程式としての運動方程式を数学的に解く必要がある．具体的にどう解くかについては次の節や第5章で例題を解きながら学んでいく．

以下，本書では場合に応じて運動方程式を上の式 (4.13), (4.15), (4.16) の3通りのうちからことわりなく便利なものを選んで書き下すことがある．

例題 4.15　質量が 4.5 kg のボウリングのボールと 58 g のテニスボールがある．それぞれを $1\ \mathrm{m/s^2}$ で加速するために必要な力の大きさはいくらか．

［解答］　ボウリングのボールとテニスボースを加速するのに必要な力の大きさをそれぞれ $F_{\mathrm{b}}, F_{\mathrm{t}}$ とする．運動方程式 (4.13) を用いると

$$F_{\mathrm{b}} = 4.5\ \mathrm{kg} \times 1\ \mathrm{m/s^2} = 4.5\ \mathrm{N} \tag{4.17}$$

$$F_{\mathrm{t}} = 0.058\ \mathrm{kg} \times 1\ \mathrm{m/s^2} = 0.058\ \mathrm{N} \tag{4.18}$$

と求まる．

a.　運動方程式についての注意

(注意)　運動方程式は，物体に力 (原因) がはたらくと加速度 (結果) が生じるという，原因と結果のあいだの因果関係を表している．したがって，運動方程式は，物体にはたらく力 (原因) がわかっているときに加速度 (結果) を求めるために用いることが多い．運動方程式を普通の数学の式のように解釈し，「$m\boldsymbol{a}$ という力 $\boldsymbol{F}$ がある」とか「力 $\boldsymbol{F}$ は $m\boldsymbol{a}$ と表せる」などと誤解しないように注意しよう．

(参考)　力に関する重ね合わせの原理が成りたつのは，運動方程式において加速度が力に比例するためである．例えば，質量 m の物体に力 $\boldsymbol{F}$ がはたらくとき物体の加速度 $\boldsymbol{A}$ は運動方程式

$$m\boldsymbol{A} = \boldsymbol{F} \tag{4.19}$$

を解いて $\boldsymbol{A} = \boldsymbol{F}/m$ と求まる．物体にはたらく力を $\boldsymbol{F} = \boldsymbol{F}_1 + \boldsymbol{F}_2$ のように2つの力に分解する．このとき $\boldsymbol{F}_1, \boldsymbol{F}_2$ が同じ物体に対してそれぞれ単独ではたらく場合に生じる加速度を $\boldsymbol{a}_1, \boldsymbol{a}_2$ とすると，運動方程式

$$m\boldsymbol{a}_1 = \boldsymbol{F}_1, \quad m\boldsymbol{a}_2 = \boldsymbol{F}_2 \tag{4.20}$$

から $\boldsymbol{a}_1 = \boldsymbol{F}_1/m$, $\boldsymbol{a}_2 = \boldsymbol{F}_2/m$ と求まる．重ね合わせの原理が成りたつとき，力 $\boldsymbol{F}$ と，それを分解した $\boldsymbol{F}_1 + \boldsymbol{F}_2$ が物体に同じ加速度を生じさせるため，$\boldsymbol{A} = \boldsymbol{a}_1 + \boldsymbol{a}_2$ が成りたっていなければならないが，これは

$$\boldsymbol{A} = \frac{\boldsymbol{F}}{m} = \frac{\boldsymbol{F}_1 + \boldsymbol{F}_2}{m} = \boldsymbol{a}_1 + \boldsymbol{a}_2 \tag{4.21}$$

より確かに成りたつ．運動方程式のこのような性質を，物理ではしばしば「線形性」とよぶ．

b.　力のつりあい

物体が等速度運動を行っているとき，速度 $\boldsymbol{v}$ は一定だから

$$\boldsymbol{a} = \frac{d\boldsymbol{v}}{dt} = \boldsymbol{0} \tag{4.22}$$

より物体の加速度はゼロである．このとき運動方程式 (4.13) は (左辺と右辺を入れ替えて)

$$\boldsymbol{F} = \boldsymbol{0} \tag{4.23}$$

と書ける．物体に複数の力 $\boldsymbol{F}_1, \boldsymbol{F}_2, ..., \boldsymbol{F}_n$ がはたらくとき，$\boldsymbol{F}$ はそれらの合力となり，式 (4.23) は合力が $\boldsymbol{0}$ であることを示している．このことを「力がつりあっている」という．つまり，物体が静

止しているときも含めて等速度運動しているとき次の式が成りたつ.

- 力のつりあいの式 $$\boldsymbol{F}_1 + \boldsymbol{F}_2 + \cdots + \boldsymbol{F}_n = \sum_{i=1}^{n} \boldsymbol{F}_i = \boldsymbol{0} \tag{4.24}$$

式 (4.24) を力のつりあいの式とよぶ.

(注意) 力のつりあいの式 (4.24) は，あくまで運動方程式の特別な場合であることに注意しよう．つまり，等速度運動している物体に対して運動方程式を立てれば，それは力のつりあいの式を立てたのと同じことである．本書では，等速度運動している物体についての運動方程式を特に「力のつりあいの式」とよぶことにするが，本来そのような区別は必要ない．要は，どのような場合でも運動方程式を立てればよい.

例題 4.16 図 4.22 のように，静止している物体に対し同一平面内にある 3 つの力 $\boldsymbol{F}_1$, $\boldsymbol{F}_2$, $\boldsymbol{F}_3$ がはたらいている．$\boldsymbol{F}_1$ と $\boldsymbol{F}_2$ が垂直で，力の大きさの間に $|\boldsymbol{F}_1| = \sqrt{3}|\boldsymbol{F}_2|$ の関係があるとき，$|\boldsymbol{F}_3|$ は $|\boldsymbol{F}_1|$ の何倍か．また，力 $\boldsymbol{F}_3$ が $\boldsymbol{F}_1$, $\boldsymbol{F}_2$ のそれぞれとなす角を求めなさい.

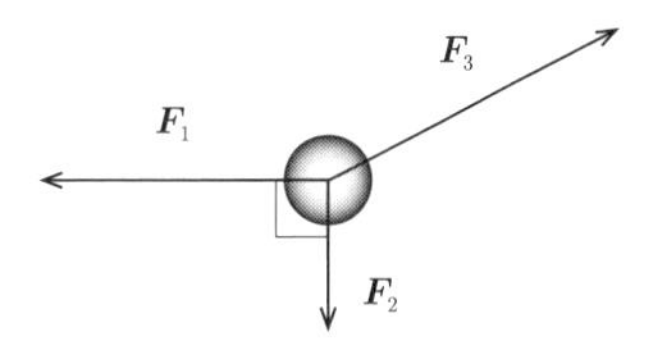

図 4.22 静止している物体にはたらく力

[解答] 物体が静止しているので力のつりあいの式

$$\boldsymbol{F}_1 + \boldsymbol{F}_2 + \boldsymbol{F}_3 = \boldsymbol{0}, \quad \therefore \boldsymbol{F}_3 = -(\boldsymbol{F}_1 + \boldsymbol{F}_2) \tag{4.25}$$

が成りたつ．したがって，$\boldsymbol{F}_1 + \boldsymbol{F}_2$ は $\boldsymbol{F}_3$ と大きさが同じで反対向きである．$|\boldsymbol{F}_1 + \boldsymbol{F}_2|$ はピタゴラスの定理より $|\boldsymbol{F}_1|$ の $\frac{2}{\sqrt{3}}$ 倍だから，$|\boldsymbol{F}_3|$ も $|\boldsymbol{F}_1|$ の $\frac{2}{\sqrt{3}}$ 倍である．また，図 4.23 より，$\boldsymbol{F}_3$ が $\boldsymbol{F}_1$, $\boldsymbol{F}_2$ となす角はそれぞれ $\frac{5\pi}{6}$, $\frac{2\pi}{3}$ となる.

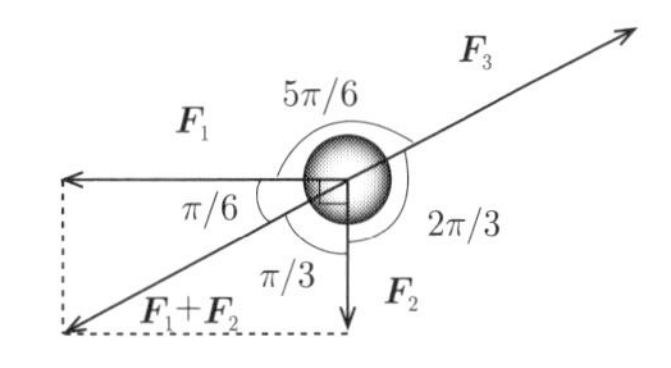

図 4.23 静止している物体にはたらく力のつりあい

4.3.4 第 3 法則

第 1 法則は，力がはたらいていないときの物体の運動について記述し，第 2 法則は力がはたらくときの物体の運動の変化について記述する．第 3 法則は力の一般的な性質についての法則であり，次のように記述される.

- 運動の第 3 法則 (作用・反作用の法則)

物体 A が物体 B に力を及ぼしているとき，物体 B から物体 A にも大きさが等しく向きが反対の力がはたらく．すなわち，物体 A が B に及ぼす力を $\boldsymbol{F}_{\mathrm{AB}}$, 物体 B が A に及ぼす力を $\boldsymbol{F}_{\mathrm{BA}}$ とすると，それらは

$$\boldsymbol{F}_{\mathrm{BA}} = -\boldsymbol{F}_{\mathrm{AB}} \tag{4.26}$$

の関係をみたす (図 4.24).

図 4.24 作用反作用の法則

例として，図 4.25 のように机の上におかれている荷物について考えてみよう．荷物が極端に重いと，机はへこんだり壊れたりする．このことから，荷物が机を鉛直下向きの力で押していることがわかる．このとき反対に，荷物は机から鉛直上向きに同じ大きさの力で押し返されている．これは垂直抗力にほかならない．つまり，机から荷物には垂直抗力 $\boldsymbol{N}$ がはたらき，第 3 法則によると，逆に荷物から机には鉛直下向きに $-\boldsymbol{N}$ の力がはたらく (荷物が机の上に静止しているのは，机からの垂直抗力 $\boldsymbol{N}$ と，鉛直下向きの重力 $\boldsymbol{W}$ がつりあっているためである)．

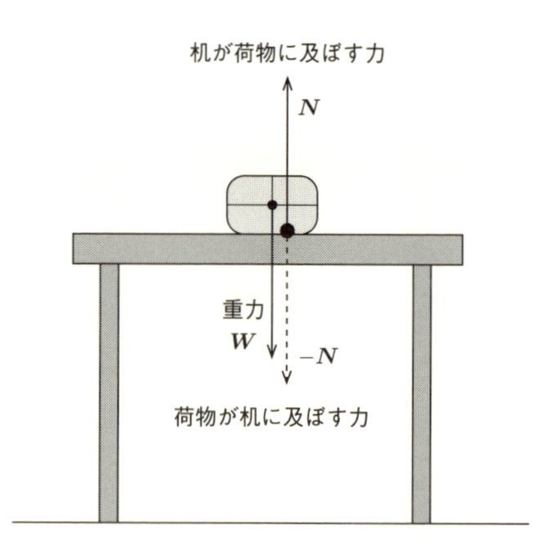

図 4.25　机の上の荷物

このように，ある物体がもう 1 つの物体に力 (作用) を及ぼしていると，もう 1 つの物体はかならず元の物体に対して，向きが反対で大きさの等しい力 (反作用) を及ぼす．つまり，2 つの物体のあいだで力は互いに作用し合い，つねに対になって現れる．そのため，この法則は**作用・反作用の法則**とよばれる．

例題 4.17　図 4.26 のように帆の張ってある船に扇風機を固定し，扇風機で帆に風を送る．このとき，船は前進するだろうか？作用・反作用の法則を考慮して答えなさい．

図 4.26　船の上に固定された扇風機で帆に風を送る

[解答]　帆は扇風機から送られる風から力 $\boldsymbol{F}$ を受けるが，作用・反作用の法則から扇風機自身も風を送ったことによる反跳で力 $-\boldsymbol{F}$ を受ける (図 4.27)．結局，船が帆と扇風機を通じて受ける正味の力は $\boldsymbol{F} - \boldsymbol{F} = \boldsymbol{0}$ となるため船は前進しない．

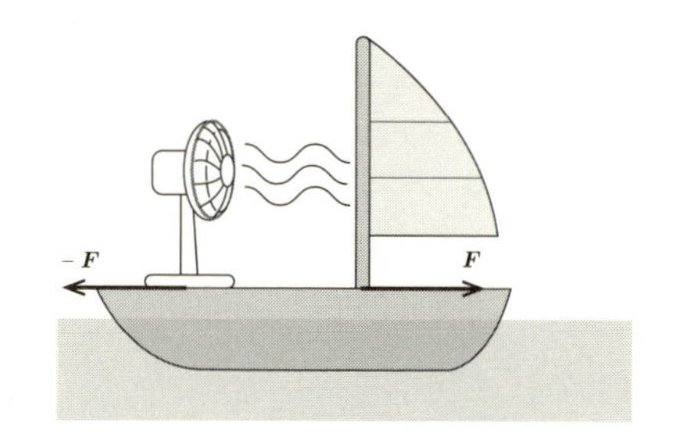

図 4.27　船の上に固定された扇風機で帆に風を送っても船は前進しない

エッセイ 1

運動の法則は 17〜18 世紀の近代ヨーロッパにおいて，ガリレイ (G. Galilei, 1564–1642) をはじめとして，ケプラー (J. Kepler, 1571–1630)，デカルト (R. Descartes, 1596–1650)，

ホイヘンス (C. Huygens, 1629–1695)，フック (R. Hooke, 1635–1703)，ニュートン (I. Newton, 1642–1727) といった物理学者らを中心に研究が行われて発展し，最終的にニュートンの著書『自然哲学の数学的諸原理 (プリンキピア)』(1687) においてほぼ現在の形にまとめられた．そのため現在では，ニュートンのまとめた力と運動についての学問体系全体を「ニュートン力学」または「古典力学」という．「ニュートン力学」という名前がついているがニュートンが一人でこの体系すべてを作り上げたわけではなく，ニュートンの仕事の土台には上にあげたようなガリレオの時代から始まるニュートン以前の多くの物理学者たちの地道な研究の蓄積がある．通常科学の発展においては，数知れぬ無名の人々による研究の蓄積の土台があり，その上に初めてごく少数の人々の大きな業績がある．とはいうものの，物体の運動の法則を体系化し，それにより天体の運行の解明を含めた壮大な結論を導き出したニュートンの業績の偉大さは他の物理学者の業績に比べて際立っている．

古典力学が近代ヨーロッパにおいてどのように成立したかについては興味が尽きない．物理の勉強に疲れたときには物理の歴史をひもといてみるのもよい息抜きになる．物理学の歴史的な発展について書かれている本として，著者の好きなものには日本人のノーベル物理学者，朝永振一郎による『物理学とは何だろうか』(岩波新書)，イタリア人のノーベル物理学者エミリオ・セグレによる『古典物理学を創った人々：ガリレオからマクスウェルまで』(みすず書房) がある．2 冊とも平易な語り口で読みやすい．

4.4 運動の決め方：運動方程式の立て方，解き方

力学の問題では，運動方程式を解くことが中心的な課題となる．物体にはたらく力に関する情報をもとに運動方程式を立て，それを数学的に解くことにより，物体の運動を決定することができる．例えば，ニュートンは惑星間にはたらく万有引力をもとに運動方程式を立て，解くことにより惑星の運行を予言した．この章では，具体的な問題を通して運動方程式の立て方，解き方について学んでいこう．

4.4.1 運動方程式を立て，解く手順

運動方程式を立てて解く手順は以下のようにまとめられる：

① 図を丁寧に大きく描く．

② 運動方程式を立てる対象の物体を定める．複数の物体がある場合には各物体に対して運動方程式を立てる必要がある．

③ 各物体に作用する力をすべて矢印で図に書き入れ，矢印の横に力の大きさなどの数式を書き入れる．その際，接触している物体からはかならず張力，垂直抗力，摩擦力などの接触力，およびその反作用を受けることに注意し，物体にはたらく力に見落としがないようにする．また複数の物体がある場合には，各矢印がどの物体にはたらく力かきちんと区別する．

④ 運動を記述するのに適当な座標を導入し，正の方向を決める．物体にはたらく力を座標の各方向に分解する．

⑤ 図をもとに，各物体について，座標の各方向に対して運動方程式を立てる．その際，座標の正の向きをもつ力に対してはその大きさに + 符号を，負の向きをもつ力に対してはその大きさに − 符号をつける．
⑥ ⑤で立てた運動方程式を解く．その際，どれが未知数なのか確認し，運動方程式をどの変数について解くのかはっきりさせる．また未知数の数と方程式の本数が一致していることを確認する．
⑦ ⑥で得られた結果について考察を行い，結果が物理的に妥当かチェックする．

教科書や問題に図が与えられているときには手順①はおろそかにしがちであるが，この作業をさぼるとイメージが湧かず，間違った式を立てたり，物理的にありえない答えを出してしまいかねない．そのため，面倒でもかならず自分で図を描く習慣をつけよう．また，力を矢印で書き入れたり，数式を書き込むスペースをあらかじめ見込んで図は大きめに描こう．

手順③で，複数の物体にはたらく力を 1 つの図に書き入れると，どの力がどの物体にはたらいているのか混乱してしまい間違いをおかしやすい．はじめのうちは手間を厭わずに複数の図を描いて，別々の物体にはたらく力は別々の図に書き入れたり，異なる物体にはたらく力を色分けするなどの工夫をしよう．

もし手順⑥で，方程式の本数が未知数の数よりも少なければ連立方程式として解を求めることができない．そのようなときはすべての方向について運動方程式を立てているかなど，忘れている束縛条件がないかなどに注意してもう一度見直そう（束縛条件については例題 4.20 で説明する）．

手順⑦では，図示したり，グラフを描いたりして結果を視覚化してみよう．また，具体的な数値を代入し結果を数値化するとイメージがわきやすい．このように，得られた結果を丁寧に吟味することにより，結果が物理的に正しいか判断できる．

上の手順を身につけるために，以下で実際に手順に沿って例題を解いてみよう．以下の例題においては重力加速度の大きさを g とする．

例題 4.18　力のつりあい　図 4.28 のように質量 m の小球が 2 本の糸 1, 2 で天井からつり下げられている．以下の問いに答えなさい．

(1)　糸 1, 2 と天井となす角度がそれぞれ θ_1, θ_2 のとき，糸 1, 2 のそれぞれの張力の大きさを求めなさい．

(2)　$\theta_1 = \pi/3, \theta_2 = \pi/6$ のときのそれぞれの張力の大きさを求めなさい．

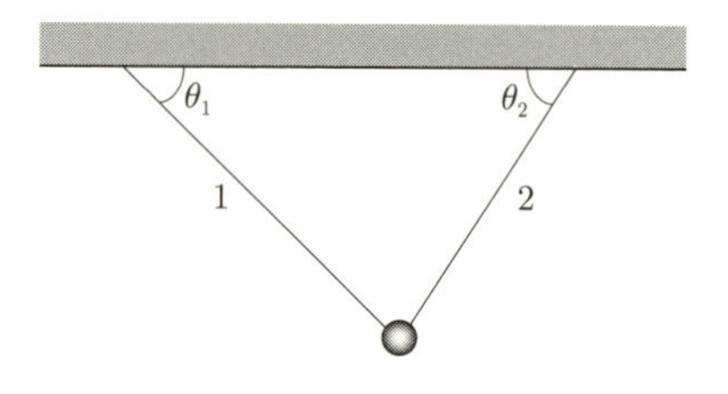

図 4.28　天井からつり下げられた小球

［解答］　手順に沿って問題を解いていこう．

① 図を描く (以下図 4.29 を参照)．
② 小球を対象として運動方程式を立てる．
③ 力を図に書き入れる．
接触力：小球には糸 1 と糸 2 が接触している．小球が糸 1, 糸 2 からそれぞれ大きさ T_1, T_2 の張力で引っ張られているとして，糸に沿った張力の矢印と，大きさ T_1, T_2 を図に書き込む．
遠隔力：小球には重力がはたらく．重力は鉛直下向きで，大きさは mg である．鉛直下向きの矢印と式 mg を図に書き込む．
④ 座標を導入する．

x 軸を水平方向に，y 軸を鉛直方向にとり，それぞれ右向きと上向きを正とし，座標を表す矢印を図に書き込む．それぞれの張力を x 方向，y 方向に分解し，各成分の大きさを書き込む．完成すると図 4.29 のようになる．

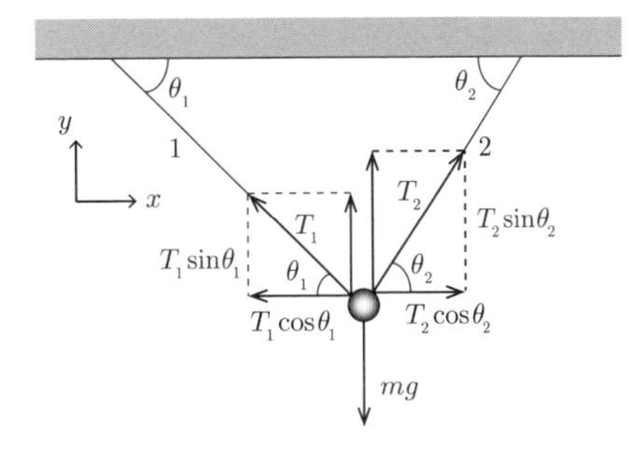

図 4.29 小球にはたらく力

⑤ 図 4.29 をもとに小球の運動方程式を立てる．

小球は静止しているから，加速度はゼロである．正方向の力に対しては式の中で力の大きさに + の符号を，負方向の力には式の中で力の大きさに − の符号をつけることに注意すると

$$x\ 方向：\quad 0 = T_2 \cos\theta_2 - T_1 \cos\theta_1 \tag{4.27}$$

$$y\ 方向：\quad 0 = T_1 \sin\theta_1 + T_2 \sin\theta_2 - mg \tag{4.28}$$

⑥ 運動方程式を解く．

未知数は T_1 と T_2 の 2 個だから，未知数の数と方程式の数が一致している．式 (4.27) を T_2 について解いて

$$T_2 = \frac{\cos\theta_1}{\cos\theta_2} T_1 \tag{4.29}$$

これを式 (4.28) に代入して T_2 を消去すると

$$0 = \left(\sin\theta_1 + \frac{\sin\theta_2 \cos\theta_1}{\cos\theta_2}\right) T_1 - mg \tag{4.30}$$

上の式を T_1 について解くと

$$T_1 = \frac{\cos\theta_2}{\sin\theta_1 \cos\theta_2 + \sin\theta_2 \cos\theta_1} mg = \frac{\cos\theta_2}{\sin(\theta_1 + \theta_2)} mg \tag{4.31}$$

これを式 (4.29) に代入する

$$T_2 = \frac{\cos\theta_1}{\sin(\theta_1 + \theta_2)} mg \tag{4.32}$$

とそれぞれの張力の大きさが求まった．

(2) ⑦具体的に数値を代入し得られた結果をチェックする．$\theta_1 = \pi/6, \theta_2 = \pi/3$ のとき，上の T_1, T_2 の式に代入して

$$T_1 = \frac{1}{2} mg, \quad T_2 = \frac{\sqrt{3}}{2} mg \tag{4.33}$$

と求まる．図 4.30 のように T_1, T_2 の合力はちょうど鉛直上向きに mg の大きさをもち，重力とつりあう．

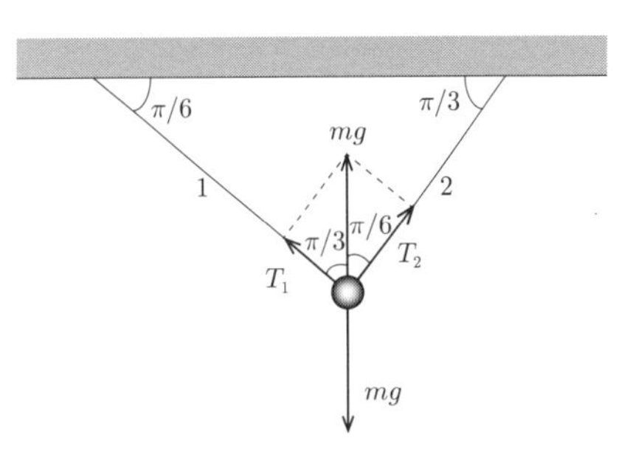

図 4.30 糸の張力の合力は重力とつりあう

例題 4.19　糸でつるされた物体の運動　図 4.31 のように，質量 m の小球をつるした軽い糸の上端をもって，大きさ F の力で引き上げる．このとき小球の加速度を求めなさい．

図 4.31　糸でつるされた物体

［解答］　問題文の「軽い糸」は，糸の質量が無視できることを意味する．したがって，糸の質量はゼロとして考える．前問と同様に手順にそって問題を解いていこう．

① 図を描く．
小球と糸にはたらく力を別々の図に書き込むため，それぞれの図 (図 4.32(a),(b) 参照) を用意する．

② 小球と糸を対象として運動方程式を立てる．

③ 力を図に書き入れる．
小球にはたらく力 (図 4.32(a))
接触力：小球は糸から鉛直上向きに張力 T を受ける．
遠隔力：重力 mg が鉛直下向きにはたらく．
糸にはたらく力 (図 4.32(b))
接触力：作用・反作用の法則より，糸は小球により鉛直下向きに大きさ T の力で引かれる．また，鉛直上向きに力 F がはたらく．
遠隔力：糸の質量は無視できるので，糸にはたらく重力は無視する．

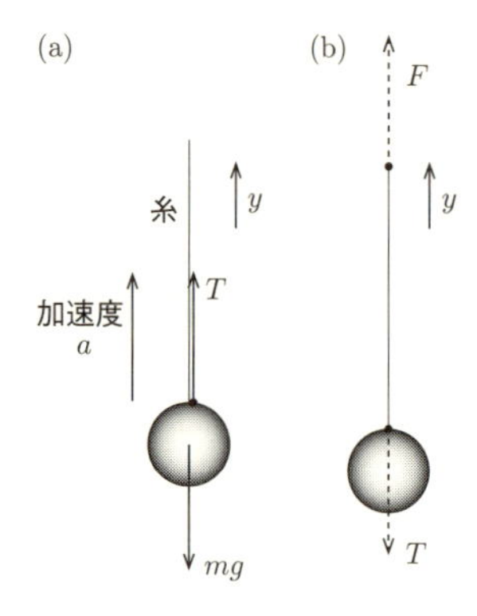

図 4.32　(a) 小球，(b) 糸にはたらく力

④ 座標を導入する．
鉛直方向に上向きを正として y 軸をとり，座標を表す矢印を書き込む．また，小球の鉛直方向の加速度を a とし，加速度を表す矢印を図に書き込む．完成すると図 4.32 のようになる．

⑤ 図をもとに運動方程式を立てる．
小球と糸の y 方向の運動方程式は

$$\text{小球}: ma = T - mg \tag{4.34}$$

$$\text{糸}: 0 = F - T \tag{4.35}$$

糸の質量はゼロなので，式 (4.35) の左辺はゼロとなることに注意しよう．

⑥ 運動方程式を解く．
未知数は a, T で方程式は式 (4.34), (4.35) の 2 本なので，未知数と方程式の数は一致している．式 (4.35) より得られる式 $T = F$ を式 (4.34) に代入すると

$$ma = F - mg \tag{4.36}$$

$$\therefore a = \frac{F}{m} - g \tag{4.37}$$

と小球の加速度が得られる．

⑦ 結果についての考察
式 (4.37) より物体の運動は以下の 1), 2), 3) に場合分けできる：1) F が大きく $\frac{F}{m} - g > 0$ のとき，$a > 0$ より物体は鉛直上向きに等加速度運動する．2) F が小さく $\frac{F}{m} - g < 0$ のとき，$a < 0$ より物体は鉛直下向きに等加速度運動する．3) $\frac{F}{m} - g = 0$ のとき，$a = 0$ より物体は等速度運動する．結果は，引き上げる力が大きければ小球は上昇し，小さければ小球は落下することを意味し，直感的にも正しい．

(注意)　いまの場合，F はあくまで糸に対してはたらいている力なので，糸の運動方程式をきちんと立てなくてはならない．小球に力 F がはたらくと考え，小球の運動方程式として式 (4.37) を直接書くことは混乱の原因となるし，厳密にはこれは正しくないので避けるべきである．実際，糸の質量が無視できない場合には，張力 T は F と等しくないので，力 F が直接小球に作用していると考えると誤りとなる．

例題 4.20　糸でつながれた物体の運動　図 4.33 のように，質量が m_1, m_2 の物体 1, 2 が軽い糸につながれてなめらかな床の上におかれている．物体 1 を大きさ F の力で左向きに引っ張るとき，これらの物体に生じる加速度，および糸の張力を求めなさい．

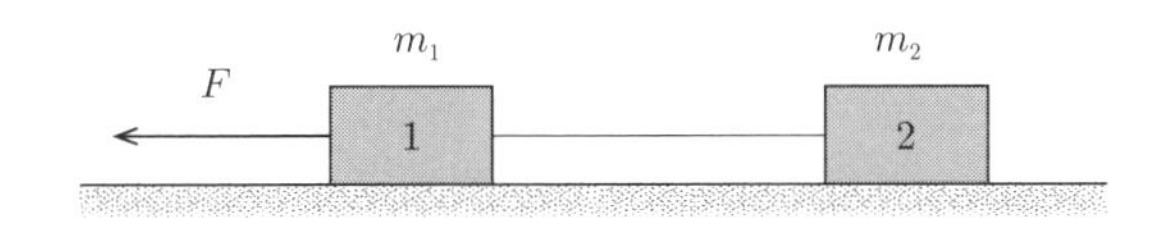

図 **4.33**　糸でつながれた物体

[解答]　問題文の「なめらかな床」は，物体と床のあいだの摩擦が無視できることを意味することに注意しよう．手順にそって問題を解いていこう．

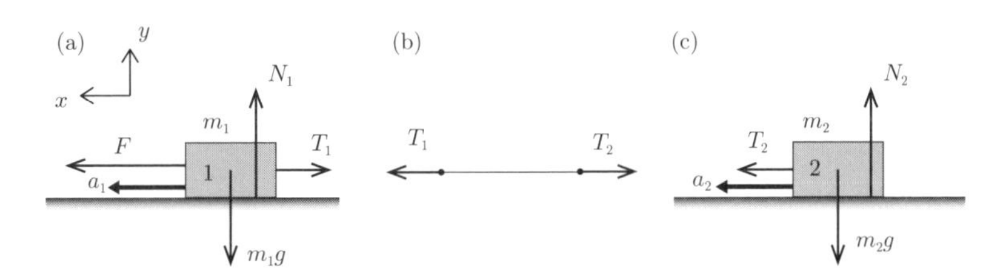

図 **4.34**　(a) 物体 1，(b) 糸，(c) 物体 2 のそれぞれにはたらく力

① 図を描く．
　物体 1, 2 と糸にはたらく力を別々の図に書き込むため，それぞれの物体について図 4.34(a), (b), (c) を用意する．

② 物体 1, 2 と糸を対象として運動方程式を立てる．

③ 力を図に書き入れる．
　物体 1 にはたらく力 (図 4.34(a))
　接触力：水平方向 – 糸の張力 T_1 および力 F，鉛直方向 – 床からの垂直抗力 N_1.
　遠隔力：重力 $m_1 g$.
　物体 2 にはたらく力 (図 4.34(c))
　接触力：水平方向 – 糸の張力 T_2，鉛直方向 – 床からの垂直抗力 N_2.
　遠隔力：重力 $m_2 g$.
　糸にはたらく力 (図 4.34(b))
　接触力：水平方向 – 作用・反作用の法則により，糸は物体 1 と 2 からそれぞれ大きさ T_1, T_2 の力で引かれている．

④ 座標を導入する．
　水平方向，鉛直方向に x 軸，y 軸をとり，左向き，上向きを正とし，座標を表す矢印を図に書き込む．また，物体 1, 2 の加速度をそれぞれ a_1, a_2 として矢印で図に書き込む．完成すると図 4.34 のようになる．各物体は床に沿って運動するので，鉛直方向の加速度は 0 である．

⑤ 図 4.34 をもとに運動方程式を立てる．
　物体 1 に対する運動方程式：

$$x \text{ 方向}: m_1 a_1 = F - T_1 \tag{4.38}$$

$$y \text{ 方向}: 0 = N_1 - m_1 g \tag{4.39}$$

物体 2 に対する運動方程式：

$$x \text{ 方向}: m_2 a_2 = T_2 \tag{4.40}$$

$$y \text{ 方向}: 0 = N_2 - m_2 g \tag{4.41}$$

糸に対する運動方程式：

$$x \text{ 方向}: 0 = T_1 - T_2 \tag{4.42}$$

⑥ 運動方程式を解く．

未知数は $a_1, a_2, T_1, T_2, N_1, N_2$ の 6 つに対し，方程式の本数は 5 本なので，方程式が 1 本足りない．もう 1 本の方程式は次のように得られる．糸がぴんと張った状態では，物体 1 と 2 は同じ速度で運動する．そのため，物体 1, 2 の加速度は等しくなり，

$$a_1 = a_2 \tag{4.43}$$

が成りたつ．連立方程式 (4.38)〜(4.43) を 6 つの未知数に対して解く．式 (4.39), (4.41) からただちに $N_1 = m_1 g$, $N_2 = m_2 g$ が得られる．また式 (4.42) より $T_1 = T_2$ が得られる．これらを式 (4.38), (4.40) に代入すると，物体 1, 2 の x 方向の運動方程式はそれぞれ

$$m_1 a_1 = F - T_1 \tag{4.44}$$

$$m_2 a_1 = T_1 \tag{4.45}$$

となる．上の連立方程式を a_1, T_1 について解くと

$$a_1 = a_2 = \frac{F}{m_1 + m_2} \tag{4.46}$$

$$T_1 = T_2 = \frac{m_2}{m_1 + m_2} F \tag{4.47}$$

と求まる．

⑦ 結果についての考察

具体的な場合を考え，答えが合っているか物理的な考察からチェックしてみよう．例えば，$m_2 = 0$ の場合を考えてみる．このとき，糸が引っ張る物体がないのと同じなので，張力は 0, 加速度は F/m_1 になるはずである．上の式 (4.46), (4.47) で $m_2 = 0$ とおいてみると，確かにこの予想と同じ結果が得られる．このように，答えをすぐに予想できる特殊な状況を考えることにより，自分が導いた結果が合っているかどうか確かめることができる．

(注意 1) 式 (4.43) のように，問題設定により物体の運動に課される条件を**束縛条件**とよぶ．この問題のように，運動方程式を立てたあとで，未知数の個数に対して方程式の本数が足りないという状況がしばしば起きる．このようなときは，物体の運動を想像してみて，束縛条件が得られないか考えてみよう．

(注意 2) 式 (4.42) より $T_1 = T_2$ が得られる．これは，**質量の無視できる軽い糸の張力は両端で等しい**ことを意味し，軽い糸の張力に対して一般的に成りたつ結果である．今後ほかの例題を解くうえで，軽い糸に関しては運動方程式を立てず，その両端で張力が等しいとすることがある．

(注意 3) 上では a_1 と a_2 が，また T_1 と T_2 がそれぞれ異なるとして式を立てたが，慣れてきたら束縛条件と軽い糸の張力に関する条件を最初から取り入れて直接式 (4.44), (4.45) を立ててもよい．また例題 4.19 の注意と同様に，引っ張っている力 F が直接物体 2 に作用していると考えると間違える原因となる．あくまで力 F は物体 1 にのみ作用し，その影響は糸の張力を通じて間接的に物体 2 の運動に影響すると考えな

くてはならない．

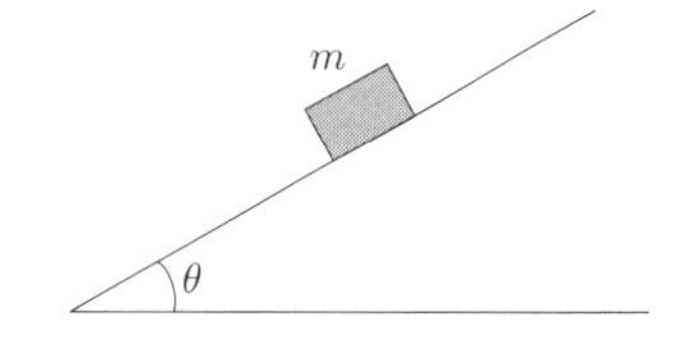

図 **4.35**　斜面上の物体

例題 4.21　**斜面上の物体の運動 1**　図 4.35 のように，傾きが θ のなめらかな斜面の上に質量 m の物体をのせたところ，物体は斜面をすべり下りた．このとき物体にはたらく垂直抗力と，物体の加速度を求めなさい．

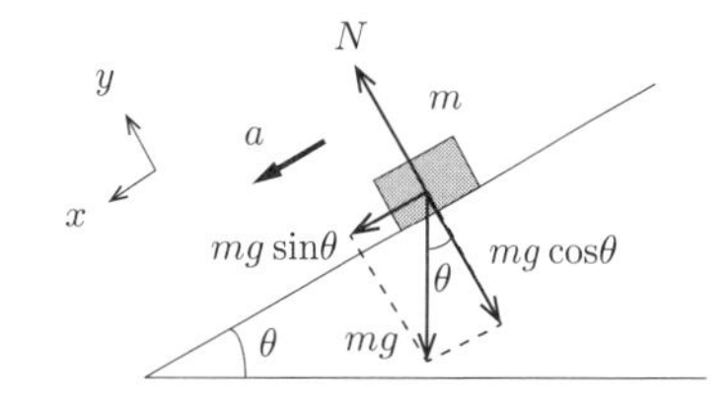

図 **4.36**　斜面上の物体にはたらく力

[解答]　手順に沿って解いていこう．

① 図を描く (以下，図 4.36 参照)．

② 物体に対して運動方程式を立てる．

③ 力を図に書き入れる．
接触力：斜面に垂直な方向に垂直抗力 N がはたらく．
遠隔力：重力 mg がはたらく．

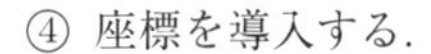

④ 座標を導入する．
物体は斜面にそって運動するので，図 4.36 のように斜面に平行，垂直な方向に x 座標，y 座標をとり，重力を x 成分，y 成分に分解する．また，物体の x 方向の加速度を a とする．完成すると図 4.36 のようになる．

⑤ 図 4.36 をもとに運動方程式を立てる．

$$x \text{ 方向} : ma = mg\sin\theta \tag{4.48}$$

$$y \text{ 方向} : 0 = N - mg\cos\theta \tag{4.49}$$

⑥ 運動方程式を解く．
連立方程式 (4.48), (4.49) を未知数 a, N に対して解くと，垂直抗力と加速度はそれぞれ

$$N = mg\cos\theta, \quad a = g\sin\theta \tag{4.50}$$

と求まる．

⑦ 結果についての考察
$\theta = \pi/2$ としてみる．このとき，斜面は地面に垂直になり，物体は鉛直下向きに加速度 g で落下し，垂直抗力はゼロになるはずである．実際，式 (4.50) に $\theta = \pi/2$ を代入すると，$N = 0$, $a = g$ と予想通りになる．

例題 4.22　アトウッド (**Atwood**) の器械 *1)　図 4.37 のように，固定された質量の無視できる定滑車に軽くて伸び縮みしない糸をかけ，その両端にそれぞれ質量 m_1, m_2 のおもり 1, 2 を静かにつり下げた．このとき，それぞれのおもりの加速度，および糸の張力を求めなさい．

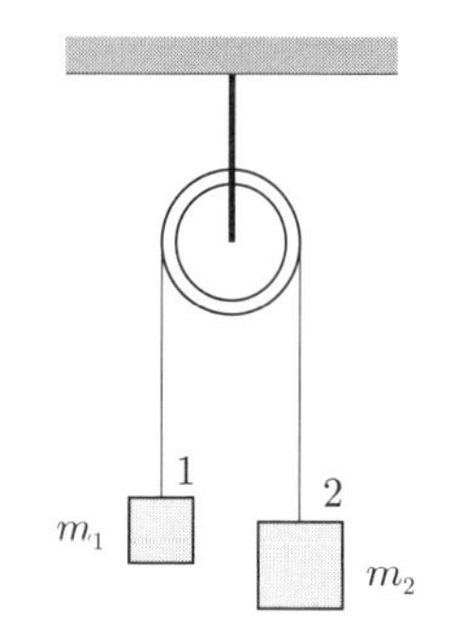

図 **4.37**　アトウッドの器械

*1)　この装置はアトウッド (G. Atwood) により発明され，重力加速度の測定に用いられた．

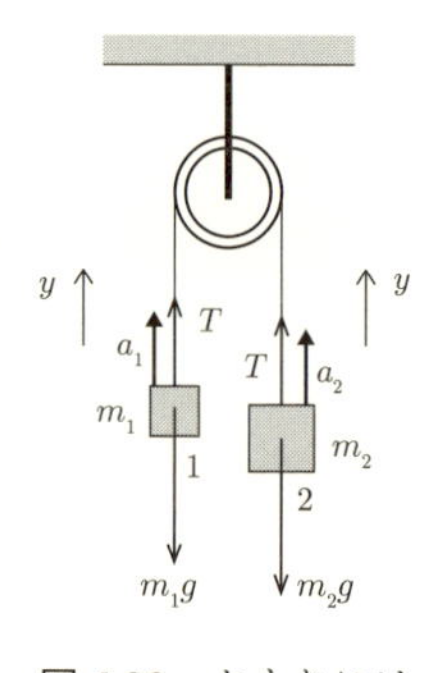

図 **4.38** おもりにはたらく力

［解答］ 手順に沿って問題を解くことに慣れてきたと思うので，①～④の手順は読者自身に行ってもらい，力や座標などを書き込んで完成した図を図 4.38 に示す．

おもり 1, 2 には重力と糸からの張力 T が作用する．糸は軽いので，糸の張力の大きさは両端で等しく，T とする．鉛直上向きを正として y 軸をとる．おもり 1, 2 の加速度をそれぞれ a_1, a_2 とする．

⑤ 図 4.38 をもとに運動方程式を立てる．

$$\text{おもり 1 } (y \text{ 方向}): \quad m_1 a_1 = T - m_1 g \tag{4.51}$$

$$\text{おもり 2 } (y \text{ 方向}): \quad m_2 a_2 = T - m_2 g \tag{4.52}$$

⑥ 運動方程式を解く．

おもり 1, 2 は糸で結ばれているので，おもり 1 が加速度 a_1 で上昇すると，おもり 2 は加速度 a_1 で下降する．そのため，束縛条件

$$a_2 = -a_1 \tag{4.53}$$

が成りたつ．未知数 a_1, a_2, T に対して 3 本の連立方程式 (4.51), (4.52), (4.53) を解くと

$$a_1 = \frac{m_2 - m_1}{m_1 + m_2} g\ , \quad a_2 = \frac{m_1 - m_2}{m_1 + m_2} g \tag{4.54}$$

$$T = \frac{2 m_1 m_2}{m_1 + m_2} g \tag{4.55}$$

と求まる．

⑦ 結果についての考察

1) $m_1 > m_2$, 2) $m_1 < m_2$, 3) $m_1 = m_2$ のそれぞれの場合を考えてみる．1) の場合にはおもり 1 は下がり，おもり 2 は上がるはずである．式 (4.54) から $m_1 > m_2$ のとき $a_1 < 0$, $a_2 > 0$ となるので，おもり 1 は下向きに，おもり 2 は上向きに等加速度運動することになり，予想と一致する．また，2) の場合には 1) と逆になり予想と一致することが確認できる．3) の場合，2 つのおもりはつりあって静止するはずだが，式 (4.54) は $a_1 = a_2 = 0$ を与えるので予想と一致する．またおもりが静止すると各おもりについて重力と張力がつりあうので $T = m_1 g = m_2 g$ となるはずだが，$m_1 = m_2$ のとき式 (4.55) は確かにこれらの式に帰着する．

質量 m_1 と m_2 の値が近いおもりを選ぶと，式 (4.54) より加速度 a_1 の大きさは小さくなり，おもりはゆっくりと等加速度運動する．このとき，a_1 を精度よく測定することが可能となり，測定した a_1 の値と式 (4.54) を用いると g を精度よく求めることができる．

(注意) 束縛条件 (4.53) を得るには次のように考えてもよい．おもり 1, 2 の y 座標を y_1, y_2 とする．おもり 1 がある距離だけ上昇すると，おもり 2 は同じ距離だけ下降するので $y_1 + y_2 = \text{一定}$ となる．この式の両辺を時間で 2 回微分すると $a_2 = -a_1$ が得られる．

例題 4.23 斜面上の物体の運動 2 図 4.39 のように，質量が m_A と m_B の物体 A,B を質量の無視できる糸でつなぎ，糸を滑車にかけ，斜面に A を置き，B を滑車につり下げ静かに手をはなした．斜面は水平面と角 θ をなし，なめらかな表面をもつとする．このとき次の問いに答えなさい．

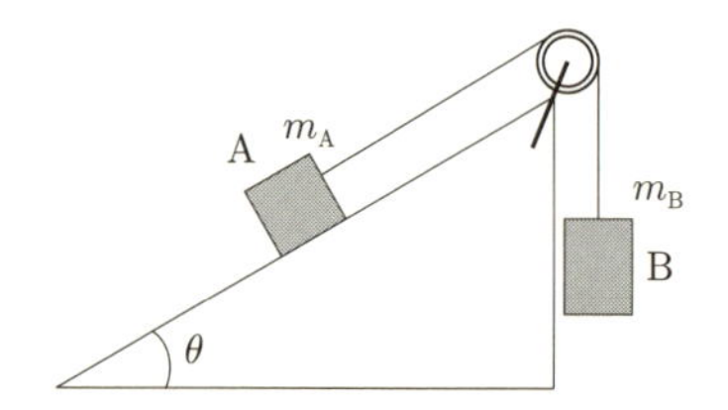

図 **4.39** 斜面上の物体 A と糸でつながれた物体 B

(1) 静かに手をはなしたところ，物体 A, B は静止した．このとき，糸の張力，物体 A にはたらく垂直抗力，および 2 つの物体の質量 m_A と m_B のあいだの関係を求めなさい．

(2)　静かに手をはなしたところ，今度は物体 A が斜面をすべり下りた．このとき，物体 A と物体 B の加速度の大きさ，糸の張力の大きさを求めなさい．

[解答]　(1)　前問と同様に，①〜④の手順は読者自身に行ってもらうこととし，力や座標などを書き込んで完成した図を図 4.40 に示す．

物体 A に対しては，図 4.40 のように，斜面に平行な方向に x 軸を，垂直な方向に y 軸をとり，斜面のすべり下りる方向，および斜面に対して垂直方向上向きを正ととる．物体 B に対しては，鉛直方向に y' 軸をとり，上向きを正ととる．糸の張力を T，物体 A に作用する斜面からの垂直抗力を N とする．

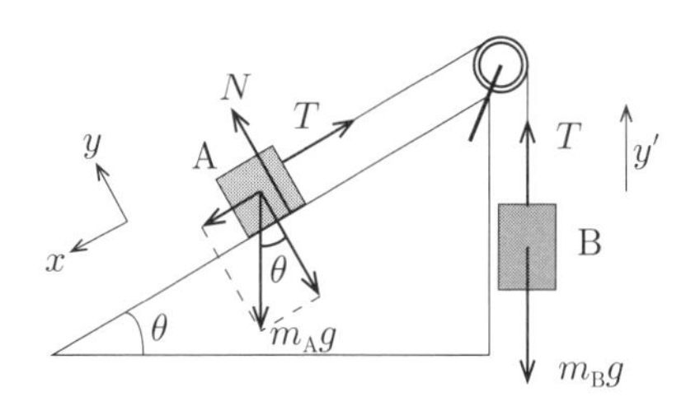

図 **4.40**　物体にはたらく力

⑤ 図 4.40 をもとに運動方程式を立てる．

物体 A：

$$x \text{ 方向} : 0 = m_{\mathrm{A}} g \sin\theta - T \tag{4.56}$$

$$y \text{ 方向} : 0 = N - m_{\mathrm{A}} g \cos\theta \tag{4.57}$$

物体 B：

$$y' \text{ 方向} : 0 = T - m_{\mathrm{B}} g \tag{4.58}$$

⑥ 運動方程式を解く．

式 (4.56)〜(4.57) の 3 本の連立方程式を未知数 T, N, m_{B} について解くと，

$$T = m_{\mathrm{A}} g \sin\theta \tag{4.59}$$

$$N = m_{\mathrm{A}} g \cos\theta \tag{4.60}$$

$$m_B = m_{\mathrm{A}} \sin\theta \tag{4.61}$$

と求まる．

⑦ 結果についての考察

例えば $\theta = \pi/2$ と仮定してみると，これは図 4.37 のように滑車の両端に質量 m_{A}, m_{B} の 2 つの物体をつり下げた状況に帰着する．この状況で物体が静止するのは当然 2 つの物体の質量が等しいときである．このとき張力と重力の大きさは等しく，また垂直抗力はゼロとなるはずである．実際，式 (4.59), (4.60), (4.61) に $\theta = \pi/2$ を代入すると

$$T = m_{\mathrm{A}} g \tag{4.62}$$

$$N = 0 \tag{4.63}$$

$$m_{\mathrm{B}} = m_{\mathrm{A}} \tag{4.64}$$

となって確かに予想された結果が得られる．

(2)　物体 A と物体 B は糸でつながれているため，物体 A が斜面をすべりおりる加速度の大きさと，物体 B が上昇する加速度の大きさは等しい (束縛条件)．そのため，物体 A の x 方向と物体 B の y' 方向の加速度をともに a とする．

⑤ 図 4.40 をもとに運動方程式を立てる．

物体 A：

$$x \text{ 方向} : m_{\mathrm{A}} a = m_{\mathrm{A}} g \sin\theta - T \tag{4.65}$$

$$y \text{ 方向} : 0 = N - m_{\mathrm{A}} g \cos\theta \tag{4.66}$$

物体 B：

$$y' \text{ 方向} : m_{\mathrm{B}}a = T - m_{\mathrm{B}}g \tag{4.67}$$

⑥ 運動方程式を解く.

連立方程式 (4.65), (4.66), (4.67) を未知数 a, N, T に対して解くと

$$a = \frac{m_{\mathrm{A}} \sin\theta - m_B}{m_{\mathrm{A}} + m_{\mathrm{B}}} \tag{4.68}$$

$$N = m_{\mathrm{A}} g \cos\theta \tag{4.69}$$

$$T = \frac{(1 + \sin\theta) m_{\mathrm{A}} m_{\mathrm{B}}}{m_{\mathrm{A}} + m_{\mathrm{B}}} g \tag{4.70}$$

と求まる.

⑦ 結果についての考察

式 (4.68) に (1) で得られた条件 (4.61) を代入すると，$a = 0$ となることが確かめられる．また (1) と同様に $\theta = \pi/2$ を代入すると，

$$a = \frac{m_{\mathrm{A}} - m_{\mathrm{B}}}{m_{\mathrm{A}} + m_{\mathrm{B}}} g, \quad T = \frac{2m_{\mathrm{A}} m_{\mathrm{B}}}{m_{\mathrm{A}} + m_{\mathrm{B}}} g \tag{4.71}$$

と前の例題 4.5 の答えと一致することが確認できる.

エッセイ 2

一般に物理学で「力」に関する学問体系は「～力学」という名前がついている．ニュートン力学 (p.60，エッセイ 1 参照) のほかに，例えば「流体力学」，「量子力学」，「統計力学」などがある．ニュートン力学をより数学的に整備した学問体系は「解析力学」とよばれる．解析力学においては「最小作用の原理」とよばれる普遍的な原理からニュートン力学の法則が導かれる.

物理学の発展とともに相対性理論，量子力学といった新しい理論体系が成立し，ニュートン力学の適用限界が明らかにされてきた．物体の速さが光速に近いときにはニュートン力学は破綻し，相対性理論が正しい記述を与える．また，ニュートン力学は身のまわりの巨視的なスケールで起きる現象を記述することができるが，実は原子や分子といった微視的なスケールにおける物理現象を記述することはできない．これらの微視的な世界における物理現象を記述する学問体系が量子力学である.

章　末　問　題

[4.1]　図 4.41 のように質量 m の小球が天井と壁に軽い糸でつながれて静止している．糸 1, 2, 3 にはたらく張力の大きさ T_1, T_2, T_3 をそれぞれ求めなさい．

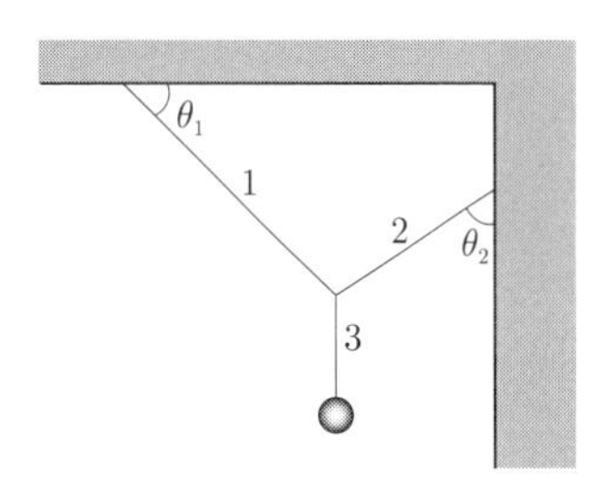

図 4.41　天井と壁からつり下げられた小球

[4.2]　電柱には，電線による張力で電柱が倒れないように支線が張られている．図 4.42 はある道路に沿って設置されている電柱を上から見た様子 (a) と横から見た様子 (b) を表している．電柱には地表から高さ h の位置に電線 1 と電線 2 が水平に張られている．電線 1 と電線 2 のなす角度を θ とし，電線 1, 電線 2 の張力の大きさをともに T とする．このとき電柱に電線と同じ高さから地表に支線を張り，電線による張力の合力と支線による張力の水平成分がつりあうようにする．電柱の下端から地表における支線の設置点までの距離を l とするとき，支線をどのくらいの張力の大きさで張るべきか．また，$\theta = 120°$, $T = 10$ kN, $h = 10$ m, $l = 6$ m とするとき，支線の張力の大きさはいくらになるか求めなさい．ただし，電線の質量を無視する．

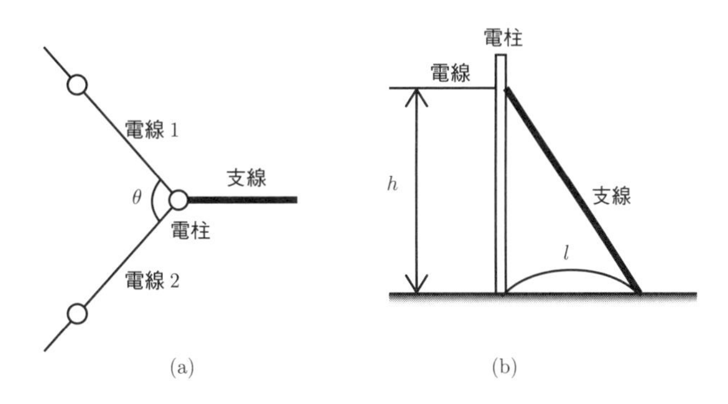

図 4.42　支線が張られた電柱を (a) 上から見た様子と (b) 横から見た様子

[4.3]　クレーンで質量 100 kg の物体にロープをつないで物体を垂直に引き上げる，もしくは引き下ろす．以下のそれぞれの場合についてロープにかかる張力を求めなさい．ただし，重力加速度の大きさを $g = 9.8$ m/s^2 とし，ロープの質量は無視する．

(1)　等加速度 1 m/s^2 で引き上げるとき．

(2)　等速度 5 m/s で引き上げるとき．

(3)　等加速度 3 m/s^2 で引き下ろすとき．

[**4.4**] 図 4.43 のように質量 m_1, m_2 の 2 つの物体 1, 2 を糸 2 でつなぎ，糸 1 の上端を手でもってつり下げた．このとき以下の問いに答えなさい．ただし，重力加速度の大きさを g とする．また，糸の質量は無視する．

(1) 手を止めて 2 つの物体が静止しているとき，糸 1, 糸 2 のそれぞれの張力の大きさを求めなさい．

(2) 糸 1 の上端に大きさ F の力を鉛直上向きに加えて 2 つの物体を引っ張った．このときそれぞれの糸の張力，および物体の加速度を求めなさい．

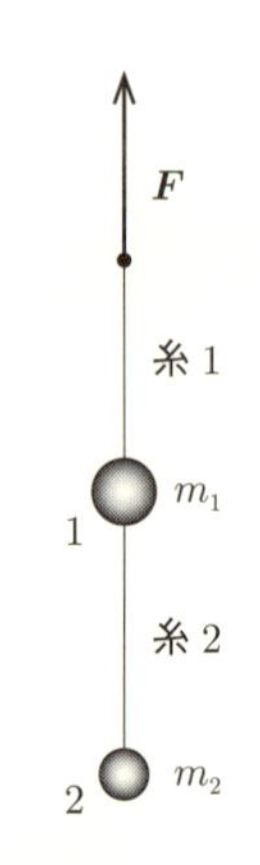

図 **4.43** 糸でつながれた 2 つの物体

[**4.5**] 図 4.44 のように，A くんが滑車にかかったロープでつられている水平な台に乗り，ロープを引っ張ることにより自分自身を引き上げる．A くんの質量を m，台の質量を M として $m > M$ とする．また A くんがロープを引く力の大きさを F とする．このとき，A くんの加速度の大きさ，および A くんが台から受ける垂直抗力の大きさを求めなさい．また，A くんが自分自身を引き上げるのに必要な F の最小値はいくらか．ただし，ロープと滑車の質量は無視し，滑車はなめらかに回転する．

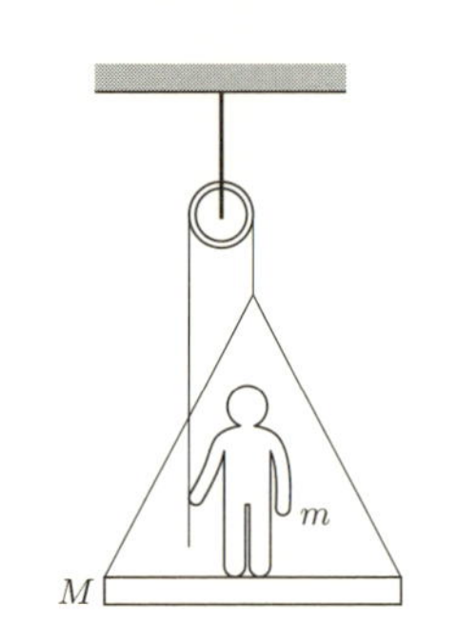

図 **4.44** 滑車を使って自分自身を引き上げる

[**4.6**] 動滑車と定滑車とロープを用いて質量 M の物体を持ち上げる装置をつくる．このとき次の問いに答えなさい．ただし，重力加速度の大きさを g とする．また，滑車の質量は無視し，滑車はなめらかに回転する．

(1) まず動滑車と定滑車をそれぞれ 1 つずつ用いて図 4.45(a) のような装置をつくる．このとき定滑車にかかっているロープを下にゆっくりと引いて物体を持ち上げるのに必要な力の大きさを求めなさい．また，物体を元の位置から距離 l だけ持ち上げたときに，定滑車にかかったロープの下端はどれだけの距離下がったか答えなさい．

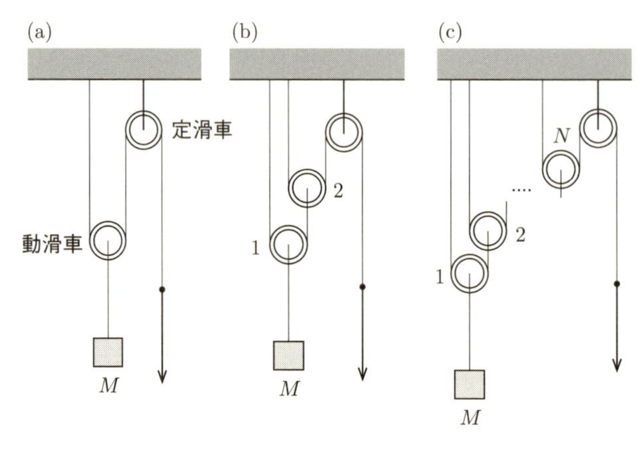

図 **4.45** 滑車とロープを使った装置で物体を持ち上げる

(2) 動滑車を 2 個に増やして図 4.45(b) のような装置を作った．このとき，定滑車にかかっているロープを下に引いて物体をゆっくりと持ち上げるのに必要な力の大きさを求めなさい．また，物体を元の位置から距離 l だけ持ち上げたときに，定滑車にかかったロープの下端はどれだけの距離下がったか答えなさい．
(3) 図 4.45(c) のように動滑車をさらに増やして N 個にした場合に，定滑車にかかっているロープを下に引いて物体をゆっくりと持ち上げるのに必要な力の大きさを求めなさい．また，物体を元の位置から距離 l だけ持ち上げたときに，定滑車にかかったロープの下端はどれだけの距離下がったか答えなさい．

[4.7] 図 4.46 のように質量 m_A, m_B の物体 A と B を軽い糸でつないで水平面と角 θ_1 と θ_2 をなす斜面に静かにおいた．このとき以下の問いに答えなさい．ただし，重力加速度の大きさを g として，斜面と物体のあいだの摩擦は無視する．

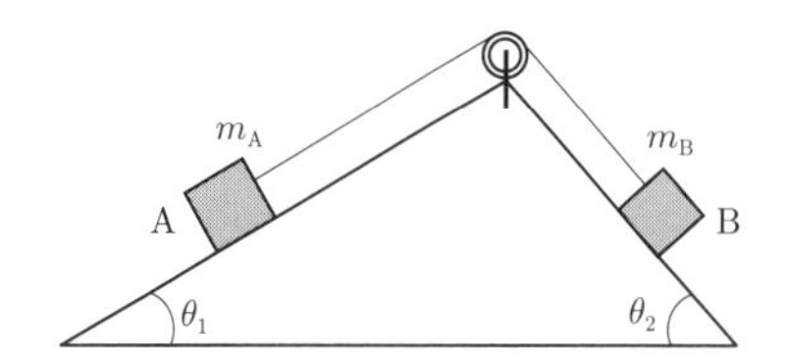

図 4.46 斜面上の 2 つの物体

(1) 物体から静かに手をはなしたところ物体 A と B が静止した．このとき 2 つの物体の質量の比 $\lambda = m_A/m_B$ を θ_1 と θ_2 を用いて表しなさい．
(2) 物体から静かに手をはなしたところ，今度は物体 A が斜面を上り，物体 B が斜面を下り始めた．このとき物体の加速度の大きさと糸の張力の大きさを求めなさい．

[4.8] 図 4.47 のように定滑車 P に軽い糸をかけ，質量 M のおもり A と動滑車 Q をつり下げる．さらに動滑車 Q に軽い糸をかけ，両端に質量 m, m' のおもり B, C をつり下げて静かにはなす．おもりの質量のあいだには $M = m + m'$, $m > m'$ の関係がある．重力加速度の大きさを g として，それぞれのおもりの加速度の向きを求め，その大きさを m, m', g を用いて求めなさい．また，おもりの質量の合計が滑車 P の左右で等しいのにもかかわらず，おもりが静止しない理由を答えなさい．ただし，滑車はどれも質量が無視でき，なめらかに回転する．

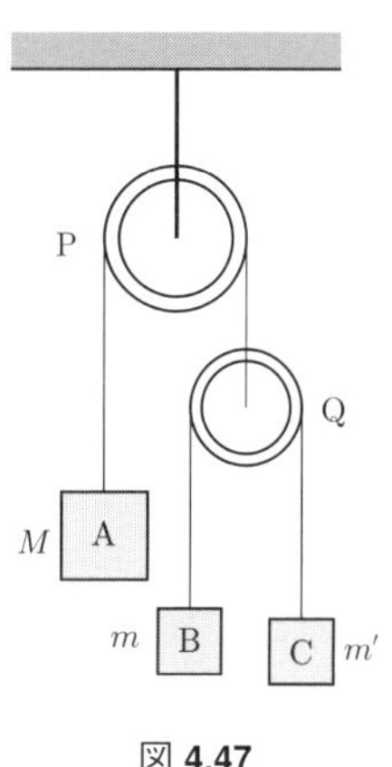

図 4.47

5 さまざまな運動

前章では，基本的な力の性質と運動の法則について学んだ．この章では前章で身につけた運動方程式の解法を応用し，摩擦力，弾性力のはたらく場合の物体の運動から，円運動，動く座標系における運動，抵抗のある運動などのさまざまな運動を扱う．

5.1 摩　擦　力

5.1.1 静止摩擦力，動摩擦力

図 5.1(a) のように，机などの粗い表面をもつ水平な面上に物体がおかれている．静止している物体に力を加えて引っ張ったとき，面から物体には力と反対の方向に，面に平行な力がはたらく．また，図 5.1(b) のように，物体が粗い面をもつ斜面上をすべり下りる場合，面から物体にはすべり下りる向きと反対の方向に，面に平行な力がはたらく．これらの，物体が粗い面から受ける力を**摩擦力**という．摩擦力は面に平行で，物体の運動を妨げる方向にはたらく．特に，物体が面に対して静止している場合にはたらく摩擦力を**静止摩擦力**といい，物体が面に対して運動している場合にはたらく摩擦力を**動摩擦力**という．

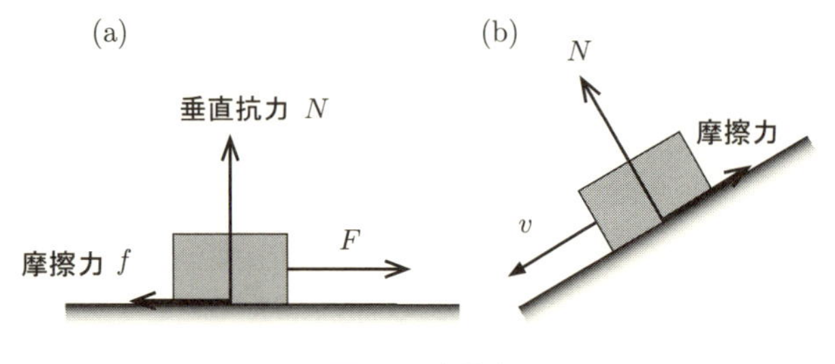

図 5.1　摩擦力

まず静止摩擦力について見ていこう．図 5.1(a) のように，静止している物体に対して力を加えたとき，力が小さければ物体は静止したままである．これは物体に加える力と静止摩擦力がつりあっているためである．図 5.1(a) において物体が静止している場合には静止摩擦力 f_{s} と物体を引く力 F はつりあっているため，$f_{\mathrm{s}} = F$ が成りたつ．物体を引く力 F を増加させていくと，物体が静止している限り $f_{\mathrm{s}} = F$ が成りたつので，図 5.2 のように f_{s} は F とともに増加する．さらに F を増加させると，物体はある瞬間に動き始める．物体が動き出す直前における最大の静止摩擦力 $f_{\max}$ を**最大静止摩擦力**という．最大静止摩擦力は物体が面から受ける垂直抗力 N に比例し，$f_{\max} = \mu N$ と表される．ここで，比例係数 μ を**静止摩擦係数**という．以上をまとめると，静止摩擦力は

• 静止摩擦力
$$f_{\mathrm{s}} \leq f_{\max} = \mu N \tag{5.1}$$

という関係をみたす．物体が動きだす瞬間に静止摩擦力は最大静止摩擦力と等しくなり，式 (5.1) において等号が成りたつ．

物体に最大摩擦力 $f_{\max}$ よりも大きな力を加えて引くと物体は動き出し，物体には運動と反対の方向に一定の大きさをもつ動摩擦力 f_{k} が加わる．動摩擦力 f_{k} は垂直抗力の大きさ N に比例し

● 動摩擦力
$$f_{\mathrm{k}} = \mu' N \tag{5.2}$$

と表される．μ' を動摩擦係数という．動摩擦力の大きさは最大摩擦力よりも小さく

$$f_{\mathrm{k}} < f_{\max} \tag{5.3}$$

が成りたつ．したがって，$\mu' < \mu$ が成りたち，動摩擦係数の方が静止摩擦係数よりも小さい．図 5.1(a) の状況で，物体にはたらく力の大きさ F を増していったときの物体にはたらく摩擦力 f の大きさの変化を図 5.2 に示す．

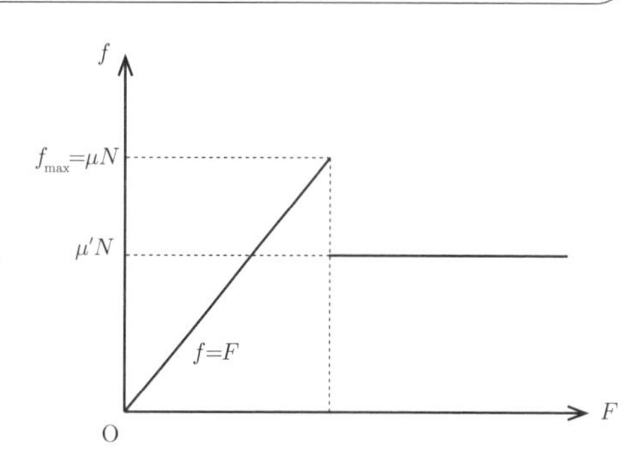

図 5.2　物体に加える力 (F) と物体にはたらく摩擦力 (f) の関係

静止摩擦係数 μ，動摩擦係数 μ' は接触面の種類や状態によって決まる定数であり，接触面の大きさにはほとんど依存しない [*1]．静止摩擦力，動摩擦力は上のように比較的単純な法則で記述されるが，一般に摩擦の原因は非常に複雑である．ミクロに見ると，物体や表面を構成する原子のあいだの相互作用がこれらの摩擦力の原因になっており，多数の原子間の相互作用が平均化されることで静止摩擦力，動摩擦力が生じる．多数の原子間の相互作用の結果，摩擦が起きるときには原子は不規則で非常に複雑な運動をする．この運動により，摩擦が起きるときには熱が生じる．

(注意)　動摩擦力は常に $\mu' N$ に等しく一定である．一方，静止摩擦力は常に μN であるわけではない．物体が動き出す瞬間における最大静止摩擦力は μN であるが，一般に静止摩擦力は μN とは限らない．通常，静止摩擦力は物体に対する力のつりあいの式 (運動方程式) を解くことによって求まる．

例題 5.1　**斜面上の物体の運動**　以下の各問いに答えなさい．ただし，重力加速度の大きさを g とする．

(1)　図 5.3 のように，傾きが θ の粗い表面をもつ斜面の上に質量 m の物体をのせたところ，物体は斜面上で静止した．このとき物体にはたらく静止摩擦力と垂直抗力を求めなさい．ただし，重力加速度の大きさを g とし，斜面と物体とのあいだの静止摩擦係数を μ，動摩擦係数を μ' とする．

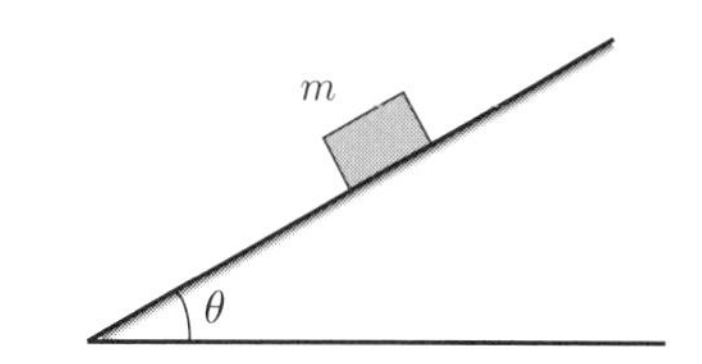

図 5.3　粗い表面をもつ斜面上の物体

(2)　(1) において斜面の傾きの角度をゆっくりと増加させ，斜面を徐々に急にしていったところ，ある傾きの角度で物体はすべり下りた．物体がすべり下りる直前の斜面の角度 θ_0 を求めなさい．

(3)　$\theta > \theta_0$ のとき，斜面をすべり下りる物体の加速度を求めなさい．

[*1] これはレオナルド・ダ・ヴィンチ (Leonardo da Vinci, 1452–1519) によって最初に発見され，後に発表した物理学者の名をとってアモントン (Amontons) の法則とよばれる．摩擦現象については理解されていない点が多く，現在も活発に研究されている．

［解答］ (1) 図 5.4 のように，斜面に沿って下向きに x 軸，斜面に垂直上向きに y 軸をとり，斜面から物体にはたらく垂直抗力の大きさを N とする．摩擦がなければ斜面を物体はすべり下りるので，静止摩擦力 f は斜面に沿って上向きにはたらく．物体にはたらく力を図に書き入れると，図 5.4 のようになる．

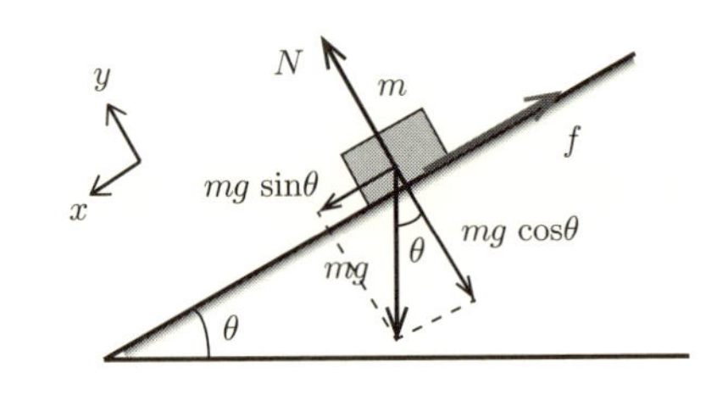

図 5.4 粗い表面をもつ斜面上の物体にはたらく力

これより運動方程式は

$$x \text{ 方向} : 0 = mg\sin\theta - f \tag{5.4}$$

$$y \text{ 方向} : 0 = N - mg\cos\theta \tag{5.5}$$

上の式を解くと

$$f = mg\sin\theta, \quad N = mg\cos\theta \tag{5.6}$$

と求まる．以上より，求める静止摩擦力は斜面に沿って上向きで大きさ $mg\sin\theta$ である．

(2) 物体が動き出す直前における静止摩擦力は最大静止摩擦力 μN で与えられる．したがって $f = \mu N$ とすると，$\theta = \theta_0$ における物体の運動方程式は

$$x \text{ 方向} : 0 = mg\sin\theta_0 - \mu N \tag{5.7}$$

$$y \text{ 方向} : 0 = N - mg\cos\theta_0 \tag{5.8}$$

となる．上の 2 本の式から N を消去すると

$$0 = mg\sin\theta_0 - \mu mg\cos\theta_0 \tag{5.9}$$

が得られる．したがって，斜面の傾きは

$$\theta_0 = \tan^{-1}\mu \tag{5.10}$$

と求まる．

(3) 物体が斜面をすべり下りるとき，物体には動摩擦力 $\mu' N$ が斜面に平行に上向きに加わる．物体の加速度を a とすると，運動方程式は

$$x \text{ 方向} : ma = mg\sin\theta - \mu' N \tag{5.11}$$

$$y \text{ 方向} : 0 = N - mg\cos\theta \tag{5.12}$$

上の 2 本の方程式を a, N について解くと，物体の加速度は

$$a = (\sin\theta - \mu'\cos\theta)g \tag{5.13}$$

と求まる．

斜面がなめらかな表面をもち，摩擦が無視できるときには例題 4.21 の結果に帰着するはずである．実際，式 (5.13) で $\mu' = 0$ とおくと $a = g\sin\theta$ となり，式 (4.50) に帰着する．

5.2 弾性力，復元力

5.2.1 ばねの復元力

図 5.5 のように，一端を固定されたばねの先におもりを取りつけ，おもりを引っ張ってばねを元の長さ (自然長) から伸ばしたとする．このとき，ばねが縮もうとすることによりおもりにはばねから引き戻す力がはたらく．このように，変形した物体が元に戻ろうとする力を一般に復元力，ある

いは**弾性力**という．図 5.5 において，右向きを正として水平方向に座標をとり，自然長の位置からの物体の変位を x，ばねからの復元力を F とする．ばねの伸びがそれほど大きくないときには，復元力 F の方向は変位 x と逆向きで，その大きさは x に比例する．これをフック (**Hooke**) の法則とよぶ．式では

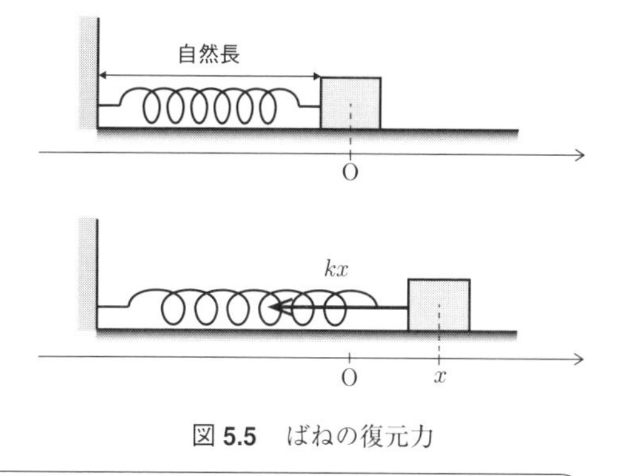

図 **5.5** ばねの復元力

• フックの法則 $$F = -kx \tag{5.14}$$

と表される．ここで比例定数 k はばねの素材や巻き数で決まる定数で**ばね定数**とよばれる．

式 (5.14) でマイナス符号がついているのは，復元力がつねにばねが自然長に戻る向きにはたらくことを表している．例えば，ばねが自然長から伸びているときには $x > 0$ より $F < 0$ となって物体には左向きに力がはたらき，ばねが自然長よりも縮んでいるときには $x < 0$ より $F > 0$ となって物体には右向きに力がはたらく．

例題 5.2 (1) 図 5.6(a) のように上端が固定されたばねに質量 m のおもりをつり下げて静止させたところ，ばねは自然長から長さ l だけ伸びた．このばねのばね定数はいくらか．ただし，重力加速度の大きさを g とする．

(2) ばね定数 k_1 と k_2 をもつ 2 本の軽いばね 1, 2 を図 5.6(b) のように直列につなぎ，ばね 1 の上端を固定し，ばね 2 の下端に質量 m のおもりをつり下げて静止させた．それぞれのばねの自然長からの伸びはいくらか．

(3) 図 5.6(c) のように，ばね 1 とばね 2 を 1 本のばねとみなし，これをばね 3 とよぶ．ばね 3 の伸びは，ばね 1 とばね 2 の伸びの合計に等しいとする．このとき，ばね 3 のばね定数 K はいくらか．

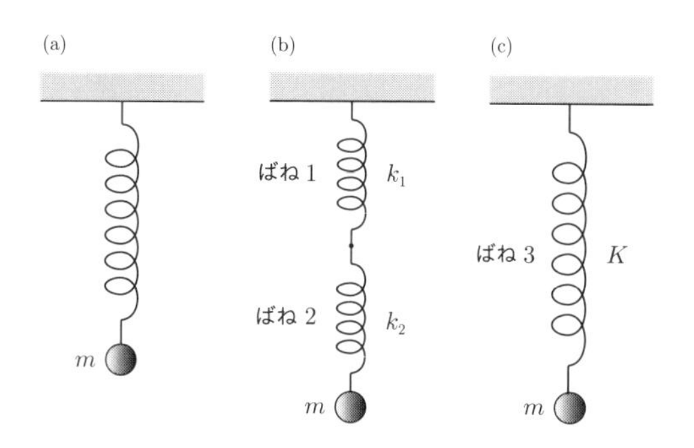

図 **5.6** おもりをつり下げたばね

［解答］ (1) 図 5.7(a) のように鉛直方向に y 座標をとり，下向きを正とする．ばね定数を k とすると，おもりには鉛直上向きに大きさ kl のばねによる復元力がはたらき，鉛直下向きに重力 mg がはたらくから，おもりに対する y 方向の力のつりあいの式は

$$mg = kl \tag{5.15}$$

となる．したがって，ばね定数は $k = \dfrac{mg}{l}$ と求まる．

(2) ばね 1,2 の自然長からの伸びをそれぞれ l_1, l_2 とする．おもりとばね 2 にはたらく力を図に書き入

れると，図 5.7(b) のようになる．おもりにはたらく力を実線の矢印で，ばね 2 にはたらく力を点線の矢印で表した．作用・反作用の法則より，おもりはばね 2 によって大きさ $k_2 l_2$ の復元力で鉛直上向きに引かれ，ばね 2 はおもりによって大きさ $k_2 l_2$ の力で鉛直下向きに引かれることに注意しよう．おもりに対する y 方向の力のつりあいの式は

$$mg = k_2 l_2 \tag{5.16}$$

となる．ばね 2 に対する y 方向の力のつりあいの式は

$$k_2 l_2 = k_1 l_1 \tag{5.17}$$

となる．式 (5.16), (5.17) を l_1, l_2 について解くと

$$l_1 = \frac{mg}{k_1}, \quad l_2 = \frac{mg}{k_2} \tag{5.18}$$

と求まる．

(3) ばね 3 の伸びは $l_1 + l_2$ だから，ばね 1 とばね 2 をばね 3 とみなしたときの，おもりに対する y 方向の力のつりあいの式は

$$mg = K(l_1 + l_2) \tag{5.19}$$

となる．上の式に式 (5.18) を代入すると

$$\frac{1}{K} = \frac{1}{k_1} + \frac{1}{k_2}, \quad \therefore K = \frac{k_1 k_2}{k_1 + k_2} \tag{5.20}$$

と求まる．

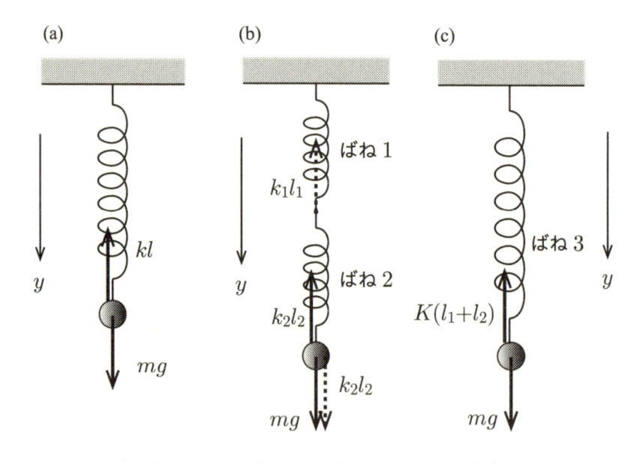

図 5.7 おもり，ばねにはたらく力

5.3 等速円運動する物体の運動方程式

第 3 章で学んだ等速円運動について復習しよう．図 5.8 のように，質量 m の物体が半径 R の円周上を，一定の角速度 ω で等速円運動を行っている．物体の速度 $\boldsymbol{v}$ は円の接線方向を向き，その速さは

$$v = R\omega \tag{5.21}$$

と与えられる．また，物体の加速度 $\boldsymbol{a}$ は円の中心方向を向き (向心加速度)，その大きさは

$$a = R\omega^2 = \frac{v^2}{R} \tag{5.22}$$

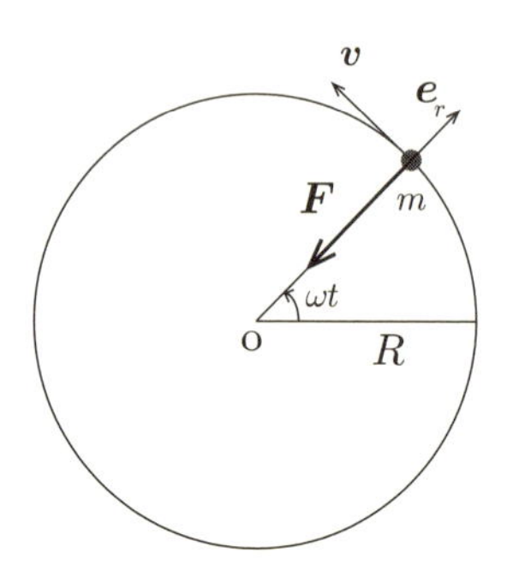

図 5.8 等速円運動する物体

と与えられる．

このような等速円運動を行っている物体に対して運動方程式を立てる．物体にはたらく力を $\boldsymbol{F}$ とすると運動方程式は

$$m\boldsymbol{a} = \boldsymbol{F} \tag{5.23}$$

と書かれる．これより加速度 $\boldsymbol{a}$ と力 $\boldsymbol{F}$ は平行でかつ同じ向きを向いていなければならない．したがって力 $\boldsymbol{F}$ は $\boldsymbol{a}$ と同様に円の中心方向を向いている．このように，等速円運動を行っている物体には円の中心方向に力がはたらいている．このような力を**向心力**とよぶ．動径方向の単位ベクトルを $\boldsymbol{e}_r$，$\boldsymbol{F}$ の大きさを F とすると，$\boldsymbol{e}_r$ は図 5.8 のように動径方向外向きのベクトルで，$\boldsymbol{a}$，$\boldsymbol{F}$ はともに中心方向を向くから，$\boldsymbol{a} = -a\boldsymbol{e}_r$，$\boldsymbol{F} = -F\boldsymbol{e}_r$ と表せる．式 (5.23) の両辺と $\boldsymbol{e}_r$ とのスカラー積をとり，式 (5.22) を用いると，動径方向に対する運動方程式

- 等速円運動の運動方程式 (1) $$mR\omega^2 = F \tag{5.24}$$

が得られる．または式 (5.21) を用いて ω を v で表すと

- 等速円運動の運動方程式 (2) $$m\frac{v^2}{R} = F \tag{5.25}$$

と表される．

等速円運動として，例えば糸の一端におもりをつけ，もう一端を手でもって頭の上でぐるぐる回した場合を考えてみよう．このとき物体には，糸による張力が向心力として中心方向にはたらいている．また，月は地球のまわりを等速円運動を行っているとみなせる．この場合，月には地球から万有引力が向心力としてはたらいている．このように，等速円運動を行う物体にはかならず中心方向に向心力がはたらく．

例題 5.3 自然長 l_0 のばねの先に質量 m の小球が取りつけられている．図 5.9 のようにばねの一端を点 O に固定し O を中心に小球を水平面内で等速円運動をさせたところ，ばねが伸びてその長さが l $(> l_0)$ となった．ばね定数を k とするとき次の問いに答えなさい．

(1) ばねの復元力の大きさ F を求め，その向きを答えなさい．

(2) 加速度の大きさ a を求め，その向きを答えなさい．

(3) 小球の速さ v および等速円運動の周期 T をそれぞれ求めなさい．

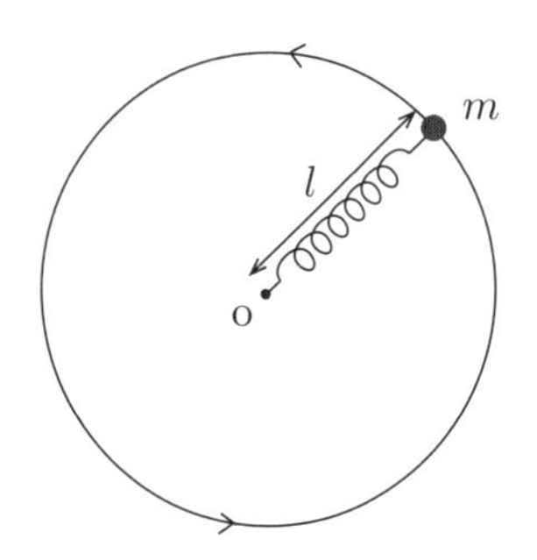

図 5.9 ばねに取りつけられた等速円運動する小球

［解答］ (1) ばねの伸びは $l - l_0$ だから，フックの法則よりばねの復元力は中心方向を向き，その大きさは

$$F = k(l - l_0) \tag{5.26}$$

となる．小球に対してばねの復元力が向心力としてはたらき，それによって小球は等速円運動を保つ．

(2) 小球の向心加速度の大きさを a とすると，小球に対する動径方向の運動方程式は

$$ma = k(l - l_0) \tag{5.27}$$

となる．したがって加速度の大きさは

$$a = \frac{k(l - l_0)}{m} \tag{5.28}$$

と求まる．小球は等速円運動を行っているため，加速度は中心方向を向く．

(3)　向心加速度の大きさ a は速さ v を用いて

$$a = \frac{v^2}{l} \tag{5.29}$$

と表される．式 (5.28) と (5.29) から a を消去すると，速さ v は

$$v = \sqrt{\frac{kl(l - l_0)}{m}} \tag{5.30}$$

と求まる．等速円運動の周期 T は小球が円周上を一周するのに要する時間なので

$$T = \frac{2\pi l}{v} = 2\pi\sqrt{\frac{ml}{k(l - l_0)}} \tag{5.31}$$

と求まる．

例題 5.4　円錐振り子　図 5.10 のように上端を固定された長さ L の軽い糸の端に質量 m のおもりがつり下げられている．おもりが水平面内を等速円運動するとき，これを円錐振り子という．円錐振り子の糸が鉛直方向となす角度が θ のとき，おもりの速さ v，周期 T を求めなさい．ただし，重力加速度の大きさを g とする．

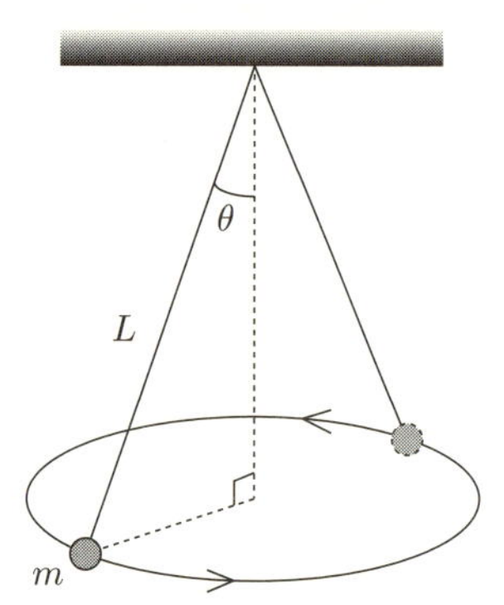

図 **5.10**　円錐振り子

［解答］　図 5.11 のように鉛直方向に y 座標をとり，上向きを正とする．糸の張力を S とし，おもりにはたらく力を図に書き入れると図 5.11 のようになる．水平面内のおもりの円軌道の半径は $r = L\sin\theta$ であることに注意すると，おもりに対する鉛直方向と，水平面内の円の動径方向の運動方程式はそれぞれ

$$\text{鉛直方向}: 0 = S\cos\theta - mg \tag{5.32}$$

$$\text{動径方向}: m\frac{v^2}{r} = S\sin\theta \tag{5.33}$$

となる．式 (5.32) より張力は

$$S = \frac{mg}{\cos\theta} \tag{5.34}$$

と求まる．これを式 (5.33) に代入して v について解くと

$$v = \sqrt{\frac{Lg}{\cos\theta}}\sin\theta \tag{5.35}$$

と求まる．したがって周期 T は

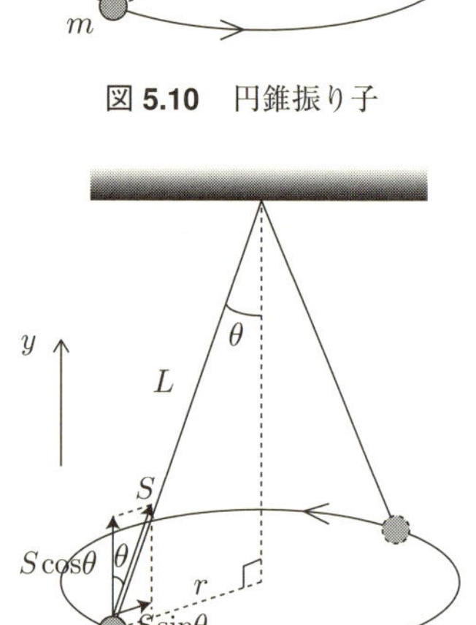

図 **5.11**　円錐振り子のおもりにはたらく力

$$T = \frac{2\pi r}{v} = 2\pi\sqrt{\frac{L\cos\theta}{g}} \tag{5.36}$$

と求まる．これより周期 T はおもりの質量によらず，糸の長さと糸のなす角度 θ で決まることがわかる．

$\theta\ (<\pi/2)$ が大きくなっていくと $\sin\theta$ は大きくなり $\cos\theta$ が小さくなるので式 (5.35) より v は大きくなる．つまりおもりが速く回転すれば θ は大きくなる．

図 5.12 のように，ワイヤーにつるされた椅子が回転する，回転ブランコという遊園地の乗り物がある．回転ブランコは円錐振り子とみなせる．回転ブランコの回転速度が大きくなるにつれ，ワイヤーが鉛直方向となす角が大きくなるのはこのためである．

図 5.12　回転ブランコ (Wikimedia Commons)

例題 5.5　カーブを曲がる車　車がカーブを曲がるとき，スピードを出しすぎると車はカーブを曲がりきることができず横にすべってしまう．これを防ぐには道路とタイヤのあいだの摩擦を大きくするか，または道路に傾斜をつけることが考えられる．道路に傾斜があると道路とタイヤのあいだの摩擦が小さくても車はカーブを曲がりきることができる [*2]．以下で，カーブを曲がる車について考えてみよう．ただし，重力加速度の大きさを g とする．

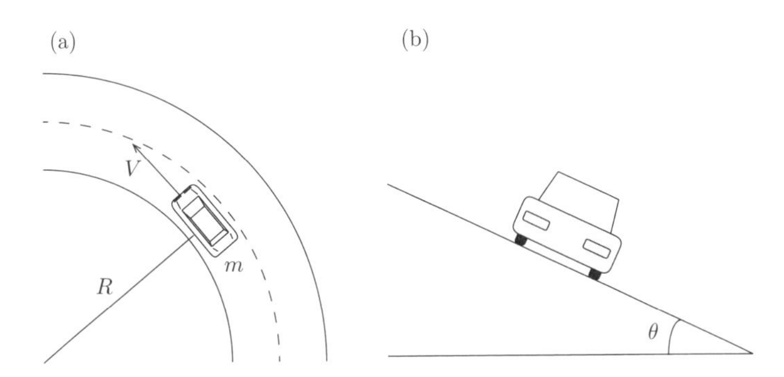

図 5.13　(a) カーブを曲がる車，(b) 角度 θ の傾斜のあるカーブを曲がる車を正面から見た図．

(1)　図 5.13(a) のように，質量 m の車が半径 R のカーブを速さ V で曲がるとする．道路に傾斜がない場合，車がすべらずにカーブを曲がるときの道路とタイヤのあいだの静止摩擦力を求めなさい．また，車がすべらずにカーブを曲がることのできる最大の速さ V_{max} を求めなさい．ただし，静止摩擦係数を μ とする．
(2)　高速道路を走っている車が半径 150 m のカーブを曲がるとする．晴れている日と雨の日のそれぞれの場合について，カーブをすべらずに曲がることのできる車の最大の速さを求めなさい．ただし，乾いたアスファルトと濡れたアスファルトの静止摩擦係数をそれぞれ 0.8, 0.5 とする．
(3)　(1) と同様に図 5.13(a) のように，質量 m の車が半径 R のカーブを曲がるとする．今度は道路に摩擦がなく，図 5.13(b) のように道路が水平面から傾斜 θ をもつとする．このとき，カーブをすべらずに曲がるための車の速さを求めなさい．
(4)　半径 150 m のカーブを 100 km/h のスピードの車が曲がるためには傾斜はどれだけにする必要があるか．ただし，道路とタイヤのあいだの摩擦を無視する．

[*2]　ボブスレーは氷の張ったカーブのあるコースをソリですべり，タイムを競うスポーツである．ボブスレーでは摩擦の小さい氷の上を猛スピードで曲がるために，カーブに傾斜がつけられている．

［解答］　(1)　車が半径 R のカーブを速さ V で曲がるとき，カーブは円周の一部とみなせるので，車が半径 R の円周上を速さ V で等速円運動しているとみなすことができる．車には向心力として円の中心方向に大きさ f の静止摩擦力がはたらくので，車に対する円の動径方向の運動方程式は

$$m\frac{V^2}{R} = f \tag{5.37}$$

したがって，静止摩擦力は

$$f = m\frac{V^2}{R} \tag{5.38}$$

と求まる．上の式より，速さ V が大きいほど静止摩擦力 f が大きくなることがわかる．また，緩いカーブときついカーブを同じ速さで曲がるときを比べると，きついカーブのときには R が小さくなるので，上の式より静止摩擦力 f が大きくなることがわかる．

最大静止摩擦力を $f_{\max}$，道路から車にはたらく垂直抗力の大きさを N とすると $f \leq f_{\max} = \mu N$ をみたす．車の鉛直方向の力のつりあいの式 $N = mg$ より垂直抗力は重力に等しい．したがって最大の速さは

$$m\frac{V^2}{R} \leq \mu mg \quad \therefore V \leq \sqrt{\mu Rg} = V_{\max} \tag{5.39}$$

と求まる．$V_{\max}$ が車の質量によらず，静止摩擦係数とカーブの半径によって決まることに注意しよう．つまり，車が重い軽いにかかわらず，カーブを曲がりきれる最大のスピードはタイヤと道路の静止摩擦係数によって決まる．

(2)　式 (5.39) を用いると，晴れている日の最大の速さは

$$V_{\max} = \sqrt{0.8 \times 150 \times 9.8} = 3.4 \times 10^1 \text{ m/s} = 1.2 \times 10^2 \text{ km/h} \tag{5.40}$$

だから約 120 km/h である．雨の日の最大の速さは

$$V_{\max} = \sqrt{0.5 \times 150 \times 9.8} = 2.7 \times 10^1 \text{ m/s} = 9.8 \times 10 \text{ km/h} \tag{5.41}$$

だから約 100 km/h である．このように晴れている日と雨の日の車がカーブを曲がりきれる最大の速さには 20 km/h の差がある．雨の日にカーブを曲がるときには晴れている日よりも十分減速しなくてはいけないことがわかる．

(3)　傾斜のあるカーブを曲がる車にはたらく力を図 5.14 に示す．鉛直方向と，水平面内の円の動径方向の車に対する運動方程式は

$$\text{鉛直方向}：0 = N\cos\theta - mg \tag{5.42}$$

$$\text{動径方向}：m\frac{V^2}{R} = N\sin\theta \tag{5.43}$$

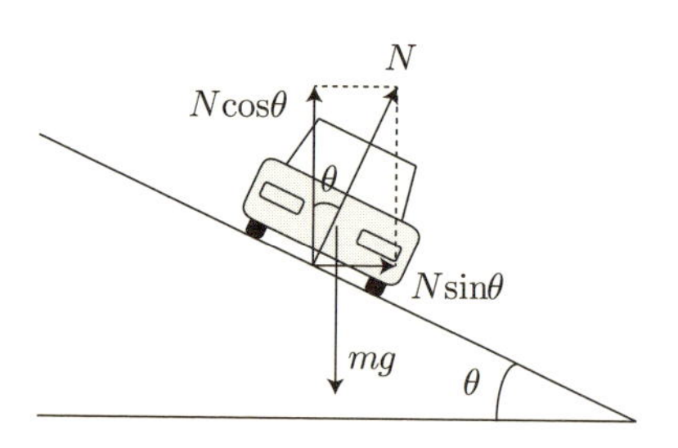

図 5.14　傾斜のあるカーブを曲がる車にはたらく力

式 (5.42) より垂直抗力 N は

$$N = \frac{mg}{\cos\theta} \tag{5.44}$$

と求まる．これを式 (5.43) に代入し，V について解くと

$$V = \sqrt{Rg\tan\theta} \tag{5.45}$$

したがって，傾斜の角度 θ が大きいほど車の速さ V は大きくなる．

(4)　式 (5.45) を θ について解くと

$$\tan\theta = \frac{V^2}{Rg} \tag{5.46}$$

100 km/h = 28.8 m/s だから角度 θ は式 (5.46) より

$$\theta = \tan^{-1}\left(\frac{V^2}{Rg}\right) = \tan^{-1}\left(\frac{(28.8\text{m/s})^2}{150\text{m} \times 9.8\text{m/s}^2}\right) = 0.483 \approx 28^\circ \tag{5.47}$$

このように道路に摩擦がない場合に，車がカーブを曲がるためには道路に 30° 近い傾斜をつけないといけないことがわかる．

5.4　動く座標系：慣性系，非慣性系，慣性力

5.4.1　電　車　の　例

図 5.15(a),(b) のように電車の天井から糸でつるされている質量 m のおもりを，電車の外にいる O くんと電車の中にいる I くんが観察しているとしよう．図 5.15(a) のように，電車が一定の速度 $\boldsymbol{v}_0$ で走っているとき，O くんから見るとおもりは速度 $\boldsymbol{v}_0$ で等速度運動しており，I くんから見るとおもりは静止している．そのため，どちらの立場でもおもりの加速度はゼロである．したがって，おもりが糸から受ける張力を $\boldsymbol{T}$，おもりにはたらく重力を $\boldsymbol{W}$ とすると，おもりの運動方程式は O くん，I くんどちらの立場でも

$$\boldsymbol{0} = \boldsymbol{T} + \boldsymbol{W} \tag{5.48}$$

となり，張力と重力がつりあっているため，糸は鉛直方向から傾かない．また，どちらにとってもおもりは水平方向に力を受けずに等速度運動しているので，O くんと I くんどちらの立場で見ても慣性の法則が成りたっている．

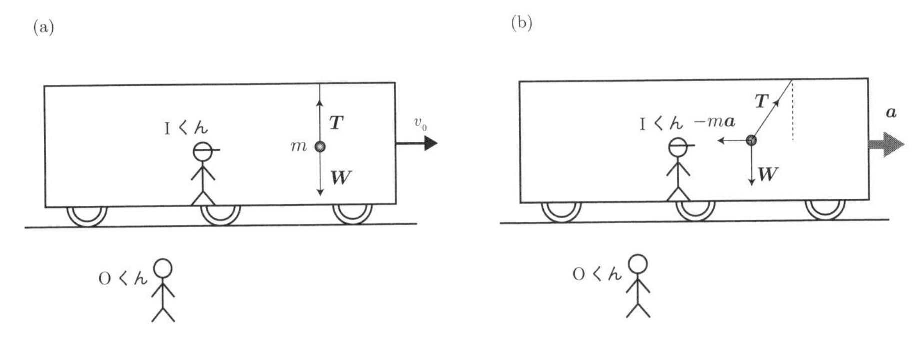

図 5.15　電車の中につるされたおもりを電車の外にいる O くんと電車の中にいる I くんが観察する

今度は図 5.15(b) のように，電車が一定の加速度 $\boldsymbol{a}$ で走っている場合を考えよう．このときおもりは図のように加速度と反対の方向に傾き静止する．この現象を O くんと I くんの二人の立場で考えてみよう．O くんから見るとおもりは電車と同じ加速度で運動しているので，おもりの運動方程式は

$$m\boldsymbol{a} = \boldsymbol{T} + \boldsymbol{W} \tag{5.49}$$

と書ける．O くんから見ると，慣性の法則によっておもりが一定の速度で進もうとするのに対して電車がどんどん加速していってしまい，おもりが電車から遅れるために糸が加速度と反対向きに傾くと考えられる．

次に I くんの立場で考えてみる．電車の中にいる I くんから見るとおもりは静止している．したがって，式 (5.49) の左辺を右辺に移して

$$\boldsymbol{0} = \boldsymbol{T} - m\boldsymbol{a} + \boldsymbol{W} \tag{5.50}$$

とすると，上の式は I くんにとっての運動方程式 (力のつりあいの式) を表していると考えられる．

このとき，おもりにはたらく張力と重力の合力はゼロではないにもかかわらずおもりは静止している．そのため，I くんにとっては慣性の法則は成りたっていない．式 (5.50) は，おもりに $\boldsymbol{f} = -m\boldsymbol{a}$ の「力」が作用しており，I くんにとっては張力と重力とこの「力」$\boldsymbol{f} = -m\boldsymbol{a}$ がつりあうことでおもりが静止していると考えることができる．このような慣性に由来する見かけ上の力を**慣性力**または**見かけの力**という．式 (5.50) の導出からわかるように，$-m\boldsymbol{a}$ の項は式 (5.49) の左辺を右辺に移項したもので，$-m\boldsymbol{a}$ という力が実際に存在するわけではない．慣性力はそのように考えると便利な概念であるというだけで，現実にそのような力は存在しない．もし慣性力を考えることによって混乱してしまう場合は，まず O くんのような立場で慣性力を考えずに運動方程式を立てて考えてみて，慣性力を用いずに物体の運動を理解しよう．そのうえで，I くんのような動いている座標系の立場で考えてみて慣性力が元の運動方程式のどこからきているかを考えてみるとわかりやすい．

一般に，O くんの立場のような慣性の法則が成りたつ座標系を**慣性系**とよび，図 5.15(b) の I くんの立場のような慣性の法則が成りたたない座標系を**非慣性系**とよぶ．上の例のように加速度運動している座標系は一般に非慣性系である．カーブを曲がるバスや，加速または減速している電車，加速するエレベーターなどに固定された座標系は非慣性系である．また厳密にいうと地球は自転，公転をして加速度運動をしているので，地表に固定された座標系は非慣性系である．しかし，その影響が小さく無視できる場合には近似的に慣性系とみなすことができる．

5.4.2 動く座標系における運動方程式［発展］

運動する座標系における運動方程式を導くため，以下では上の電車の例を一般化し，図 5.16 のように，慣性系である座標系 K 系に対し，運動している座標系 K$'$ 系を考える．K 系の原点 O を始点とし，K$'$ 系の原点 O$'$ を終点とするベクトルを $\boldsymbol{r}_0$ とする．

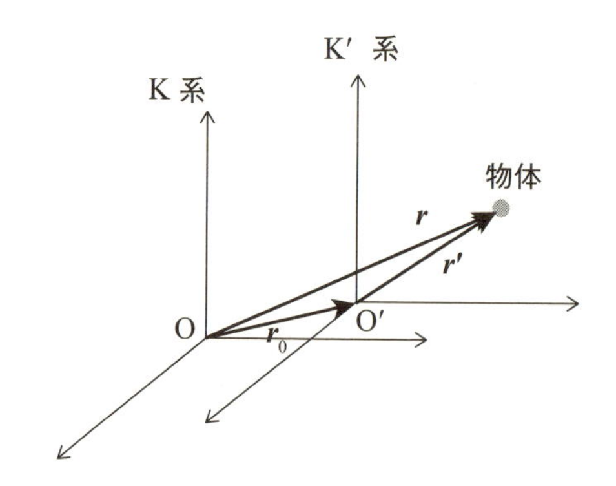

図 5.16 慣性系 K 系に対して運動している座標系 K$'$ 系

a. ガリレイ (Galilei) 変換

最初に K$'$ 系が K 系に対して一定の速度 $\boldsymbol{v}_0$ で等速度運動している場合について考えよう．時刻 $t = 0$ において 2 つの原点 O と O$'$ が一致しているとすると $\boldsymbol{r}_0 = \boldsymbol{v}_0 t$ が成りたつ．K 系から見たある物体の位置ベクトル $\boldsymbol{r}(t)$ と K$'$ 系から見た物体の位置ベクトル $\boldsymbol{r}'(t)$ は図 5.16 のようになり，両者のあいだには

$$\boldsymbol{r}' = \boldsymbol{r} - \boldsymbol{r}_0 = \boldsymbol{r} - \boldsymbol{v}_0 t \tag{5.51}$$

が成りたつ．したがって，K 系から見た物体の速度 $\boldsymbol{v}$ と K$'$ 系から見た物体の速度 $\boldsymbol{v}'$ のあいだには

$$\boldsymbol{v}' = \boldsymbol{v} - \boldsymbol{v}_0 \tag{5.52}$$

が成りたつ．式 (5.51), (5.52) は互いに等速度運動を行う 2 つの座標系における位置，速度のあいだの関係式であり**ガリレイ変換**とよばれる．

K 系，K$'$ 系における物体の加速度をそれぞれ $\boldsymbol{a}$, $\boldsymbol{a}'$ とすると，$\boldsymbol{v}_0$ は一定なので，式 (5.52) の両辺を時刻 t で微分することにより $\boldsymbol{a}' = \boldsymbol{a}$ が得られる．いま質量 m の物体に力 $\boldsymbol{F}$ が作用しているとき，K 系から見た物体に対する運動方程式は

$$m\boldsymbol{a} = \boldsymbol{F} \tag{5.53}$$

と与えられる．したがって，K$'$ 系においても同じ形の物体の運動方程式

$$m\boldsymbol{a}' = \boldsymbol{F} \tag{5.54}$$

が成りたつ．このように K$'$ 系の運動方程式に見かけの力は現れず，K$'$ 系においても通常の運動方程式が成りたつ．このことを**運動方程式はガリレイ変換に対して不変である**という．また，$\boldsymbol{F} = \boldsymbol{0}$ のときには $\boldsymbol{a}' = \boldsymbol{0}$ より物体は等速度運動する．したがって，K$'$ 系においても慣性の法則が成りたち，K$'$ 系も慣性系であることがわかる．つまり，**ある 1 つの慣性系に対して等速度運動している座標系はすべて慣性系である**．これを**ガリレイの相対性原理**という．

b. 等加速度運動する座標系の運動方程式

図 5.16 において，K$'$ 系が K 系に対して加速度 $\boldsymbol{a}_0$ で運動している場合を考える．このとき，

$$\boldsymbol{a}_0 = \frac{d^2\boldsymbol{r}_0}{dt^2} \tag{5.55}$$

が成りたつ．また $\boldsymbol{r}' = \boldsymbol{r} - \boldsymbol{r}_0$ が成りたつ．両辺を時刻 t で 2 回微分すると

$$\boldsymbol{a}' = \boldsymbol{a} - \boldsymbol{a}_0 \tag{5.56}$$

が得られる．K 系の運動方程式 (5.53) に上の式を代入し変形すると

$$m\boldsymbol{a}' = \boldsymbol{F} - m\boldsymbol{a}_0 \tag{5.57}$$

となって，非慣性系である K$'$ 系における運動方程式が得られた．右辺の最後の項が慣性力を表す．このように，ある慣性系に対して加速度 $\boldsymbol{a}_0$ で等加速度運動する座標系は非慣性系であり，物体には見かけの力 $-m\boldsymbol{a}_0$ がはたらく．

例題 5.6 図 5.17 のように，一定の加速度 a で上昇しているエレベーターに A さんが乗っている．A さんの質量を m とする．このとき以下の問いに答えなさい．

(1) A さんがエレベーターの床から受ける垂直抗力の大きさはいくらになるか，エレベーターに固定された座標系における運動方程式を立てることにより求めなさい．

(2) A さんがエレベーターの中で体重計に乗って体重を測ったとする．このとき体重計の示す値はいくらになるか．

(3) A さんの体重を 70 kg，加速度の大きさを 5 m/s^2 とするとき，垂直抗力の大きさを N (ニュートン) を単位として求めなさい．また，体重計の示す値はいくらになるか，kgw を単位として求めなさい．

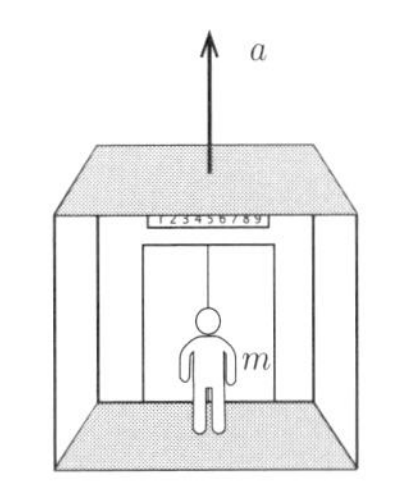

図 5.17 エレベーターに乗っている人が体重を測るとどうなるだろうか？

［解答］　(1)　エレベーターは鉛直上向きに加速度 a で上昇しているので，A さんは大きさ ma の慣性力を鉛直下向きに受ける．鉛直上向きを正にとると，エレベーターに固定された座標系における運動方程式は

$$0 = N - mg - ma \tag{5.58}$$

となる．したがって，垂直抗力 N は

$$N = m(a + g) \tag{5.59}$$

と求まる．このように，垂直抗力はエレベーターが静止しているときよりも慣性力の分だけ大きくなる．

(2)　作用・反作用の法則より，床には A さんから鉛直下向きに大きさ N の力がはたらく．A さんが体重計に乗ったとすると，体重計はこの力を計測する．したがって，体重計の示す値 W は

$$W = N = m(a + g) \tag{5.60}$$

となる．このように体重計は慣性力の分だけ元々の体重よりも大きい値を示す．

(3)　問題文の数値を代入すると

$$N = 1.04 \times 10^3 \text{ N}, \quad W = 1.06 \times 10^2 \text{ kgw} \tag{5.61}$$

と求まる．体重 70 kg の人が 5 m/s^2 で加速するエレベーターの中で体重を測ると約 100 kgw となる．

5.4.3　遠　　心　　力

前の項では，非慣性系として等加速度運動を行っている電車やエレベーターについて考えたが，今度は非慣性系として等速円運動を行っている系について考えてみよう．等速円運動を行っている物体は向心加速度をもつ．そのため，等速円運動を行う物体に固定された座標系は非慣性系とみなせる．

例えば，一定の速度でカーブを曲がるバスは，カーブが円周の一部とみなせるので，等速円運動を行っているとみなすことができる．このようなカーブを曲がるバスに乗っていると，体がカーブの外側に引っ張られる．これは 4.3 節で見たように，バスに乗っている人が慣性によってまっすぐ進もうとするのに対してバスが図 4.21 のように直線軌道から逸れるためであると考えられる．この現象をバスに乗っている人の立場で考えると，バスに乗っている人はカーブの外側に向かう慣性力を受け，カーブの外側に体が引っ張られているとみなすことができる．このような等速円運動を行う非慣性系における慣性力を**遠心力**という．

図 5.8 のように半径 R の円周上を質量 m の物体が一定の角速度 ω，速さ $v = R\omega$ で等速円運動を行っており，物体には中心方向に大きさ F の力がはたらいているとする．静止している観測者から見ると，物体に対する動径方向の運動方程式は

$$m\frac{v^2}{R} = F \tag{5.62}$$

である．次にこの物体の運動を物体に固定された座標系に乗った観測者の立場で見ると，物体は静止している．したがって，物体に固定された座標系における運動方程式は上の式の左辺を右辺に移項し

$$0 = F - m\frac{v^2}{R} \tag{5.63}$$

が得られる．これより物体には動径方向外向きに大きさ

● 遠心力
$$F_{\mathrm{c}} = m\frac{v^2}{R} = mR\omega^2 \tag{5.64}$$

の遠心力がはたらいているとみなすことができる．この場合，物体に固定された座標系から見ると中心力 F と遠心力 F_{c} がつりあうことにより物体が静止している．

例題 5.7 (1) 第 3 章の例題 3.9 において遠心分離機に入れられた 10 g の試料にはたらく遠心力の大きさ F とその方向を求めなさい．また，物体にはたらく重力の大きさが F と等しいような物体の質量を求めなさい．
(2) 例題 5.3 において，小球に固定された座標系における小球に対する運動方程式を書き，静止している観測者から見た運動方程式と比較しなさい．
(3) 例題 5.4 においておもりに固定された座標系におけるおもりに対する運動方程式を書き，静止している観測者から見た運動方程式と比較しなさい．

[解答] (1) 試料の回転する円軌道の半径が $R = 5.0 \times 10^{-2}$ m，角速度が $\omega = 400\pi$ rad/s だから遠心力の大きさは

$$F = mR\omega^2 = 0.01 \times 5.0 \times 10^{-2} \times (400\pi)^2 = 7.9 \times 10^2 \text{ N} \tag{5.65}$$

また遠心力は円の動径方向外向きである．重力が F と等しい物体の質量 M は $F = Mg$ より

$$M = \frac{F}{g} = \frac{7.9 \times 10^2}{9.8} = 8.1 \times 10^1 \text{ kg} \tag{5.66}$$

したがって試料には約 80 kg の物体にはたらく重力と同じ大きさの遠心力がはたらく．
(2) 小球に固定された座標系から見ると小球は静止し，円の動径方向外向きに大きさ mv^2/l の遠心力が作用しているので，小球に固定された座標系における運動方程式は

$$0 = k(l - l_0) - m\frac{v^2}{l} \tag{5.67}$$

と書ける．上の式の第 2 項を左辺に移項すると静止した観測者から見た運動方程式 (5.27) に帰着する．
(3) おもりに固定された座標系から見るとおもりは静止し，水平面内では円の動径方向外向きに大きさ mv^2/r の遠心力が作用していると考えられる．したがっておもりに固定された座標系における運動方程式は

$$\text{鉛直方向}: 0 = S\cos\theta - mg \tag{5.68}$$

$$\text{動径方向}: 0 = S\sin\theta - m\frac{v^2}{r} \tag{5.69}$$

となる．鉛直方向の運動方程式は式 (5.32) と変わらない．式 (5.69) の第 2 項を左辺に移項すると，静止した観測者から見た運動方程式 (5.33) に帰着する．

5.5 抵抗のある運動

5.5.1 抵 抗 力

5.1 節で学んだ静止摩擦力，動摩擦力は物体の運動を妨げる抵抗力の例である．他方，空気や水といった媒質中を物体が運動するときにも物体は抵抗力を受ける．例えば，走っている車の窓から手を出すと，手は空気抵抗を受け，車の進行方向と逆向きに引っ張られる (危険なのでやってはいけない)．また，水の中で手足を動かすと抵抗力を受け，水からの抵抗力を利用することで泳ぐことが

できる．一般に，物体が媒質中を運動するときには，物体が媒質から受ける抵抗力は一定ではなく物体の速度に依存し，そのため媒質中における物体の運動は複雑なものとなる．この節では，媒質中の物体の運動の例として，空気中における物体の落下運動について取りあげる．

5.5.2 空気抵抗のある場合の落下運動，終端速度

これまでは物体の落下運動において重力の影響のみを考えてきた．しかし，地表において物体が落下する場合，物体は運動の方向と逆向きに抵抗力 (空気抵抗) を受ける．落下運動に限らず，空気中を大きさのある物体が運動するときにはかならず空気抵抗を受ける．空気抵抗は物体の大きさや形状，物体の速度に複雑に依存するが，物体のサイズが小さく，また物体の速さがそれほど大きくない場合には空気抵抗は物体の速度に比例する *3)．以下ではまず速度に比例する空気抵抗を考慮した物体の落下運動について考えよう．

サイズの小さな物体が空気中をゆっくりと運動するときに受ける空気抵抗 $\boldsymbol{R}$ は，物体の速度を $\boldsymbol{v}$ とすると物体の速度に比例し

$$\boldsymbol{R} = -b\boldsymbol{v} \tag{5.70}$$

と表される．ここで比例係数 $b\ (>0)$ は物体の形状および大きさによって決まる定数である．空気に限らず，一般に粘性のある流体の中を物体が運動するとき，物体の速さが十分に小さい場合に，物体が流体から受ける抵抗は物体の速度に比例する．半径 a の球が，静止した流体に対して速度 v で運動するとき，比例係数 b は $b = 6\pi a\eta$ で与えられる．η は流体の粘性率とよばれる．これをストークス (Stokes) の法則という．

図 5.18 のように鉛直方向に下向きを正として y 軸をとり，物体の y 方向の運動について考える．物体の質量を m とし，物体が時刻 $t = 0$ に原点 O から初速度 0 で落下するとしよう．物体の y 方向の速度を v とすると，物体には y 方向に空気抵抗

$$R = -bv \tag{5.71}$$

がはたらく．したがって，y 方向の物体の加速度を a とすると，運動方程式は

$$ma = mg - bv \tag{5.72}$$

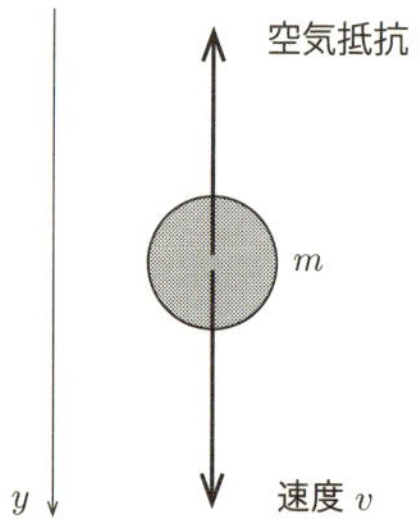

空気抵抗 bv
m
y
速度 v

図 5.18

となる．$a = \dfrac{dv}{dt}$ を用いると運動方程式は

$$m\frac{dv}{dt} = mg - bv \tag{5.73}$$

と書ける．

運動方程式 (5.73) を解く前にまず物体の運動について大雑把に考察してみよう．まず物体が落下し始めた直後には，物体の速度は小さくそのため空気抵抗も小さい．したがって時刻 t が十分に小さいときには空気抵抗の影響を無視することができる．このとき運動方程式 (5.72) は自由落下の式

$$ma = mg \tag{5.74}$$

*3) ほこりのように小さい物体は空気中で速度に比例する抵抗力を受ける．他方，野球のボール，スカイダイバー，飛行機などは空気中で速度の 2 乗に比例する抵抗力を受ける．速度の 2 乗に比例する抵抗力については 5.5.3 項で扱う．

に帰着し，物体は加速度 g で等加速度運動を行い，速度は $v(t) = gt$ と時刻 t に比例して増加する．時間の経過とともに v は増加し，それに応じて空気抵抗の大きさ bv も増加し，式 (5.73) より v の増加率 dv/dt はしだいに減少する．十分時間が経過すると重力と空気抵抗はつりあい，物体は一定の速度で落下するようになる．つまり，$t \to \infty$ のとき重力と空気抵抗の大きさは等しくなり

$$mg = bv \tag{5.75}$$

が成りたつ．このとき式 (5.73) より $dv/dt = 0$，つまり v は一定となり物体は等速度運動する．十分時間が経過したときの物体の速度は式 (5.75) より

$$v(t \to \infty) = \frac{mg}{b} = v_\infty \tag{5.76}$$

となる．十分時間が経過したときに到達する物体の速度 v_∞ は**終端速度**とよばれる．

以上の考察より v–t グラフの概形を予想してみると，$v(t)$ は t が小さいときには t に比例して傾き g で増加し，時間が十分経過すると一定の値 v_∞ に近づいていくため，図 5.19(a) のようになることが予想できる．このように，実際に運動方程式を解かなくても物体の運動の大まかな様子が予想できる．

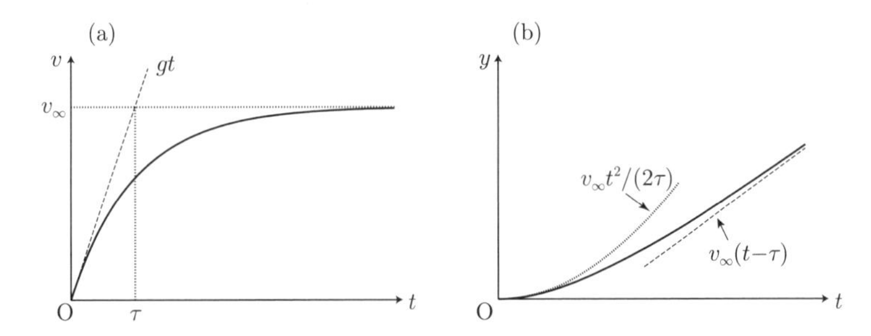

図 5.19　速度に比例する抵抗を受けながら落下する物体の (a) 速度 $v(t)$ と (b) 位置 $y(t)$ のグラフ

次に運動方程式 (5.73) を解いてみよう．両辺を m で割ると

$$\frac{dv(t)}{dt} = -\frac{b}{m}v(t) + g \tag{5.77}$$

が得られる．これは速度 $v(t)$ に関する微分方程式である．

式 (5.77) のタイプの微分方程式は 1 階の非斉次線形微分方程式とよばれ，次のように**変数分離法**で解くことができる．式 (5.77) を変形し

$$\frac{m}{-bv + mg}dv = dt \tag{5.78}$$

上の式の両辺に対して不定積分を行うと

$$\int \frac{m}{-bv + mg}dv = \int dt \tag{5.79}$$

となり両辺の不定積分を実行すると

$$-\frac{m}{b}\log(-bv + mg) = t + C \tag{5.80}$$

が得られる．ただし C は積分定数である．これを v について解くと

$$v(t) = -\frac{1}{b}\left(C'e^{-\frac{b}{m}t} - mg\right) \tag{5.81}$$

と $v(t)$ が求まる．ただし，$C'(=e^{-\frac{b}{m}C})$ は積分定数である．初期条件 $v(0)=0$ を式 (5.81) に代入すると

$$v(0) = -\frac{1}{b}(C' - mg) = 0. \tag{5.82}$$

したがって $C' = mg$ と積分定数が決まる．これを式 (5.81) に代入すると速度は

$$v(t) = \frac{mg}{b}(1 - e^{-\frac{b}{m}t}) = v_\infty(1 - e^{-t/\tau}) \tag{5.83}$$

と求まる．速度 $v(t)$ をプロットすると図 5.19(a) の v–t グラフとなる．いま $\tau = m/b$ は時間の次元をもつ量で時定数とよばれ，終端速度に達するまでの時間を特徴づける定数である．つまり，終端速度に達するのにおおよそ τ の数倍程度の時間がかかると考えればよい．時刻 $t=\tau$ のときには速度は終端速度の 63%に達する．

時刻 t が小さいときには

$$e^{-\frac{b}{m}t} \approx 1 - \frac{b}{m}t \tag{5.84}$$

と近似できるので，速度は

$$v(t) \simeq gt \tag{5.85}$$

と近似でき，$v(t)$ は図 5.19(a) のように傾き g で立ち上がる．また，十分時間が経過したとき $(t\to\infty)$ には $e^{-\frac{b}{m}t} \to 0$ だから

$$v(t\to\infty) = \frac{mg}{b} = v_\infty \tag{5.86}$$

より，グラフは図 5.19 のように予想通り一定の値 v_∞ に近づいてゆく．また，$v_\infty = g\tau$ と書けることから，時定数 τ は直線 $v = gt$ と $v = v_\infty$ との交点であることがわかる．

物体の位置 $y(t)$ は速度 $v(t)$ を積分することにより

$$y(t) = \int_0^t v(t')dt' = \frac{mg}{b}t - \frac{m^2g}{b^2}(1 - e^{-\frac{b}{m}t}) = v_\infty t - v_\infty\tau(1 - e^{-t/\tau}) \tag{5.87}$$

と得られる．式 (5.87) より t が小さいとき $(t \ll \tau)$ と t が大きいとき $(t \gg \tau)$ の $y(t)$ の振る舞いが

$$y(t) \sim \begin{cases} \frac{v_\infty t^2}{2\tau} & (t \ll \tau) \\ v_\infty(t-\tau) & (t \gg \tau) \end{cases} \tag{5.88}$$

と得られる．図 5.19(b) に $y(t)$ のグラフを示す．t が小さいと $y(t)$ は放物線とみなせ，t が大きくなると傾き v_∞ の直線に近づく．

5.5.3 雨 粒 の 落 下

前項で得られた結果を雨粒に応用してみよう．雨粒を半径 a の球と仮定すると，比例係数 b はストークスの法則から

$$b = 6\pi a\eta_0 \tag{5.89}$$

で与えられる．η_0 は空気の粘性率である．一方，雨粒の質量 m は水の密度を ρ とすると

$$m = \frac{4\pi}{3}\rho a^3 \tag{5.90}$$

となる．したがって，終端速度は式 (5.91) より

$$v_\infty = \frac{2\rho g}{9\eta_0}a^2 \tag{5.91}$$

となって雨粒の半径の 2 乗に比例することがわかる．つまり雨粒はサイズが大きくなればなるほど速く落ちてくることになる．

実際に雨滴がどれくらいの速さで落ちてくるか見積もってみよう．空気の粘性率は $\eta_0 = 1.8 \times 10^{-5}$ kg/m·s，水の密度は $\rho = 1.0 \times 10^3$ kg/m^3，$g = 9.8$ m/s^2 で与えられるから半径 1.5 mm の雨滴の終端速度は

$$v_\infty = \frac{2 \times 10^3 \times 9.8}{9 \times 1.8 \times 10^{-5}} \times (1.5 \times 10^{-3})^2 \approx 270 \text{ m/s} = 972 \text{ km/h} \tag{5.92}$$

つまり新幹線の 3 倍ほどの猛烈な速さで落ちてくることになり，雨に当たると大怪我をしそうである．実際には雨粒は秒速数メートル程度の速さで落ちてくるのでこの結果はおかしい．

実は，雨粒の速度がある程度まで大きくなると雨粒には速度の 2 乗に比例した抵抗力がはたらくようになる．このような速度の 2 乗に比例する抵抗力は，空気が雨粒の後ろで渦をつくることによって生じる．この場合，抵抗力の大きさ R は

$$R = Kv^2 \tag{5.93}$$

と表され，比例定数 K (> 0) は

$$K = \frac{1}{2}c\rho_0 A \tag{5.94}$$

と与えられる．ρ_0 は空気の密度，A は物体の運動方向に垂直な断面積，c は無次元の定数である．このような抵抗力がはたらく場合に，雨粒の終端速度 V_∞ を求めてみよう．いまの場合，運動方程式は

$$m\frac{dv}{dt} = mg - Kv^2 \tag{5.95}$$

である．前と同様に，十分時間が経過すると雨粒は終端速度 V_∞ に達する．このとき，$\dfrac{dv}{dt} = 0$ より重力と抵抗力はつりあい

$$mg = KV_\infty^2 \tag{5.96}$$

となる．したがって，終端速度は

$$V_\infty = \sqrt{\frac{mg}{K}} = \sqrt{\frac{2mg}{c\rho_0 A}} \tag{5.97}$$

と得られる．$A = \pi a^2$ より

$$V_\infty = \sqrt{\frac{8\rho a g}{3c\rho_0}} \propto \sqrt{a} \tag{5.98}$$

したがって，終端速度は雨粒の半径の 1/2 乗に比例して大きくなる．いまの場合もやはり雨粒のサイズが大きくなると終端速度は大きくなるが，増加する程度は速度に比例する抵抗力の場合 (式 (5.91)) よりも緩やかになる．空気の密度 $\rho_0 = 1.2$ kg/m^3, $c = 0.60$ を用いると終端速度は

$$V_\infty = \sqrt{\frac{8 \times 1.0 \times 10^3 \times 1.5 \times 10^{-3} \times 9.8}{3 \times 0.6 \times 1.2}} \approx 7.4 \text{ m/s} = 27 \text{ km/h} \tag{5.99}$$

となる．このように実際は雨粒は秒速数メートルの速さで落ちてくることがわかる．

例題 5.8 本項で述べたように，人間や飛行機などのサイズの大きな物体が高速で空気中を運動する場合には，物体は速度の 2 乗に比例した抵抗を受ける．物体にはたらく抵抗力の大きさは，物体の速度を v，比例係数を K として Kv^2 と表され，比例係数 K は式 (5.94) で与えられる．図 5.20 のように半径 a，質量 m の大きな球がこのような抵抗力を受けながら空気中を落下する．鉛直方向に y 座標をとり，下向きを正とし，y 方向の物体の速度を v とする．このとき運動方程式を解くことにより物体の速度 $v(t)$ を求め，終端速度が式 (5.97) で与えられることを確かめなさい．また v–t グラフを描きなさい．ただし，物体が時刻 $t=0$ において初速 0 で落下し始めるとする．

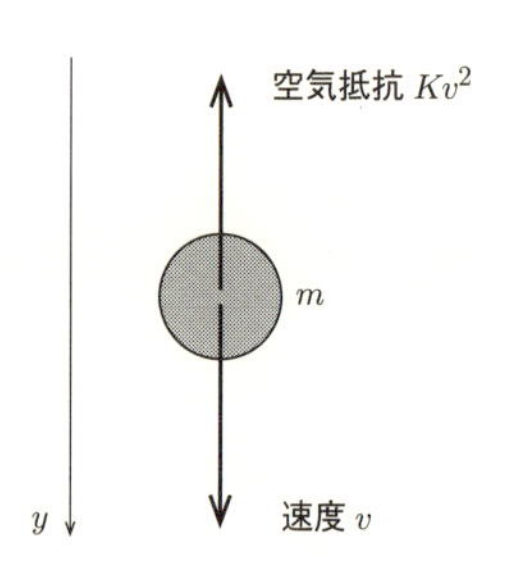

図 5.20 速度の 2 乗に比例する空気抵抗を受けながら落下する物体

［解答］ y 方向の運動方程式

$$m\frac{dv}{dt} = mg - Kv^2 \tag{5.100}$$

を変数分離法により解く．運動方程式を変形して

$$\frac{dv}{dt} = g\left(1 - \frac{K}{mg}v^2\right) \tag{5.101}$$

より

$$\int \frac{dv}{1-\frac{K}{mg}v^2} = g\int dt \tag{5.102}$$

が得られる．上式の左辺において

$$v = \sqrt{\frac{mg}{K}}\tanh u \tag{5.103}$$

と置くと，

$$1 - \frac{K}{mg}v^2 = 1 - \tanh^2 u = \frac{1}{\cosh^2 u}, \quad dv = \sqrt{\frac{mg}{K}}\frac{du}{\cosh^2 u} \tag{5.104}$$

より

$$\int \frac{dv}{1-\frac{K}{mg}v^2} = \int \sqrt{\frac{mg}{K}}\frac{\cosh^2 u}{\cosh^2 u}du = \sqrt{\frac{mg}{K}}u + C \tag{5.105}$$

と式 (5.102) の左辺が積分できる．C は積分定数である．右辺も積分すると

$$u = \sqrt{\frac{Kg}{m}}t + C' \tag{5.106}$$

が得られる．C' は定数である．したがって

$$v = \sqrt{\frac{mg}{K}}\tanh\left(\sqrt{\frac{Kg}{m}}t + C'\right) \tag{5.107}$$

と一般解が求まった．ここで初期条件 $v(0)=0$ を代入すると積分定数が $C'=0$ と求まる．したがって速度は

$$v = \sqrt{\frac{mg}{K}}\tanh\left(\sqrt{\frac{Kg}{m}}t\right) = V_\infty \tanh\left(\frac{t}{\tau'}\right) \tag{5.108}$$

と求まる．ここで，$V_\infty = \sqrt{mg/K}$ は式 (5.97) の終端速度，$\tau' = \sqrt{m/Kg}$ は終端速度に達するまでの時間を特徴づける定数である．$x \to \infty$ のとき $\tanh x \to 1$ より，

$$v(t \to \infty) = V_\infty \tag{5.109}$$

となり，確かに V_∞ が終端速度になっている．また，$x \ll 1$ における近似式 $\tanh x \simeq x$ 用いると，$t \ll \tau'$ のとき

$$v \simeq gt \tag{5.110}$$

となり $v(t)$ のグラフは傾き g で立ち上がる．

図 5.21 に v–t グラフを示す．比較のため速度に比例する抵抗の場合の式 (5.83) もプロットしてある (ただし，$v_\infty = V_\infty$, $\tau = \tau'$ としている)．図 5.21 から，速度の 2 乗に比例する抵抗の方が終端速度に早く到達することがわかる．いまの場合，速度が大きくなると抵抗力の大きさも速度に比例する抵抗より大きくなることを考えると当然の結果といえる．

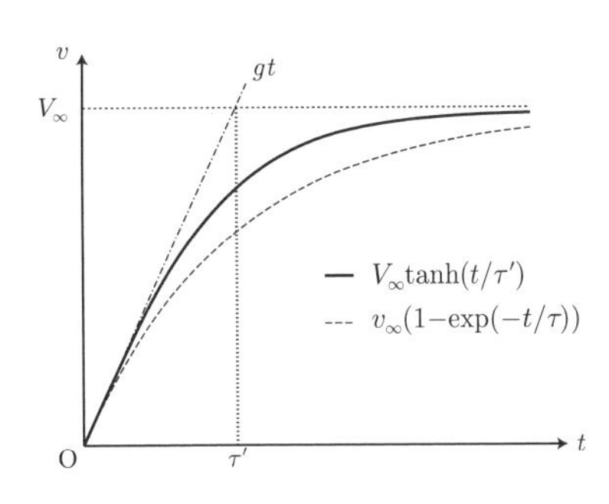

図 5.21 速度の 2 乗に比例する空気抵抗を受けながら落下する物体の v–t グラフ

例題 5.9 粗い表面上における物体の運動 図 5.22 のように，粗い表面をもつ水平面上における質量 m のブロックの運動を考える．図 5.22 のように水平方向に初速度 v_0 を与えてブロックをすべらせたところ，ブロックは水平面上を距離 l だけすべって静止した．ブロックと水平面の間の動摩擦係数を μ'，重力加速度の大きさを g とするとき，以下の問いに答えなさい．

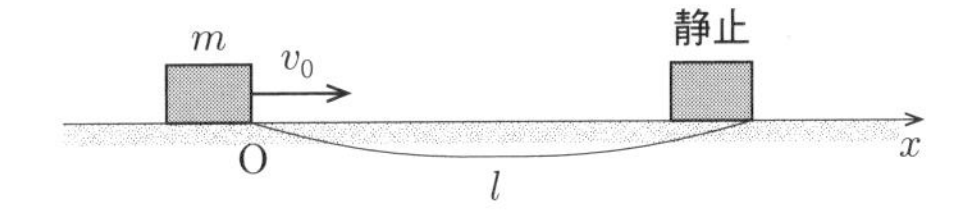

図 5.22 粗い表面上をすべる物体

(1) 図 5.22 のようにブロックがすべり始める点を原点として水平方向に x 座標をとり，右向きを正とする．水平方向の運動方程式を解き，時刻 t におけるブロックの位置 $x(t)$ を求めなさい．ただし，ブロックは時刻 $t = 0$ に原点にあるとする．

(2) ブロックが静止する時刻 t_0 を求めなさい．

(3) 動摩擦係数 μ' を m, v_0, l, g を用いて表しなさい．

[解答] (1) 鉛直方向に y 座標をとり，上向きを正とする．水平面からブロックにはたらく垂直抗力を N とすると，ブロックには動摩擦力 $\mu' N$ が運動方向と逆向きにはたらく．ブロックの x 方向の加速度を a とすると，x 方向，y 方向の運動方程式は

$$x\text{ 方向} : ma = -\mu' N \tag{5.111}$$

$$y\text{ 方向} : 0 = N - mg \tag{5.112}$$

上の式より $a = -\mu' g$, $N = mg$ と求まる．等加速度運動なので，$v(0) = v_0$ に注意すると，速度 $v(t)$ は，

$$v(t) = v_0 - \mu' gt \tag{5.113}$$

と求まる．また，ブロックの位置 $x(t)$ は，$x(0) = 0$ に注意すると，

$$x(t) = v_0 t - \frac{1}{2}\mu' gt^2 \tag{5.114}$$

と求まる．

(2) ブロックが静止する時刻 t_0 は，$v(t_0) = 0$ より

$$t_0 = \frac{v_0}{\mu' g} \tag{5.115}$$

と求まる．

(3) 時刻 t_0 でブロックは $x = l$ において静止するから，

$$x(t_0) = \frac{v_0^2}{2\mu' g} = l \tag{5.116}$$

が成りたつ．上の式を μ' について解くと

$$\mu' = \frac{v_0^2}{2lg} \tag{5.117}$$

と求まる．

【小さな実験】 ものを壁に押しつける

鉛直な壁にポスターなどを貼る場合，画びょうで支える，壁からつきでた釘にぶら下げる，マグネットを使うなどさまざまな方法が考えられる．図 5.23(A) に描いたように，手で本を壁に押しつけて本が落ちないようにしてみよう．本が落ちないために必要な最小の力の大きさは，本の質量が大きいほど大きいことがわかる．本が落ちない原理は，マグネットで紙などを貼りつける場合と同じである．物体を押しつける力を用いて，鉛直方向にはたらく摩擦力を生じさせ，それと物体にはたらく重力をつりあわせて物体が落ちないように支えている．

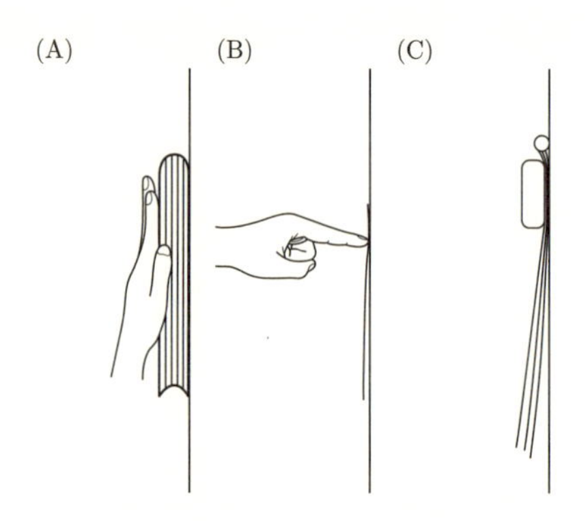

図 5.23 壁に押しつけて物体を落とさないようにする

問題 質量が 1 kg の本を鉛直な壁に沿っておき，水平方向の力を加えて落ちないようにするために必要な力の最小値を求めなさい．ただし，本と壁のあいだの静止摩擦係数の大きさを 0.3 とし，手と本のあいだの摩擦力は無視する．

解答 本の質量を m，本に加える水平方向の力の大きさを F，本と壁のあいだの摩擦力の大きさを f，静止摩擦係数を μ，重力加速度の大きさを g とすると，本が落ちないためには

$$f = mg \tag{5.118}$$

$$f \leq \mu F \tag{5.119}$$

したがって

$$F \geq mg/\mu \tag{5.120}$$

となり，本の質量 m が大きいほど済い力 F で押しつける必要があるとわかる．式 (5.120) に数値を代入すると

$$F \geq \frac{1\ \mathrm{kg} \times 9.8\ \mathrm{m/s^2}}{0.3} = 33\ \mathrm{N}$$

となる．

【小さな実験】 円錐型の容器の内面に沿った球の回転運動

内面がなめらかな円錐型の容器が，頂点を下にし，軸を鉛直にしておかれている．この容器の内面に沿って物体が運動する問題を考える (図 5.24 参照)．なめらかなので，物体が静止していれば，物体は容器の底の位置 (頂点の位置) にいるだけである．しかし，物体が容器の面に沿って円運動すれば，物体はすべり落ちることなく，速さに応じて高さが異なる回転運動を続けることができる．

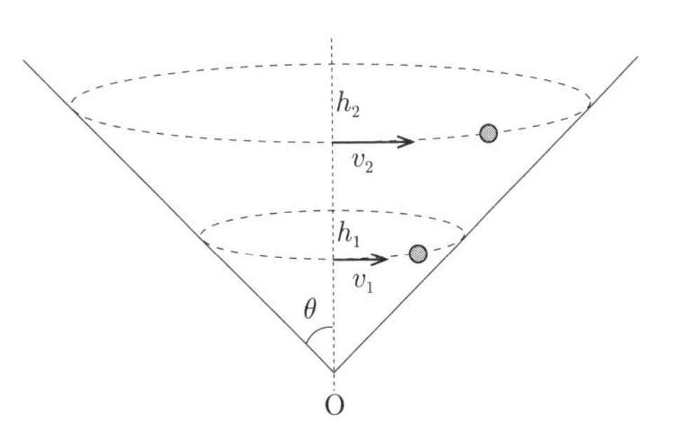

図 5.24 容器の内面に沿った球の回転運動

問題 このとき円運動面の高さ h と物体の速さ v の関係を求めなさい．ただし，円錐型容器の半頂角を θ，重力加速度の大きさを g とする．

解答 球にはたらく力は斜面から受ける垂直抗力 (大きさ N) と重力 (大きさ mg) である．斜面の鉛直線からの傾きを θ とすると，球の円軌道の半径 r は

$$r = h\tan\theta \tag{5.121}$$

なので，球の向心加速度 a は

$$a = \frac{v^2}{r} = \frac{v^2}{h\tan\theta} \tag{5.122}$$

である．水平方向を x，鉛直方向を y として球の運動方程式を表すと

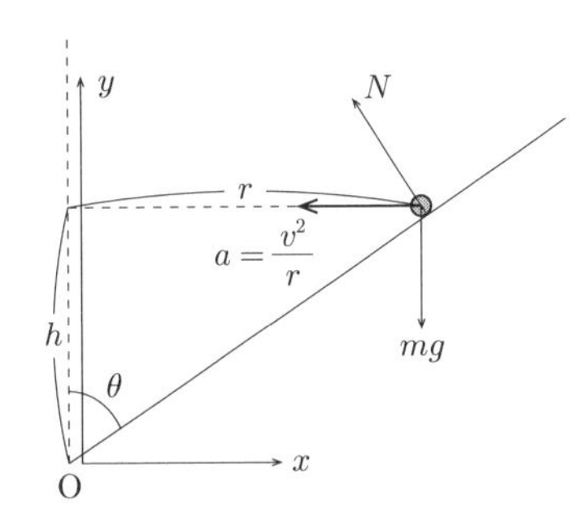

図 5.25

$$x\ 方向：ma = N\cos\theta \tag{5.123}$$

$$y\ 方向：\ 0 = N\sin\theta - mg \tag{5.124}$$

となる．式 (5.123), (5.124) より

$$\tan\theta = \frac{N\sin\theta}{N\cos\theta} = \frac{g}{a} \tag{5.125}$$

式 (5.125) に式 (5.122) を代入して

$$\tan\theta = g\cdot\frac{h\tan\theta}{v^2}$$

したがって

$$v^2 = gh \tag{5.126}$$

が得られる．これが高さ h と速さ v の関係である．式 (5.126) より，球のスピードが速いほど高いところをまわることがわかる．

この問題の模型実験として，料理などに使うボウル (器) の中にガラス球など動きやすい物体を入れ，器を適当に揺すって物体を動かしてみよう．器は円錐形でなくても，小さな底面から上に向かって広がったものであれば，擬似実験はできる．器の形が上に行くほど平ら

になるまたは急になるなど円錐形からずれるとどのような影響が現れるか考察してみよう．サーカスで球形の壁の内側に沿って走るオートバイの曲芸も原理は同じである．

章末問題

[5.1] ある国際宇宙ステーションは地球の周囲，高度 $h = 520$ km の円軌道を一定の速さ $v = 7.6$ km/s で回っている．I さんはこの国際宇宙ステーションの乗組員である．I さんの質量は $m = 90$ kg，地球の半径は $R_{\mathrm{E}} = 6.4 \times 10^6$ m である．地球が I さんにおよぼす力の大きさ F はどれだけか．

[5.2] 図 5.26 のように質量 m のおもりに 2 本の糸をつけ，各糸を定滑車にかけてから天井からつるした 2 個のばねにつなげた．各糸が鉛直方向となす角を θ_1, θ_2 とする．このときばね 1, 2 の伸び l_1, l_2 を求めなさい．ただし，2 本のばねのばね定数を k，重力加速度の大きさを g とする．また糸の質量は無視できるとし，滑車はなめらかに回転するとする．

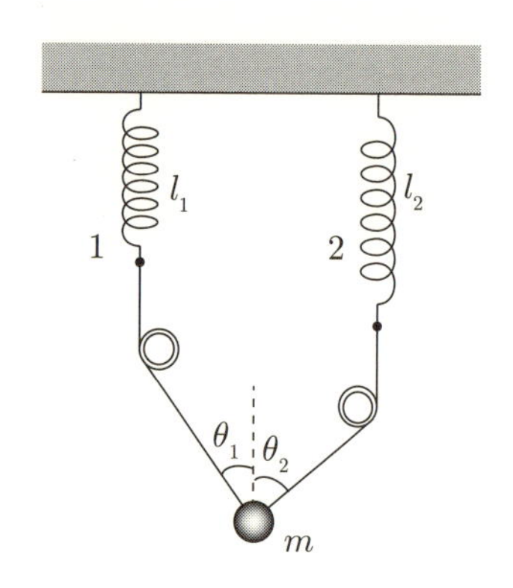

図 5.26　ばねと糸で天井からつるされたおもり

[5.3] 図 5.27 のように質量 $m = 20$ kg のブロック 1 と質量 $M = 90$ kg のブロック 2 が接している．ブロックあいだには摩擦があるとし，静止摩擦係数を $\mu = 0.7$ とする．またブロックと床のあいだの摩擦は無視する．ブロック 1 に大きさ F の力を水平に加えてブロック 1 がすべり落ちないようにしたい．F の最小値はいくらか．ただし，重力加速度の大きさを $g = 9.8$ m/s^2 とする．

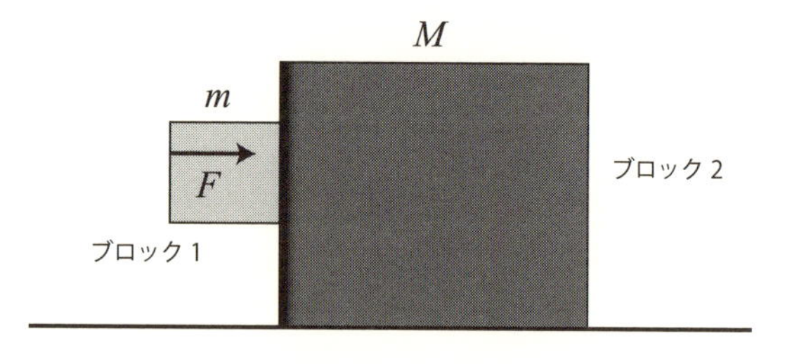

図 5.27　摩擦のある 2 つのブロックの運動

[5.4] 質量 340 t (トン) の飛行機が水平速度 324 km/h で着陸した後，滑走路を 1.7 km 走って停止した．着陸後停止するまでに要する時間 T と飛行機にかけたブレーキによる制動力の大きさ F を求めなさい．ただし，着陸後，飛行機には一定の制動力が水平方向にはたらくとする．

[5.5] 図 5.28 のようにまっすぐな線路の上を一定の加速度で走っている電車がある．電車の加速度の大きさを a とするとき，以下の問いに答えなさい．ただし，重力加速度の大きさを g とする．

(1)　電車の天井から質量 m の小球が軽いひもでつるされている．電車が加速すると小球は図 5.28 のようにひもが斜めに傾いた状態で静止した．電車に乗っている人がひもの鉛直方向からの傾きの角度を測ることにより，この小球を加速度計として利用したい．ひもの鉛直方向からの傾きの角度を θ とするとき，電車の内部にいる人から見た小球に対する力のつりあいの式を解くことにより，電車の加速度の大きさ a を θ で表しなさい．また，ひもの張力の大きさを求めなさい．

(2) 図 5.28 のように，質量 m_1, m_2 のおもり 1, 2 を軽いひも 1, 2 でつないでつるしたところ，それぞれのおもりが鉛直方向から角度 θ_1, θ_2 だけ傾いて静止した．このとき角度 θ_1, θ_2 のあいだの関係を求めなさい．また，2 本のひもそれぞれの張力の大きさを求めなさい．

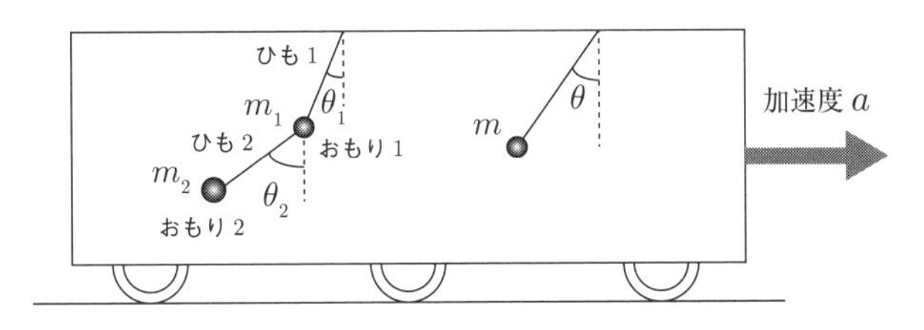

図 5.28 電車の天井につるされた小球

[5.6] 図 5.29 のように粗い水平面上に質量 M の台をおき，台の上に質量 m の物体をおく．台に水平方向右向きに大きさ F の力を加えて引っ張ったところ，物体は台の上ですべらないで，台と一体となって運動した．水平面と台，台と物体のあいだの静止摩擦係数は等しいとして μ とし，動摩擦係数についても同様に μ' とする．このとき物体の加速度を求めなさい．また物体と台が一体となって運動するために力 F がみたすべき条件を求めなさい．

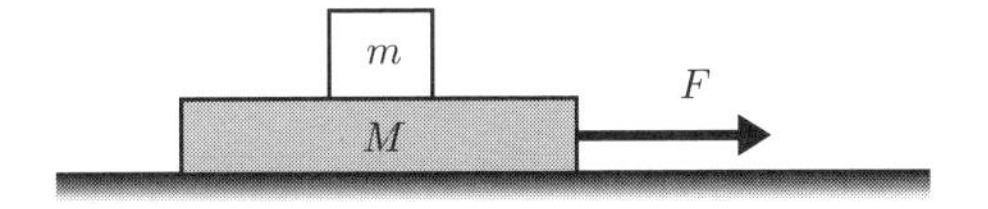

図 5.29 粗い水平面上の台と物体

[5.7] 図 5.30 のように質量 m_A, m_B の物体 A と B を糸でつないで水平面と角 θ_1 と θ_2 をなす斜面に静かにおいた．物体と斜面とのあいだの静止摩擦係数，動摩擦係数をそれぞれ μ, μ' とする．このとき以下の問いに答えなさい．ただし，重力加速度の大きさを g とする．また糸の質量は無視できるとし，滑車はなめらかに回転するとする．

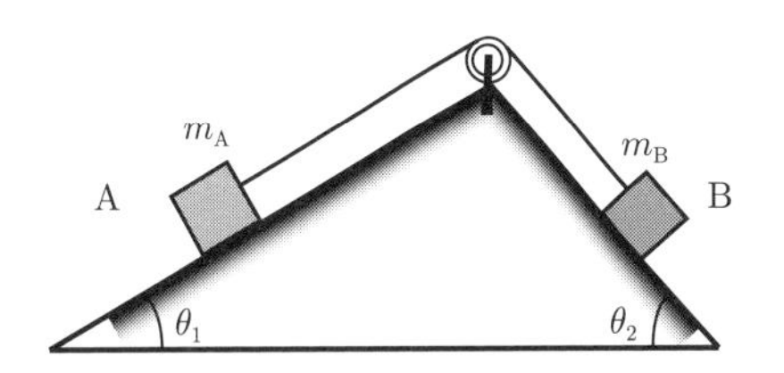

図 5.30 粗い表面をもつ斜面上の物体

(1) 物体から静かに手をはなしたところ物体 A と B が静止した．このとき 2 つの物体の質量の比 $\lambda = m_A/m_B$ がみたす条件を求めなさい．

(2) 物体から静かに手をはなしたところ，今度は物体 A が斜面を上り B が斜面を下る方向に運動を始めた．このとき物体の加速度の大きさと糸の張力の大きさを求めなさい．

[5.8] 図 5.31 のように鉛直面内にある半径 R のリング上を台が速さ v で半時計回りに等速円運動を行っている．台の上に質量 M の物体をおいたところ，物体は台の上をすべらずに台と一緒に等速円運動を行った．台と物体のあいだには摩擦がはたらくとして，静止摩擦係数を μ とする．次の問いに答えなさい．ただし，重力加速度の大きさを g とする．

(1) 図 5.31 のように台が水平方向から仰角 θ の場所にあるとき，台に固定された座標系において物体に対する運動方程式を立てなさい (ヒント：$-\pi/2 \leq \theta < \pi/2$, $\pi/2 \leq \theta < 3\pi/2$ で場合分けして考えなさい)．

(2) (1) で得られた運動方程式を解くことにより，物体が台から受ける垂直抗力および静止摩擦力の大きさを求めなさい．

(3) 物体が台の上をすべらずに等速円運動を続けるために速さ v がみたすべき条件を求めなさい．

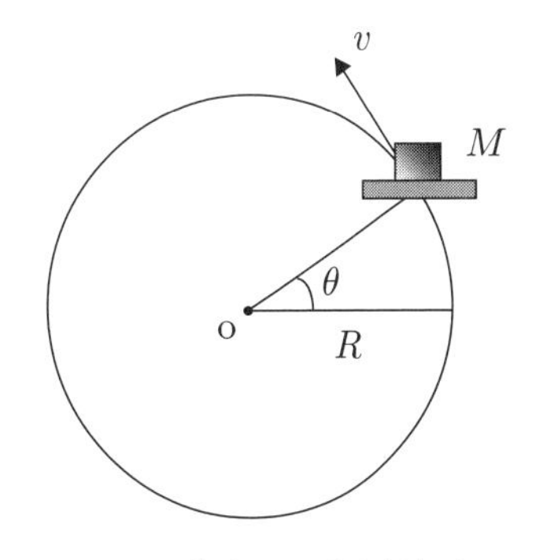

図 5.31 等速円運動を行う台の上の物体

6 仕事とエネルギー

日常生活において，しばしば，「今日はよく仕事をした」とか，「エネルギー切れでもうはたらけない」などという言葉を耳にする．物理学や化学など自然科学や工学においては，仕事やエネルギーという概念を厳密に定義し定量的に取り扱うことが課題になる．そうすることによって，さまざまな自然現象や力学的現象を正確かつ曖昧さなく記述することができ，それらを活用することが可能になる．この章では，仕事やエネルギーの物理学的定義や，それらの単位について学ぶ．また，物体が保存力のもとで運動する場合には物体の力学的エネルギーが保存すること，およびその応用問題について学ぶ．

6.1 物理学における仕事の定義

日常生活の中で仕事・エネルギーということばがどのように使われているか見ておこう．

例題 6.1 引っ越しのアルバイト．ピアノを担いで階段を上がり，お客様の新しい部屋に運び込む (図 6.1).

A. 地上 35 階の高層マンション

B. 軽井沢の平屋建て別荘

(1) 仕事をたくさんしなければいけないのはどちら？

(2) エネルギーをたくさん必要とするのはどちら？

(3) バイト代が同じだったらどちらを選ぶ？

図 6.1 お客様のピアノを担いで階段を上がる

［解答］ (1) 答えは当然 (A)．重いピアノを 35 階まで担いで上がるのはたいへんだ．(2) これも (A)．たくさん仕事をするためにはたくさんのエネルギーを必要とする．(3) バイト代が同じなら楽な仕事を選びたい．それならば (B) だ．

例題 6.2 お腹を空かせた状態で引っ越しのアルバイトをしたりマラソンを走ったりするのはきつい．体力勝負のときは事前にがっつり食べておきたい．それはなぜか．

［解答］ 食べたもののエネルギーを体内にためておいて，体力勝負のときは，そのエネルギーを使って体を動かすから．

上の例題のように，日常生活においては，仕事・エネルギーという言葉は，はたらいて何かを成しとげるのが仕事で，仕事をするためにはエネルギーが必要だというように使われている．物理学においても同じような意味でこれらのことばを用いるが，定量的な取扱いができるように，もっと厳密に定義する.

6.1.1 仕 事 の 定 義

物理量としての仕事を，以下のように定義する.

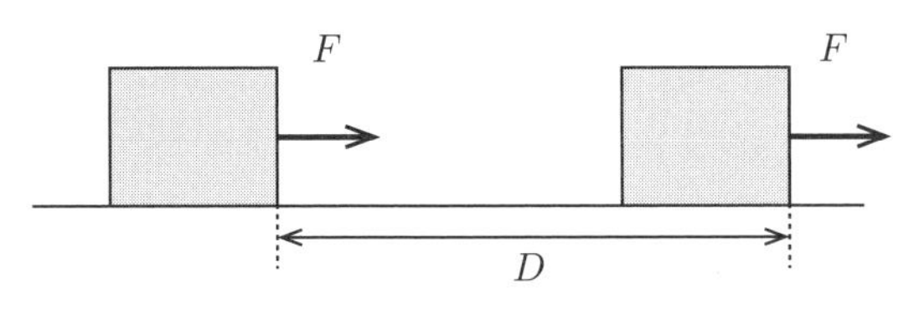

図 6.2 仕事の定義

図 6.2 のように物体に一定の大きさ F の力を加え続けて，力と同じ向きに物体の位置を距離 D だけ動かす．このとき，次式で定義される物理量 W を仕事 (work) とよぶ.

$$W = FD \tag{6.1}$$

式 (6.1) が示すように，仕事は大きさだけをもち，方向をもたないスカラー量である．動かす距離が同じなら，物体に加える力が大きいほど仕事は大きい．一方，物体に加える力が同じなら，動かす距離が大きいほど仕事は大きい．特に，動かす距離が 0 なら，加える力がどんなに大きくても仕事は 0 である (仕事をしたことにはならない).

例題 6.3 質量 m の物体を軽い糸でつるし，鉛直に高さ h だけ一定の速度で持ち上げる．このとき糸の張力が物体に対してする仕事 W を求めなさい．重力加速度の大きさを g とする.

[解答] 物体にはたらく力は糸の張力 T と重力 mg で，これを図示すると図 6.3 のようになる．一定の速度で物体を持ち上げるので，物体の加速度は 0 である．したがって物体の運動方程式は $0 = T - mg$ となり，$T = mg$ であることがわかる．張力も物体の移動の向きもともに鉛直上向きなので，仕事の定義から仕事は $W = Th = mgh$ となる.

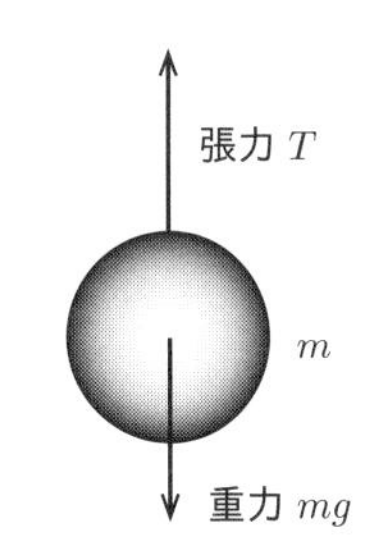

図 6.3 糸でつるされた物体にはたらく力

6.1.2 仕 事 の 単 位

国際単位系では，仕事の単位は J (ジュール，joule) と表記する．1 J の仕事は，1 N の力を物体に加え続けてその物体を距離 1 m 移動させるとき，加えていた力がする仕事の大きさである．式 (6.2) より，仕事の単位 J を SI 組立単位で表すと，

$$\mathrm{J} = \mathrm{N\ m} = \frac{\mathrm{kg\ m^2}}{\mathrm{s^2}} \tag{6.2}$$

となる.

例題 6.4 物体に 2 N の力を加え続けて力の向きに 3 m 動かす．この力がする仕事は何 J か.

［解答］　式 (6.1) より，

$$W = FD = 2\ \mathrm{N} \times 3\ \mathrm{m} = 6\ \mathrm{J} \tag{6.3}$$

例題 6.5　仕事の次元を求めなさい．

［解答］　質量，長さ，時間の次元をそれぞれ M, L, T で表し，物理量 O の次元を $[O]$ と書くことにする．式 (6.1) から仕事の次元は次のように求められる．

$$[W] = [FD] = [F]\,[D] = \left(\frac{\mathrm{ML}}{\mathrm{T}^2}\right)\mathrm{L} = \mathrm{ML}^2\mathrm{T}^{-2} \tag{6.4}$$

6.1.3 斜めの力がする仕事

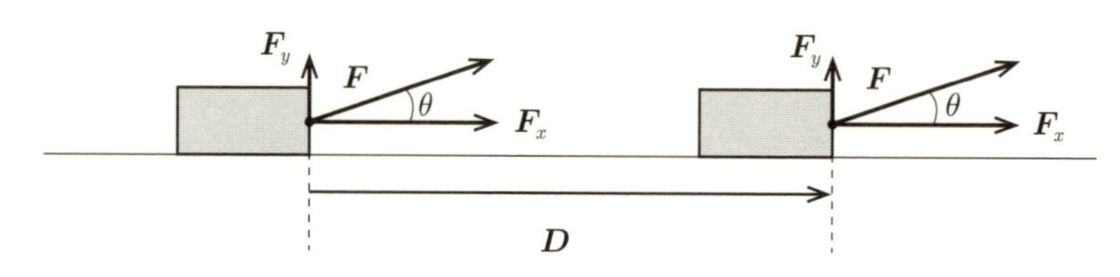

図 6.4　斜めの力がする仕事

図 6.4 に示すように力 $\boldsymbol{F}$ の向きが物体の変位 $\boldsymbol{D}$ に対して斜めになっている場合の仕事を求める．力 $\boldsymbol{F}$ を $\boldsymbol{D}$ に平行な成分 $\boldsymbol{F}_x$ と垂直な成分 $\boldsymbol{F}_y$ に分解する．定義により仕事をするのは変位と同じ方向の力であるから，いまの場合仕事をするのは $\boldsymbol{F}_x$ だけである．$\boldsymbol{F}$ の大きさを F，$\boldsymbol{F}$ と $\boldsymbol{D}$ のなす角度を θ とすると，$\boldsymbol{F}_x$ の大きさは $|\boldsymbol{F}_x| = F\cos\theta$ である．したがって $\boldsymbol{F}$ がする仕事 W は

$$W = (F\cos\theta)D = FD\cos\theta \tag{6.5}$$

となる．2.4 節で学んだベクトルのスカラー積を用いると，式 (6.5) の仕事は力のベクトル $\boldsymbol{F}$ と変位のベクトル $\boldsymbol{D}$ のスカラー積

$$W = \boldsymbol{F}\cdot\boldsymbol{D} \tag{6.6}$$

で表すことができる．

例題 6.6　歩くのをいやがる牛の首におねえさんがなわをつけて，むりやり小屋までひきずった．牛を動かすのにおねえさんがなわを引く力は 3500 N，ひもの角度は水平から斜め上に 30°，なわをつけた場所から小屋までの距離は 50 m である．おねえさんがした仕事を求めなさい．

ただし，$\cos 30^\circ = 0.866$，$\sin 30^\circ = 0.500$ である．

［解答］　図 6.4 において，物体を牛，物体を引く力 $\boldsymbol{F}$ がなわの張力で $|\boldsymbol{F}| = 3500$ N，角度が $\theta = 30^\circ$，変位の大きさが $|\boldsymbol{D}| = 50$ m であるとすればこの例題の状況と同じである．したがって，おねえさんがした仕事 W は，

$$W = (F\cos\theta)D = (3500 \times 0.866) \times 50 = 1.52 \times 10^5\ \mathrm{N} \tag{6.7}$$

である．

例題 6.7 質量 m の物体を軽い糸でつり下げ，水平に距離 D だけゆっくり移動させる．このとき，糸の張力が物体に対してする仕事 W を求めなさい．ただし，重力加速度の大きさを g とする．

[解答] 糸の張力は鉛直上向き，物体の変位の方向は水平方向であるから，これらは互いに垂直である．したがって式 (6.1) で $\theta = \pi/2$ とすればよい．結果は $W = 0$ となる．つまり，力の方向が変位の方向に対して垂直ならば，力は変位の方向に成分をもたず，この力は仕事をしないのである．

6.1.4 力が場所によって変化する場合の仕事

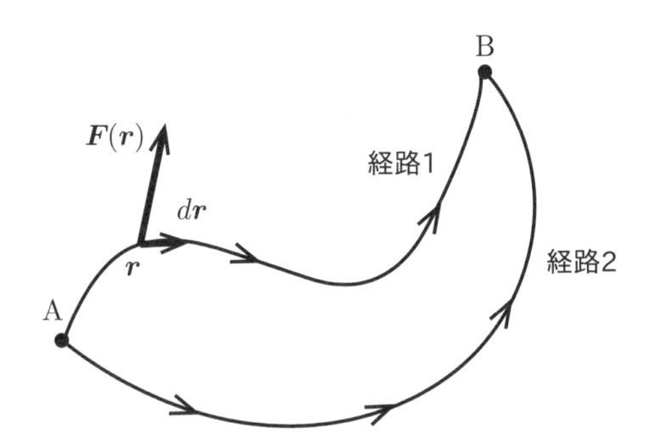

図 6.5 力が場所によって変化する場合の仕事

物体にはたらく力が場所によって変化する場合の仕事を求めよう．図 6.5 のように始点 A から終点 B まで経路 1 に沿って物体を運ぶことを考える．位置 $\boldsymbol{r}$ において物体にはたらく力を $\boldsymbol{F}(\boldsymbol{r})$ とする．仕事を求める式 (6.6) は，力 $\boldsymbol{F}$ が一定値である場合に使うことができるので，いまの場合そのままでは使えない．そこで，A から B までの経路を無数の微小区間に分けて，区間ごとの仕事の和が全体の仕事に等しくなることを利用する．それぞれの微小区間を十分に小さくとれば，位置 $\boldsymbol{r}$ から $\boldsymbol{r} + d\boldsymbol{r}$ までの微小区間内では物体に作用する力は一定値 $\boldsymbol{F}(\boldsymbol{r})$ であると考えてよい．そうすると微小区間内では式 (6.6) を使うことができて，物体を微小区間を移動させるのに $\boldsymbol{F}(\boldsymbol{r})$ がする仕事 dW は

$$dW = \boldsymbol{F}(\boldsymbol{r}) \cdot d\boldsymbol{r} \tag{6.8}$$

となる．微小変位 $d\boldsymbol{r}$ の大きさが無限小の極限では，経路 1 全体の仕事 W_1 は式 (6.8) を始点 A から終点 B まで積分することによって求められる．

$$W_1 = \int_{\text{経路 } 1} \boldsymbol{F}(\boldsymbol{r}) \cdot d\boldsymbol{r} \tag{6.9}$$

ただし，積分は経路 1 に沿って A から B まで行う．物体にはたらく力 $\boldsymbol{F}(\boldsymbol{r})$ が位置 $\boldsymbol{r}$ によって異なるので，一般には始点と終点が一致していても経路が異なれば仕事も異なる．つまり，図 6.5 の経路 2 で物体を運ぶ場合の仕事 W_2 は A から B まで経路 2 に沿った積分

$$W_2 = \int_{\text{経路 } 2} \boldsymbol{F}(\boldsymbol{r}) \cdot d\boldsymbol{r} \tag{6.10}$$

で与えられ，経路 1 と 2 は始点と終点が一致しているが一般には $W_1 \neq W_2$ である．

例題 6.8　図 6.6 のように，ばね定数 k のばねを一定の速さで自然長から長さ L だけ指で押し縮める．このとき，指でばねを押す力がする仕事を求めなさい．

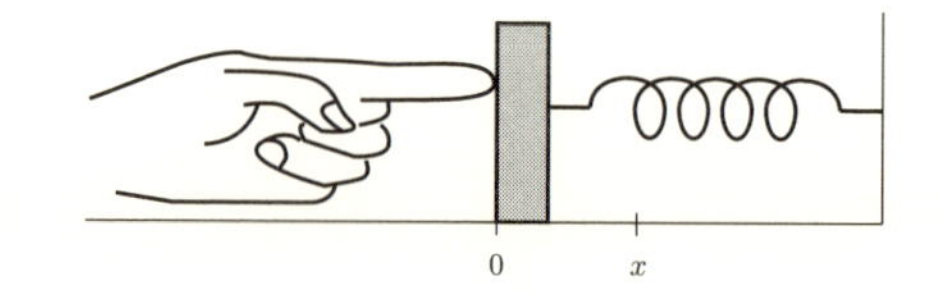

図 6.6　ばねを押し縮めるときの仕事

［解答］　ばねの弾性力の大きさは，変位の大きさに比例する．したがってばねが縮むほど大きな力で押す必要がある．ばねの変位が x のとき指がばねを押す力 $F(x)$ は $F(x) = kx$ である．微小な変位 dx だけばねを押し縮めるときに指の力がする仕事 dW は，式 (6.8) を使って $dW = F(x)dx$ となる．全体の仕事 W は，ばねの変位が 0(自然長) から L まで dW を積分することによって求められる．

$$W = \int_0^L F(x)dx = \int_0^L kxdx = \frac{1}{2}kL^2 \tag{6.11}$$

したがって，求める仕事は $(1/2)kL^2$ である．

例題 6.9　図 6.7 のように，水平な xy 面上を始点 A(0, 0) から終点 C(L, L) まで質量 m の物体を一定の速さで押して運ぶ．物体と面のあいだの動摩擦係数は μ'，重力加速度の大きさは g である．

(1)　始点から終点まで一直線で結ぶ経路 1 に沿って物体を運ぶとき，物体を押す力がする仕事 W_1 を求めなさい．

(2)　経路 2 のように点 B(L, 0) を経由して A から C まで物体を運ぶとき，物体を押す力がする仕事 W_2 を求めなさい．

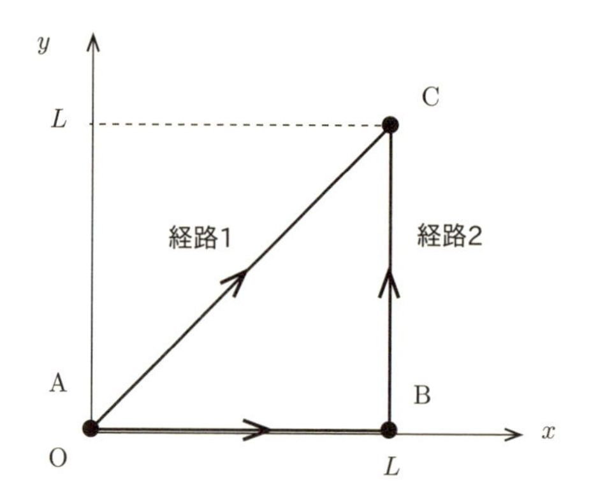

図 6.7　摩擦のある面を異なる経路で移動させる

［解答］　(1)　物体を押す水平方向の力の大きさ F は動摩擦力の大きさに等しいから，$F = \mu' mg$ で一定である．物体を押す力がする仕事 W_1 は，式 (6.1) を使って求められる．経路 1 の長さは $\sqrt{2}L$ なので，$W_1 = \sqrt{2}\mu' mgL$ となる．

(2)　物体を押す力の大きさは (1) と同じであるが，物体を運ぶ経路が異なる．A から B まで，B から C まで動かすのに物体を押す力がする仕事をそれぞれ W_{AB}，W_{BC} とすると，全体の仕事 W_2 は $W_2 = W_{\mathrm{AB}} + W_{\mathrm{BC}}$ で与えられる．区間の長さはどちらも L だから，$W_{\mathrm{AB}} = W_{\mathrm{BC}} = \mu' mgL$ である．したがって $W_2 = 2\mu' mgL$ となる．(1) と (2) の結果を比較すると，始点と終点が同じであっても，異なる経路で物体を運ぶと仕事の大きさが異なっていることがわかる．

例題 6.10 図 6.8 に示すように，3 つの地点 A, B, C が鉛直線上にある．3 点 A, B, C の高さはそれぞれ h_A，h_B，h_C である．質量 m の物体を A から B まで一定の速さで運ぶときに，物体を持ち上げている力がする仕事を求める．このとき，経路 1 で直接運ぶときの仕事 W_1 と A→B→C→B とたどる経路 2 で運ぶときの仕事 W_2 をそれぞれ求めなさい．ただし，重力加速度の大きさを g とする．

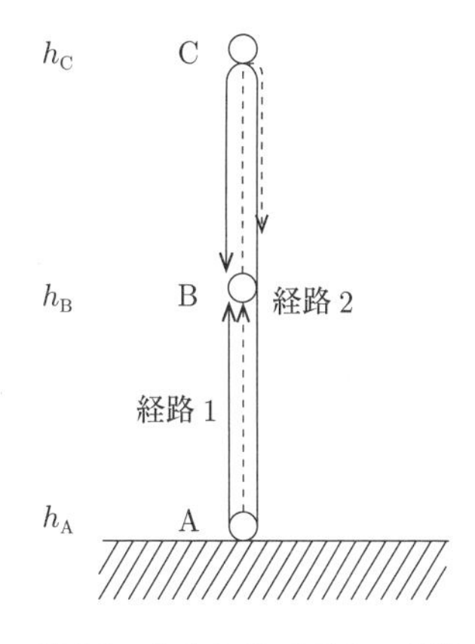

図 6.8 A から B まで 2 つの経路で物体を運ぶ

［解答］ 経路 1 では，物体に加える力は鉛直上向きに mg で，物体の変位は力と同じ向きに大きさ $h_B - h_A$ なので，$W_1 = mg(h_B - h_A)$ である．経路 2 の仕事 W_2 は， A から C までの仕事 W_{AC} と C から B までの仕事 W_{CB} の和として求められる．$W_{AC} = mg(h_C - h_A)$，$W_{CB} = mg(h_B - h_C)$ なので，$W_2 = mg(h_B - h_A)$ となる．したがって $W_1 = W_2$ である．

(注目ポイント)

1. この例題では例題 6.9 とは違って，異なる経路で物体を移動させているのに仕事が一致している．このことについては，のちに詳しく学ぶ．

2. A, B, C の高さの関係は $h_A < h_B < h_C$ なので，経路 2 において $W_{AC} > 0$，$W_{CB} < 0$ となっている．このように，仕事の符号は正負どちらになることもある．力と変位の方向が一致していれば仕事は正，反対向きならば仕事は負となる．

6.2 仕事の原理：力は減らせるが，仕事量は減らせない

重い物体を高い場所に移動させる場合，どうすれば小さな力で運ぶことができるだろうか．また，移動経路を変えたり道具を利用するなど，やり方を変えれば小さな仕事で実行できるだろうか．図 6.9 のように質量 m の物体に軽いひもをつけて，高度差 h だけ引き上げることを考えよう．鉛直に引き上げる場合と，なめらかで水平面と角度 θ をなす斜面に沿って引き上げる場合とで，必要な力と仕事の大きさを比べよう．ただし，いずれの場合も一定の速さで物体を動かす．

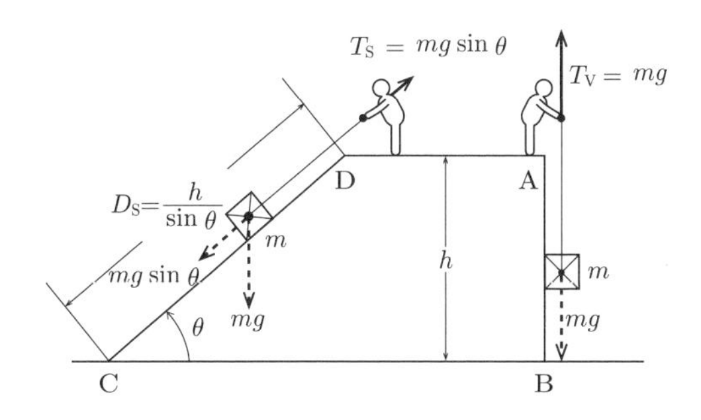

図 6.9 仕事の原理

鉛直に引き上げる場合，斜面に沿って引き上げる場合のひもを引く力をそれぞれ $T_{\rm V}$，$T_{\rm S}$ とする．一定の速度で物体を引き上げるので，$T_{\rm V} = mg$，$T_{\rm S} = mg\sin\theta$ である．したがって，明らかに斜面に沿って引き上げる方が小さな力ですみ，傾斜が小さいほど小さな力ですむ．一方，物体が力の向きに移動する距離をそれぞれ $D_{\rm V}$，$D_{\rm S}$ とすると，$D_{\rm V} = h$，$D_{\rm S} = h/\sin\theta$ である．したがって，必要な仕事をそれぞれ $W_{\rm V}$，$W_{\rm S}$ とすると $W_{\rm V} = W_{\rm S} = mgh$ となり，仕事は変わらないことがわかる．斜面を使うと引き上げる力は小さくすることができるが，物体を移動させる距離が長くなってしまうため，鉛直に引き上げる場合の仕事と同じになる．このように，物体を移動させる方法をかえても仕事を減らすことはできない．これを**仕事の原理**という．

例題 6.11　図 6.10 のように滑車を使って質量 m のおもりを高さ h だけ一定速度で持ち上げる．図で，(a) は定滑車だけを使う方法，(b) は定滑車と動滑車を使う方法である．以下の問いに答えなさい．糸および滑車の質量は無視する．

(1)　(a) と (b) それぞれの糸を引く力の大きさ $F_{\rm a}$，$F_{\rm b}$ を求めなさい．

(2)　おもりを高さ h だけ持ち上げるのに，力 $F_{\rm a}$，$F_{\rm b}$ がする仕事が等しいことを示しなさい．

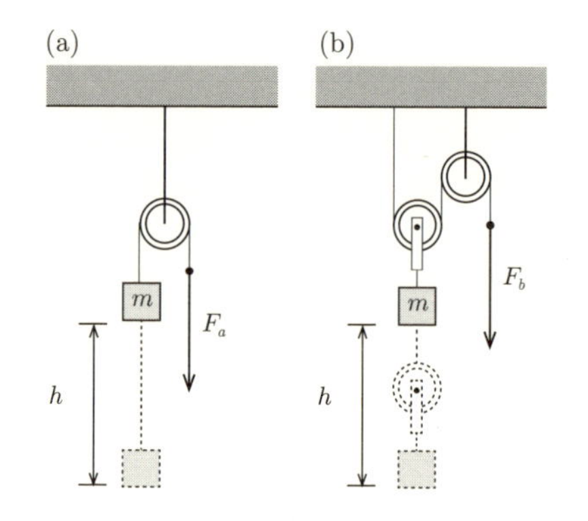

図 6.10　滑車を使って持ち上げる

［解答］　(1)　$F_{\rm a} = mg$，$F_{\rm b} = (1/2)mg$ である．
(2)　おもりを h だけ持ち上げるのに引っ張る糸の長さは (a) は h，(b) は $2h$ である．したがって (a) で $F_{\rm a}$ がする仕事 $W_{\rm a}$ は $W_{\rm a} = F_{\rm a}h = mgh$，(b) で $F_{\rm b}$ がする仕事 $W_{\rm b}$ は $W_{\rm b} = F_{\rm b}2h = mgh$ となり，$W_{\rm a} = W_{\rm b}$ である．この場合も仕事の原理が成りたっていることがわかる．

6.3　仕　事　率

人や機械がする仕事の能率や機械の性能は，同じ時間内にする仕事の大きさで比較する．力が単位時間当たりにする仕事を**仕事率** (power) とよぶ．時間 Δt のあいだに力が W の仕事をするとき，平均の仕事率 P は

$$P = \frac{W}{\Delta t} \tag{6.12}$$

で与えられる．仕事 W が時刻 t とともに変化する場合，時刻 t における瞬間の仕事率 $P(t)$ は

$$P(t) = \frac{dW(t)}{dt} \tag{6.13}$$

である．国際単位系では，仕事率の単位は J/s であり，これを W (ワット) と表記する．

例題 6.12　水平でなめらかな台の上に荷物をおき，台と平行に 20 N の力を加え続けて 3 m 動かした．この間 5 秒かかった場合と，10 秒かかった場合の平均の仕事率 P_1，P_2 を求めなさい．

［解答］　この力がする仕事は $20 \times 3 = 60$ J なので，$P_1 = 60/5 = 12$ W，$P_2 = 60/10 = 6$ W である．

例題 6.13 仕事率を表す単位に馬力 (horsepower, HP) というものがある．以下の問いに答えなさい．
(1) 標準的な 1 頭の荷役馬は，質量 75 kg の荷物を高さ 1 m まで 1 s で持ち上げることができるという．この馬の仕事率を求めなさい．重力加速度の大きさを $g = 9.80665\ \mathrm{m/s^2}$ とする．
(2) (1) で求めた仕事率を 1 馬力 (1 HP) と定義する．ある自動車のカタログにエンジンの最大出力 300 kW と記載されていた．これを馬力 (HP) に換算しなさい．

［解答］ (1) この馬の 1 s 当たりの仕事率 P は $P = mgh/1 = 75 \times 9.80665 \times 1 = 735.49875$ W である．
(2) (1) の結果より 1 HP = 735.49875 W である．300 kW を HP に換算すると，$300 \times 10^3 / 735.49875 = 407.88649$ HP となる．

例題 6.14 仕事率の単位 W (ワット) は，電力を表す標準的な単位としても用いられる．電気に関する仕事を表すために電力量という言葉が使われ，その単位には，ワット時 (Wh) やキロワット時 (kWh) が用いられる．1 ワット時は，1 W の電力を 1 時間使用したときの電力量である．1 Wh の電力量を J (ジュール) に換算しなさい．

［解答］

$$1\ \mathrm{Wh} = 1\ \mathrm{W} \times 1\ \mathrm{h} = 1\ \mathrm{J/s} \times 3600\ \mathrm{s} = 3600\ \mathrm{J} \tag{6.14}$$

6.4 仕事と運動エネルギーの関係

動いている車が何かに衝突すると，それを壊したり動かしたりできる．また，水を高い位置から落とすとタービンを回すことができる．このように，物体が仕事をする能力をもつとき，物体はエネルギーをもつという．運動する物体がもっているエネルギーを運動エネルギーという．ここでは，物体にはたらく力がする仕事と運動エネルギーの関係について調べる．

質量 m の物体が速さ v で運動しているとき，この物体のもつ**運動エネルギー** (kinetic energy) E_K を次式で定義する．

$$E_\mathrm{K} = \frac{1}{2}mv^2 \tag{6.15}$$

運動エネルギーは物体の運動状態によって定まる物理量で，スカラー量である．運動エネルギーの値は物体の質量に比例し，物体の速度の 2 乗に比例する．

例題 6.15 (1) 運動エネルギーの次元が仕事の次元と一致していることを示しなさい．
(2) 運動エネルギーの単位が国際単位系で J (ジュール) となることを示しなさい．

［解答］ (1) 式 (6.15) の定義により，運動エネルギーの次元は

$$[E_\mathrm{K}] = [m] \times [v]^2 = \mathrm{M} \cdot \frac{\mathrm{L}^2}{\mathrm{T}^2} = \mathrm{M\ L^2\ T^{-2}} \tag{6.16}$$

である．この結果は式 (6.4) で求めた仕事の次元と一致する．
(2) 運動エネルギーの単位は

$$(E_\mathrm{K}\text{の単位}) = (m\ \text{の単位}) \times (v\ \text{の単位})^2 = \mathrm{kg} \cdot \frac{\mathrm{m}^2}{\mathrm{s}^2} = \mathrm{kg \cdot m^2/s^2} \tag{6.17}$$

この結果は式 (6.2) の J と一致する．

例題 6.15 で仕事と運動エネルギーは同じ次元の物理量であることが確かめられた．このことは，仕事と運動エネルギーの大きさを比較したり足し算・引き算をすることができることを意味している．仕事と運動エネルギーの関係を知るために質量 m の物体に一定の力を加えて物体が仕事をされる場合を考えよう．物体に大きさ F が一定の力を加え続けて，物体が力の向きに距離 D だけ移動するあいだに物体の速さが v_0 から v_1 に変化したとしよう．このとき物体は，加速度 a が一定値

$$a = \frac{F}{m} \tag{6.18}$$

の等加速度運動をするので，

$$v_1^2 - v_0^2 = 2aD \tag{6.19}$$

が成りたつ．式 (6.18) を式 (6.19) に代入して変形すると，

$$\frac{1}{2}mv_1^2 - \frac{1}{2}mv_0^2 = FD \tag{6.20}$$

が得られる．式 (6.20) の右辺は，物体にはたらく力がする仕事なので，この式は，**物体の運動エネルギーの変化 (左辺) は，物体がされた仕事 (右辺) に等しい**ことを表している．この関係は，運動の向きと逆向きの力を受け速さが減衰する場合にも成りたつ．例えば，重力のもとで物体が上向きに動く場合や，物体が動摩擦力を受けて粗い面上を運動する場合などがそれに対応する．この場合，物体は力によって負の仕事をされることになる．以上より次のことがわかる．

物体にはたらく力が正の仕事をすると，その仕事と等しい大きさだけ物体の運動エネルギーが増加する．物体にはたらく力が負の仕事をすると，その仕事と等しい大きさだけ物体の運動エネルギーが減少する．

上に述べた運動エネルギーの変化と力がする仕事の関係は，2 次元や 3 次元の運動においても，また，力が場所によって変化する場合にも一般的に成りたつ．このことを示そう．物体の質量を m，時刻 t における物体の速度を $\boldsymbol{v}(t)$ とする．物体に一定の力 $\boldsymbol{F}$ がはたらくとき，運動方程式は

$$m\frac{d}{dt}\boldsymbol{v}(t) = \boldsymbol{F} \tag{6.21}$$

と表される．両辺を $\boldsymbol{v}(t)$ とのスカラー積をとると

$$m\left[\frac{d}{dt}\boldsymbol{v}(t)\right]\cdot\boldsymbol{v}(t) = \boldsymbol{F}\cdot\boldsymbol{v}(t) \tag{6.22}$$

したがって

$$\frac{d}{dt}\left[\frac{1}{2}m\boldsymbol{v}(t)\cdot\boldsymbol{v}(t)\right] = \boldsymbol{F}\cdot\frac{d\boldsymbol{r}}{dt} \tag{6.23}$$

となる．式 (6.23) の両辺を時間間隔 t_0 から t まで積分することによって，

$$\frac{1}{2}m\boldsymbol{v}^2 - \frac{1}{2}m\boldsymbol{v}_0^2 = \int_{\boldsymbol{r}_0}^{\boldsymbol{r}} \boldsymbol{F}(\boldsymbol{r}')\cdot d\boldsymbol{r}' \tag{6.24}$$

が得られる．$\boldsymbol{v}, \boldsymbol{v}_0$ および $\boldsymbol{r}, \boldsymbol{r}_0$ はそれぞれ，時刻 t および t_0 における物体の速度および位置である．式 (6.24) の右辺は物体が $\boldsymbol{r}_0$ から $\boldsymbol{r}$ に移動するあいだに力 $\boldsymbol{F}$ がする仕事，左辺はこのあいだの物体の運動エネルギーの変化である．以上より，物体にはたらく力がする仕事は物体の運動エネルギーの変化量に等しい．

例題 6.16 質量 m の車が速さ v_0 から突然急ブレーキをかける．ブレーキをかけているあいだ車は路面をすべりながら減速し，距離 D だけ進んだ後に停止する．路面とタイヤのあいだの動摩擦係数を μ' とする．以下の問いに答えなさい．

(1) ブレーキをかける直前の車の運動エネルギー E_{K}^0，減速中の車の加速度 a をそれぞれ求めなさい．

(2) ブレーキをかけてから車が距離 x $(x < D)$ だけ進んだときの車の速さ v，車の運動エネルギー E_{K} をそれぞれ求めなさい．

(3) 摩擦力と車の変位の方向から摩擦力がする仕事の正負を調べなさい．仕事と運動エネルギーの関係から，摩擦力がする仕事は車の運動エネルギーの増減について調べなさい．

(4) ブレーキをかけてから車が距離 x $(x < D)$ だけ進むまでに摩擦力がする仕事を求めなさい．

(5) 仕事と運動エネルギーの関係を使って，車が距離 x $(x < D)$ だけ進んだときの運動エネルギーを求めなさい．

(6) 車が停止するまでに進む距離 D を求めなさい．はじめの速さ v_0 が 2 倍になると D は何倍になるか．

［解答］ (1) ブレーキをかける直前の車の運動エネルギー E_{K}^0 は

$$E_{\mathrm{K}}^0 = \frac{1}{2}mv_0^2 \tag{6.25}$$

である．ブレーキをかけているあいだ車にはたらく水平方向の力は動摩擦力だけなので，運動方程式

$$ma = -\mu' mg \tag{6.26}$$

より，車の加速度は一定値

$$a = -\mu' g \tag{6.27}$$

である．

(2) 式 (6.27) より車は等加速度運動することがわかる．したがって距離 x だけ進んだときの速さ v は

$$v^2 - v_0^2 = 2ax \tag{6.28}$$

より

$$v = \sqrt{v_0^2 - 2\mu' gx} \tag{6.29}$$

と求められる．このとき車の運動エネルギー E_{K} は

$$E_{\mathrm{K}} = \frac{1}{2}mv^2 = \frac{1}{2}mv_0^2 - \mu' mgx \tag{6.30}$$

となる．

(3) 車の変位と摩擦力の方向は反対向きである．したがって摩擦力は負の仕事をする．摩擦力が車に負の仕事をすれば，仕事と運動エネルギーの関係より車の運動エネルギーは減少する．このことは，ブレーキをかけて車が減速することと一致する．

(4) 摩擦力は負の方向に大きさ $\mu' mg$ ではたらくから，距離 x だけ進むまでに摩擦力がする仕事 W は $W = -\mu' mgx$ である．

(5) 仕事と運動エネルギーの関係より，車の運動エネルギーは摩擦力がした負の仕事の分だけ小さくなる．

$$E_{\mathrm{K}} = E_{\mathrm{K}}^0 + W \quad (W < 0) \tag{6.31}$$

したがって

$$E_{\mathrm{K}} = \frac{1}{2}mv_0^2 - \mu' mgx \tag{6.32}$$

となり，式 (6.30) と一致する．

(6) $x = D$ のとき $v = 0$，$E_{\mathrm{K}} = 0$ となるから，式 (6.32) より

$$0 = \frac{1}{2}mv_0^2 - \mu' mgD \tag{6.33}$$

したがって

$$D = \frac{v_0^2}{2\mu' g} \tag{6.34}$$

と求められる．式 (6.34) は，車が停止するまでの距離 D は初速 v_0 の 2 乗に比例することを表している．したがって v_0 が 2 倍になれば D は 4 倍になる．

運動エネルギーをもつ物体は外部に対して仕事をする能力をもつ．このことを，ハンマーで釘を木に打ち込むことを例にして考える．図 6.11 のように，質量 m のハンマーが釘に衝突すると，ハンマーは一定の大きさ F の力で釘を押し，釘は木の中に入っていく．釘が最初と比べて深さ D だけ奥に侵入して止まったとすると，ハンマーが釘を押す力がした仕事は $W = FD$ である．一方，ハンマーは釘からの反作用で逆向きに大きさ F の力を受ける．このとき，ハンマーは一定の加速度

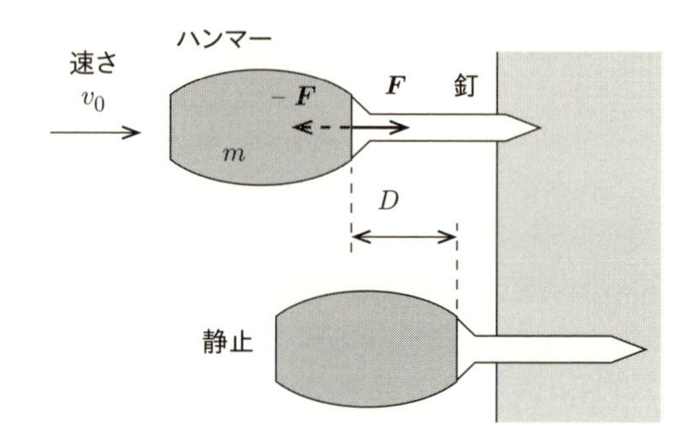

図 6.11　ハンマーと釘

$$a = -\frac{F}{m} \tag{6.35}$$

を受けながらしだいに速さが小さくなる．衝突後，ハンマーが釘を深さ x だけ押し込んだとき，ハンマーの速さを v とすれば，

$$v^2 - v_0^2 = 2ax \tag{6.36}$$

の関係が成りたつ．$x = D$ のときに $v = 0$ とすれば，式 (6.35) と (6.36) より

$$v_0^2 = \frac{2FD}{m} \tag{6.37}$$

したがって

$$\frac{1}{2}mv_0^2 = W \tag{6.38}$$

が得られる．式 (6.38) の左辺は衝突前のハンマーの運動エネルギー，右辺はハンマーが釘を押す力がした仕事である．つまり，ハンマーははじめにもっていた運動エネルギーを使って同じ大きさの仕事をするのである．

6.5　ポテンシャルエネルギー

高い場所から物が落ちてきて，もしもぶつかると危険である．最初の場所が高いほどその危険度は増す．物理学では，このことを次のように解釈する．地球上など重力のはたらいている所では，高い位置にある物体は大きなエネルギーをもつ．一般に，物体がその位置だけで決まるエネルギーをもつとき，このエネルギーをポテンシャルエネルギー (potential energy) という (位置エネルギーとよばれることもある)．ここでは代表的なポテンシャルエネルギーの具体例について学び，その後一般論へと進む．

6.5.1 重力のポテンシャルエネルギー

質量 m の物体が高さ h の位置から初速度 0 で自由落下させる．この物体には鉛直下向きに大きさ mg の重力がはたらくので，高さ 0 の地面に着くまでに重力は物体に対して mgh の仕事をする．仕事と運動エネルギーの関係より，この物体が地面に着くときにはされた仕事と等しい mgh の運動エネルギーを獲得している．

例題 6.17 上記の物体が地面に着くときの速さを求めなさい．

［解答］ 速度の方向は明らかに鉛直下向きである．運動エネルギーの大きさが mgh であるので，速さを v とすると

$$mgh = \frac{1}{2}mv^2 \tag{6.39}$$

の関係が成りたつ．したがって求める速さは $v = \sqrt{2gh}$ である．

高い位置にある物体は，落下することにより運動エネルギーを獲得することがわかった．すでに学んだように，運動エネルギーをもつ物体は外部に対して仕事をする能力をもっている．すると，高い位置にある物体は外部に対して仕事をする能力をもつと解釈することもできる．そこで，重力のポテンシャルエネルギーを以下のように定義する．質量 m の物体が高さ h の位置にあるとき，この物体のもつポテンシャルエネルギー $U(h)$ は

$$U(h) = mgh \tag{6.40}$$

である．重力のポテンシャルエネルギーは鉛直方向の高さ h だけで決まり，水平方向の位置にはよらない．

例題 6.18 質量 m の物体に軽い糸をつけ，高さ h_1 から h_2 $(h_1 < h_2)$ まで一定の速さでゆっくりと引き上げる．

(1) 糸の張力がする仕事 W を求めなさい．

(2) 物体のポテンシャルエネルギーの変化量 ΔU を求めなさい．

(3) W と ΔU のあいだにどんな関係があるか調べなさい．

［解答］ (1) 物体にはたらく重力と同じ大きさの張力 T で引き上げるので，$T = mg$ である．物体は高さ $h_2 - h_1$ だけ引き上げられるので，糸の張力がする仕事は $W = mg(h_2 - h_1)$ である．

(2) 物体のもつポテンシャルエネルギーは，はじめとあとでそれぞれ $U(h_1) = mgh_1$，$U(h_2) = mgh_2$ である．したがって，ポテンシャルエネルギーの変化量は

$$\Delta U = U(h_2) - U(h_1) = mg(h_2 - h_1) \tag{6.41}$$

となる．

(3) (1) と (2) の結果より，$W = \Delta U$ である．つまり，糸の張力がした仕事と同じ大きさだけ物体のポテンシャルエネルギーが増加する．

重力によるポテンシャルエネルギーの 1 つの例は，水力発電用に高所に貯えられた水のもつエネルギーである．その水を落下させることにより水が運動エネルギーを獲得し，さらにそれを使ってタービンを回転させて電気的なエネルギーに変え水力発電が行われる (図 6.12)[*1]．式 (6.40) が示

[*1] 実際には，変換効率が 100%より小さいため，エネルギーの一部はさまざまな形で失われる．

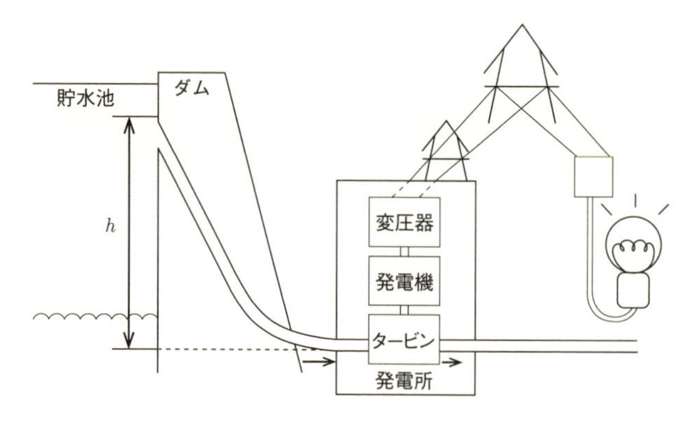

図 **6.12** ポテンシャルエネルギーの水力発電への応用

すように，落下させる水の量 (m) が多いほど，また落下させる高さ (h) が高いほど発電量が大きい．

6.5.2 ばねのポテンシャルエネルギー

押し縮めたばねの先端におもりを置き，手をはなすとおもりが発射される．これは，はじめ静止していたおもりをばねが押し，ばねの弾性力がおもりに対して仕事をする結果おもりが運動エネルギーを獲得するからである．このことから，押し縮められたばねはエネルギーを蓄えていると解釈することができる．

ばね定数 k のばねを自然長から x だけ縮め，先端に質量 m のおもりをおいて手をはなす．ばねが自然長にもどったときに，おもりが獲得する運動エネルギーを求めよう．ばねの変位が x' のとき，おもりにはたらくばねの弾性力は $-kx'$ なので，x だけ縮んだ状態から自然長にもどるまでに弾性力がおもりに対してする仕事 W は

$$W = \int_{-x}^{0} -kx'dx' = \frac{1}{2}kx^2 \tag{6.42}$$

である．仕事と運動エネルギーの関係より，おもりが獲得する運動エネルギーはばねの弾性力がおもりに対してした仕事に等しい．ばねが自然長になったときのおもりの速さを v とすると，

$$\frac{1}{2}kx^2 = \frac{1}{2}mv^2 \tag{6.43}$$

である．おもりが獲得する運動エネルギーは，ばねの変位 x だけで決まることがわかる．そこで，自然長からの変位が x であるばねのポテンシャルエネルギー $U(x)$ を

$$U(x) = \frac{1}{2}kx^2 \tag{6.44}$$

と定義する．ばねは自然長より伸びても縮んでもエネルギーを蓄えることができるので，式 (6.44) は x の符号が正負どちらの場合でも適用できる．

例題 6.19 ばねの先端に質量 m のおもりを取りつけ，自然長からの変位 x_1 まで引き伸ばして手をはなす．ばねの変位が x_2 $(0 < x_2 < x_1)$ になったとき，以下の問いに答えなさい．

(1) ばねの弾性力がおもりに対してする仕事 W を求めなさい．

(2) ばねのポテンシャルエネルギーの変化量 ΔU を求めなさい．

(3) W と ΔU のあいだにどんな関係があるか調べなさい．

［解答］ (1) ばねの変位が x のとき，おもりにはたらくばねの弾性力は $-kx$ なので，

$$W = \int_{x_1}^{x_2} -kxdx = \frac{1}{2}(x_1^2 - x_2^2) \tag{6.45}$$

である．$0 < x_2 < x_1$ だから，$W > 0$ である．おもりは W と等しい大きさの運動エネルギーを獲得する．

(2) 式 (6.44) を使って

$$\Delta U = U(x_2) - U(x_1) = \frac{1}{2}k(x_2^2 - x_1^2) \tag{6.46}$$

が得られる．$0 < x_2 < x_1$ だから，$\Delta U < 0$ である．

(3) (1) と (2) より，$W = -\Delta U$ である．つまり，おもりは減少したばねのポテンシャルエネルギーと等しい大きさの運動エネルギーを獲得する．

6.5.3 保存力とポテンシャルエネルギー

重力や摩擦力など，物体にはたらく力にはさまざまな力が存在するが，力学に関する物体のエネルギーとの関連から，それらは，**保存力** (conservative forces) と**非保存力** (nonconservative forces) に分類することができる．保存力は，その力のもとで物体が 2 点間を移動するとき，その力が物体にする仕事が始点と終点の位置だけで決まり途中の移動経路によらない力である．一方，非保存力は仕事が経路に依存する力である．

重力は保存力の 1 つである．そのことを示すために，質量 m の物体を点 A から点 B までゆっくり移動させるために必要な仕事を考える．物体には重力だけがはたらいているとする．いま，点 A, B, C, D が図 6.13 に示すように鉛直な xz 面内に存在するとし，それぞれの水平座標を x_{A}，x_{B}，x_{C}，x_{D}，鉛直座標 (地表からの高さ) を h_{A}，h_{B}，h_{C}，h_{D} とする．また，A と B を結ぶ線に沿って A から B まで物体を移動させるときに必要な仕事を $W_{\mathrm{A}\to\mathrm{B}}$，A から C を経由して B まで物体を移動させるときに必要な仕事を $W_{\mathrm{A}\to\mathrm{C}\to\mathrm{B}}$，A から D を経由して B まで物体を移動させるときに必要な仕事を $W_{\mathrm{A}\to\mathrm{D}\to\mathrm{B}}$ と書くことにする．z 方向の単位ベクトルを $\boldsymbol{e}_z$ とすると，物体にはたらく重力 $\boldsymbol{F}_{\mathrm{G}}$ は，重力加速度の大きさを g とすると，$\boldsymbol{F}_{\mathrm{G}} = -mg\boldsymbol{e}_z$ なので，ゆっくり動かすために物体に加える力は $\boldsymbol{F} = mg\boldsymbol{e}_z$ であり，必要な仕事は経路によらず $W = mg(h_{\mathrm{B}} - h_{\mathrm{A}})$ である．途中で任意の 2 点間の往復移動を加えて新しい経路を考えても，行きと帰りでする仕事とされる仕事が相殺するので仕事は変わらない．また，重力は鉛直にしかはたらかないので，A, B, C, D が同一の鉛直面内になくても仕事は変わらない．したがって，重力は保存力である．

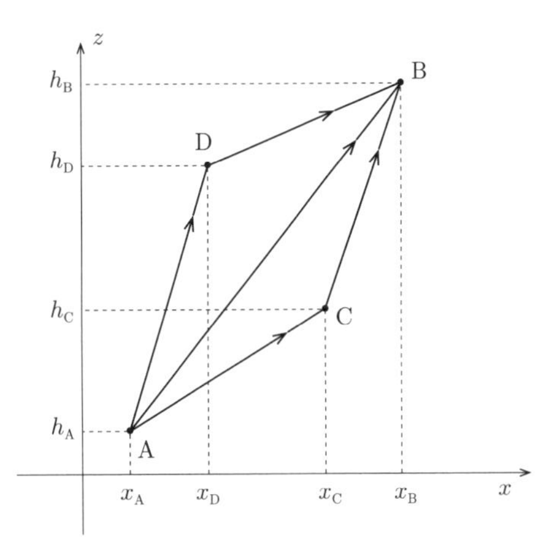

図 6.13 重力のもとでの仕事：経路非依存性

一方，例題 6.9 で見たように，粗い水平な面の上で物体を移動させるとき，始点と終点が同じでも，動摩擦力のする仕事は経路に依存する．したがって，動摩擦力は非保存力である．

高い位置にある物体に重力がはたらいて低い位置に移動すると，重力が物体に対してする仕事と等しい大きさだけポテンシャルエネルギーが減少する．一般に，物体に保存力 $\boldsymbol{F}(\boldsymbol{r})$ がはたらいて

物体の位置が $\boldsymbol{r}_1$ から $\boldsymbol{r}_2$ まで移動すると，保存力が物体に対してする仕事と等しい大きさだけポテンシャルエネルギーが減少する．このことを式に表すと

$$-[U(\boldsymbol{r}_2) - U(\boldsymbol{r}_1)] = \int_{\boldsymbol{r}_1}^{\boldsymbol{r}_2} \boldsymbol{F}(\boldsymbol{r}) \cdot d\boldsymbol{r} \tag{6.47}$$

となる．ここで $U(\boldsymbol{r})$ は位置 $\boldsymbol{r}$ におけるポテンシャルエネルギーである．力 $\boldsymbol{F}(\boldsymbol{r})$ が保存力なので，式 (6.47) の右辺の積分は経路によらない．仕事が経路に依存する非保存力の場合は，式 (6.47) は成りたたない．

式 (6.47) を微分形で表すと

$$\boldsymbol{F} = -\frac{d}{d\boldsymbol{r}}U(\boldsymbol{r}) = -\boldsymbol{\nabla}U(\boldsymbol{r}) = -\mathrm{grad}\,U(\boldsymbol{r}) \tag{6.48}$$

が得られる．1 次元運動の場合は

$$F(x) = -\frac{d}{dx}U(x) \tag{6.49}$$

である．保存力の場合，力がわかっていれば式 (6.47) の積分を計算することによって対応するポテンシャルエネルギーが求められ，逆にポテンシャルエネルギーがわかっていれば，式 (6.49) の微分を計算すれば対応する力が求められる．

例題 6.20 ばね定数が k のばねが，一端を固定して水平な台の上におかれている．ばねに力を加え，ゆっくりとばねの長さが自然長より長さ $2x$ だけ伸びた所まで伸ばしたあと，ばねの長さが自然長より x だけ伸びた位置までゆっくりもどした．この間にばねにはたらく外力がした仕事を求め，自然長から直接長さ x だけ伸ばす場合の仕事と比較しなさい．

[解答] 自然長から直接 x だけ伸ばすときに外力がする仕事を W_1，最初 $2x$ まで伸ばしたあと，x までもどすときに外力がする仕事を W_2 とする．W_1 は $\frac{1}{2}kx^2$ である．W_2 は，最初 $2x$ だけ伸ばすためにする仕事 W_{21} と $2x$ の位置から伸びの長さが x の所までもどすためにする仕事 W_{22} の和で与えられる：

$$W_2 = W_{21} + W_{22} \tag{6.50}$$

このうち，W_{21} は，

$$W_{21} = \frac{1}{2}k(2x)^2 = 2kx^2 \tag{6.51}$$

$2x$ から x までもどる過程では，力の向きとばねまたは手の動く向きが逆なので，ばねによって仕事をされることになり，W_{22} は負の量である．具体的には，自然長からの伸びが y のときの弾性力は $-ky$ なので，W_{22} は次のように求まる．

$$W_{22} = \int_{2x}^{x} ky\; dy = \frac{1}{2}k\left[y^2\right]_{2x}^{x} = -\frac{3}{2}kx^2 \tag{6.52}$$

したがって

$$W_2 = W_{21} + W_{22} = \frac{1}{2}kx^2 = W_1 \tag{6.53}$$

W_2 を求めるもう 1 つの方法は，全体の過程を，ばねを自然長から x だけ伸ばす過程と，そこからさらに $2x$ まで伸ばし x までもどす過程に分けて考えることである．ばねの伸びが x から $2x$ になり，さらに x にもどる過程でする仕事を W_e とすると，

$$W_2 = W_1 + W_e \tag{6.54}$$

ところが，x から $2x$ までばねを伸ばすためにする正の仕事と，$2x$ から x までもどるときにばねからされる仕事 (負の仕事) は打ち消しあうので，$W_e = 0$ である．したがって，$W_2 = W_1$．

x と $2x$ あるいはほかの任意の伸びの所への往復運動を加え，最終的に伸びが x で終わるたくさんのの新たな経路を考えることができるが，これらすべての往復運動の仕事は 0 なので，全体の仕事は常に W_1 である．

以上の考察は，弾性力のする仕事が経路によらないことを意味し，弾性力が保存力の 1 つであることを示唆している．

例題 6.21 電気量 q_A，q_B の二つの点電荷 A と B が距離 r だけはなれておかれていると，k を定数として，これらのあいだに大きさ

$$F(r) = k\frac{q_\mathrm{A} q_\mathrm{B}}{r^2} \tag{6.55}$$

の静電気力がはたらく (クーロンの法則)．いま，点電荷 A を x 軸の原点 O に固定し，点電荷 B を x 軸に沿って一定の速さでゆっくりと動かす．以下の問いに答えなさい．

(1) 点電荷 B を $x = x_1$ の始点 P から $x = x_2$ の終点 Q まで動かす．点電荷 B に加える外力がする仕事 $W_{\mathrm{P}\to\mathrm{Q}}$ を求めなさい．

(2) 点電荷 B を $x = x_1$ の始点 P から $x = x_3$ の点 R を経由して $x = x_2$ の終点 Q まで動かす．点電荷 B に加える外力がする仕事 $W_{\mathrm{P}\to\mathrm{R}\to\mathrm{Q}}$ を求めなさい．

[解答] (1) 点電荷 B を一定の速さでゆっくりと動かすので，点電荷 B に加える外力は，静電気力と同じ大きさで反対向きである．したがって

$$\begin{aligned} W_{\mathrm{P}\to\mathrm{Q}} &= -\int_{x_1}^{x_2} F(x)dx \\ &= -\int_{x_1}^{x_2} k\frac{q_\mathrm{A} q_\mathrm{B}}{x^2}dx \\ &= -kq_\mathrm{A} q_\mathrm{B}\int_{x_1}^{x_2} \frac{1}{x^2}dx \\ &= kq_\mathrm{A} q_\mathrm{B}\left(\frac{1}{x_2} - \frac{1}{x_1}\right) \end{aligned} \tag{6.56}$$

となる．

(2) 求める仕事は点 P から点 R までの仕事 $W_{\mathrm{P}\to\mathrm{R}}$ と点 R から点 Q までの仕事 $W_{\mathrm{R}\to\mathrm{Q}}$ の和になるから，

$$W_{\mathrm{P}\to\mathrm{R}\to\mathrm{Q}} = W_{\mathrm{P}\to\mathrm{R}} + W_{\mathrm{R}\to\mathrm{Q}} \tag{6.57}$$

である．式 (6.56) を求めたときと同様にして

$$W_{\mathrm{P}\to\mathrm{R}} = kq_\mathrm{A} q_\mathrm{B}\left(\frac{1}{x_3} - \frac{1}{x_1}\right),\quad W_{\mathrm{R}\to\mathrm{Q}} = kq_\mathrm{A} q_\mathrm{B}\left(\frac{1}{x_2} - \frac{1}{x_3}\right) \tag{6.58}$$

と求められるから，

$$W_{\mathrm{P}\to\mathrm{R}\to\mathrm{Q}} = kq_\mathrm{A} q_\mathrm{B}\left(\frac{1}{x_2} - \frac{1}{x_1}\right) \tag{6.59}$$

となる．つまり $W_{\mathrm{P}\to\mathrm{Q}} = W_{\mathrm{P}\to\mathrm{R}\to\mathrm{Q}}$ である．

他のどんな経路でも，始点と終点が同じであれば外力のする仕事は等しい．このことは，静電気力が保存力であることを示している．

6.6 力学的エネルギー保存則

物体の運動エネルギー E_K とポテンシャルエネルギー U の和を物体の力学的エネルギー (mechanical energy) という．力学的エネルギーを E で表すと

$$E = E_\mathrm{K} + U \tag{6.60}$$

である．

6.6.1 力学的エネルギー保存則：一般論

物体がある力のもとで運動しているとき，運動エネルギーとポテンシャルエネルギーは，一般的には時間とともに変化する．しかし力が保存力であれば，物体の力学的エネルギーは時間によらず一定のまま保たれる．これを力学的エネルギー保存則という．このことは，次のように証明することができる．

6.4 節で，物体に外力がはたらいて位置が移動する際，物体の運動エネルギーの変化は物体がこのあいだに外力によってされた仕事に等しいことを学んだ．一方，力が保存力の場合は，式 (6.47) が示すように，そのあいだのポテンシャルエネルギーの変化も，このあいだに外力がする仕事に関係し，運動エネルギーの変化に現れる仕事量の符号を逆転したものに等しい．結局，式 (6.24) と式 (6.47) を比較して

$$\frac{1}{2}m\boldsymbol{v}^2 - \frac{1}{2}m\boldsymbol{v}_0^2 = -\left[U(\boldsymbol{r}) - U(\boldsymbol{r}_0)\right] \tag{6.61}$$

が得られる．したがって，

$$\frac{1}{2}m\boldsymbol{v}^2 + U(\boldsymbol{r}) = \frac{1}{2}m\boldsymbol{v}_0^2 + U(\boldsymbol{r}_0) \tag{6.62}$$

が成りたつ．この式は，物体が保存力のもとで運動している場合は力学的エネルギーが時間によらず一定である，つまり保存されることを意味している．

6.6.2 重力のもとでの力学的エネルギー保存則

質量 m の物体が重力のもとで，地表からの鉛直高度が h_A の地点から h_B の地点に移動するあいだに，速度が $\boldsymbol{v}_\mathrm{A}$ から $\boldsymbol{v}_\mathrm{B}$ に変わったとすると，重力のもとでのポテンシャルエネルギーの表式 (6.40) を用いて，力学的エネルギーの保存則から

$$\frac{1}{2}m\boldsymbol{v}_\mathrm{A}^2 + mgh_\mathrm{A} = \frac{1}{2}m\boldsymbol{v}_\mathrm{B}^2 + mgh_\mathrm{B} \tag{6.63}$$

が成りたつ．g は重力加速度の大きさである．

式 (6.63) は，次のようにして運動の法則から直接導くこともできる．

時刻を t，物体の位置座標を $\boldsymbol{r}(t)$，鉛直方向を z 方向，上向きを z の正の向き，z 方向の単位ベクトルを $\boldsymbol{e}_z$ とすると，重力は鉛直下向きにはたらくので，運動の第 2 法則から

$$m\frac{d^2}{dt^2}\boldsymbol{r}(t) = -mg\boldsymbol{e}_z \tag{6.64}$$

が成りたつ．それぞれの辺と $\frac{d}{dt}\boldsymbol{r}$ とのスカラー積をとり，右辺を左辺に移項して整理すると

$$\frac{d}{dt}\left\{\frac{1}{2}m\left(\frac{d}{dt}\boldsymbol{r}\right)^2 + mgz\right\} = 0 \tag{6.65}$$

が得られる．z は物体の z 座標である．ここでは，ベクトルのスカラー積の性質から，

$$\boldsymbol{e}_z \cdot \frac{d}{dt}\boldsymbol{r} = \boldsymbol{e}_z \cdot \left\{\frac{dx}{dt}\boldsymbol{e}_x + \frac{dy}{dt}\boldsymbol{e}_y + \frac{dz}{dt}\boldsymbol{e}_z\right\} = \frac{dz}{dt} \tag{6.66}$$

となることを用いた．ここで，E を

$$E = \frac{1}{2}m\left(\frac{d}{dt}\boldsymbol{r}\right)^2 + mgz = \frac{1}{2}m\boldsymbol{v}^2 + mgz \tag{6.67}$$

で定義すると，右辺第 1 項は物体の運動エネルギー，第 2 項は重力によるポテンシャルエネルギー，

E は力学的エネルギーである．ただし，$z=0$ の位置をポテンシャルエネルギーの基準の位置とする．例えば地表の高さを $z=0$ とすれば，地表がポテンシャルエネルギーの基準の位置となる．式 (6.65) は，重力のもとでの運動では力学的エネルギーが時間によらず一定であることを示している．

このようにして，力学的エネルギー保存則が運動の第 2 法則から直接証明される．式 (6.63) はそれを異なる場所での力学的エネルギーが等しいという形で表現したものである．また，z の代わりに，鉛直高度 h を用いた．

6.6.3 弾性力のもとでの力学的エネルギー保存則

弾性力のもとでの物体の運動の例として，ばね定数 k のばねの一端に質量 m の物体を取りつけ，なめらかで水平な台の上におき，物体に振動運動をさせる場合を考える．物体の位置 x をばねの自然長の位置から測るとし，x が x_{A} および x_{B} であるときの物体の速さをそれぞれ $v_{\mathrm{A}}, v_{\mathrm{B}}$ とすると，弾性力によるポテンシャルエネルギーは式 (6.44) で与えられるので，力学的エネルギーの保存則から

$$\frac{1}{2}mv_{\mathrm{A}}^2+\frac{1}{2}kx_{\mathrm{A}}^2=\frac{1}{2}mv_{\mathrm{B}}^2+\frac{1}{2}kx_{\mathrm{B}}^2 \tag{6.68}$$

が成りたつ．

重力の場合に式 (6.65) を導いたと同じ手順を用いて，力学的エネルギー保存則

$$\frac{1}{2}mv^2+\frac{1}{2}kx^2=\text{一定} \tag{6.69}$$

を運動の第 2 法則から直接導くこともできる．

例題 6.22 運動の第 2 法則から出発して式 (6.69) を導きなさい．

［解答］ 質量 m の物体に弾性力がはたらいている場合，運動の第 2 法則は

$$m\frac{d^2x}{dt^2}=-kx \tag{6.70}$$

で与えられる．式 (6.70) の両辺に $\frac{dx}{dt}$ をかけ，右辺を左辺に移項して，式を整理すると

$$\frac{d}{dt}\left[\frac{1}{2}m\left(\frac{dx}{dt}\right)^2+\frac{1}{2}kx^2\right]=0 \tag{6.71}$$

が得られる．したがって，式 (6.69) が成りたつ．

6.6.4 運動の法則を用いた力学的エネルギー保存則の一般的な証明

ここでは，保存力のもとで運動している物体に対して力学的エネルギー保存則が成りたつことを，運動の第 2 法則から出発して示すことにする．質量 m の物体の位置座標を $\boldsymbol{r}$ とし，その物体が保存力 $\boldsymbol{F}(\boldsymbol{r})$ のもとで運動しているとすると，運動の第 2 法則から

$$m\frac{d^2}{dt^2}\boldsymbol{r}(t)=\boldsymbol{F}(\boldsymbol{r}) \tag{6.72}$$

が成りたつ．保存力の場合は，式 (6.49) で示したように，力 $\boldsymbol{F}$ はポテンシャルエネルギーに対応するスカラー関数 $U(\boldsymbol{r})$ の微分で表現できるので，式 (6.72) は

$$m\frac{d^2}{dt^2}\boldsymbol{r}(t)=-\frac{d}{d\boldsymbol{r}}U(\boldsymbol{r}) \tag{6.73}$$

と書き換えることができる．それぞれの辺と $\frac{d\boldsymbol{r}}{dt}$ とのスカラー積をとり，右辺を左辺に移項して整

理すると

$$\frac{d}{dt}\left\{\frac{1}{2}m\left(\frac{d\boldsymbol{r}}{dt}\right)^2+U(\boldsymbol{r})\right\}=0 \tag{6.74}$$

が得られる．ここでは，次の合成関数の微分公式を用いた．

$$\frac{d}{dt}U(\boldsymbol{r}(t))=\frac{dU(\boldsymbol{r})}{d\boldsymbol{r}}\cdot\frac{d\boldsymbol{r}(t)}{dt} \tag{6.75}$$

ここで，E を

$$E=\frac{1}{2}m\left(\frac{d\boldsymbol{r}}{dt}\right)^2+U(\boldsymbol{r}) \tag{6.76}$$

で定義すると，右辺第 1 項は物体の運動エネルギー，第 2 項の $U(\boldsymbol{r})$ は位置 $\boldsymbol{r}$ におけるポテンシャルエネルギーだから E は力学的エネルギーであり，式 (6.74) は，保存力のもとで運動する物体の力学的エネルギーは時間によらず一定であることを示している．

6.7 力学的エネルギー保存則の応用問題

力学の問題を解く基本的な方法は，運動方程式を問題で与えられた初期条件のもとで解くことである．しかし，いくつかの問題については，力学的エネルギー保存則を用いることによって，より簡単に答えを導くことができる．

また，比較的単純な問題を除けば，運動全体にわたって運動方程式の解を式を用いて求めることは至難か不可能である．そのような場合でも，保存則を用いて，特定の問題に対する答えを導くことができる．例えば，複雑なコースを走るジェットコースターの運動全体を式で記述することは難しいとしよう．そのような場合でも，いろいろな地点を通過するときの速さは，力学的エネルギー保存則を用いることによって求めることができる．

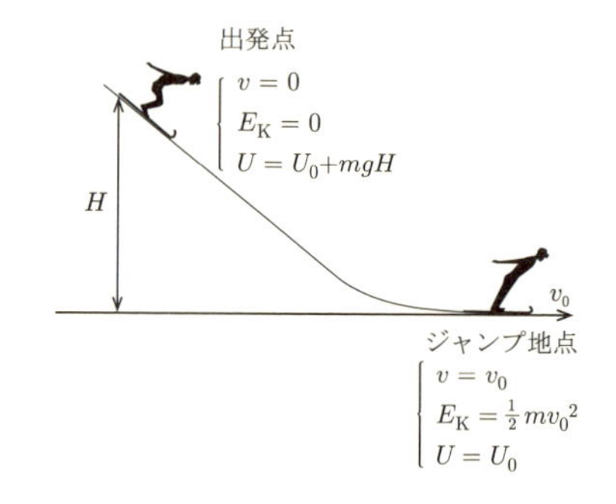

図 6.14 エネルギー保存則の応用：スキーの滑降スピード

ここでは，例題形式で，力学的エネルギー保存則の応用問題を学ぶ (図 6.14，6.15 および 6.16 参照)．

例題 6.23 質量 m のスキーの選手が，初速度 0 で高さ (垂直高度差) H の滑降コースをすべり降りたときの速さ v を求めなさい．滑降コースには摩擦はないとし，空気や風の影響は無視する．重力加速度の大きさを $g=9.8\ \mathrm{m/s^2}$ とする．また，特に，$H=50\ \mathrm{m}$ のときの v の値を求めなさい．

［解答］ 摩擦がないので力学的エネルギーは保存される．したがって，

$$\frac{1}{2}mv^2=mgH \tag{6.77}$$

が成りたつ．したがって，

$$v=\sqrt{2gH} \tag{6.78}$$

である．

$H=50\ \mathrm{m}$ の場合の v の具体的な値は

$$v=\sqrt{2.0\times9.8\times50}\ \mathrm{m/s}\approx31\ \mathrm{m/s}\approx113\ \mathrm{km/h} \tag{6.79}$$

である．

例題 6.24 質量 m のジェットコースターが，出発点 A から速度 0 で落下を開始し，A に戻るまで，動力を使わず重力のみの影響で A より低い場所を動き A に戻ってきた．途中 B, C, D, E を通過したときの速さ v_B, v_C, v_D, v_E を求めなさい．B, C, D, E と A の鉛直高度差 h は 20 m, 40 m, 30 m, 5 m であるとする．摩擦ははたらかず，空気や風の影響もないものとする．また，重力加速度の大きさを $g = 9.8$ m/s^2 とする．

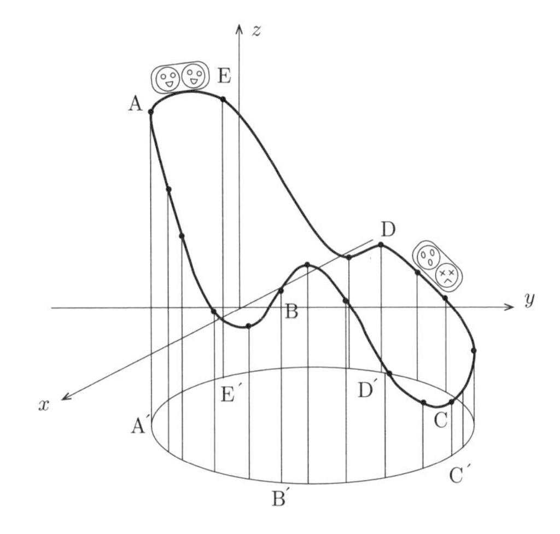

図 6.15 ジェットコースターのコース ABCDE の概念図．A′, B′, C′, D′, E′ はその水平面 (xy 面) への射影．z は高度に対応．

［解答］ 摩擦がないので，ジェットコースターの力学的エネルギーは保存される．したがって，A から鉛直高度で h だけ下の地点でのジェットコースターの速度を v とすると

$$\frac{1}{2}mv^2 = mgh \tag{6.80}$$

である．したがって

$$v = \sqrt{2gh} \tag{6.81}$$

各点での与えられた高度を用いて

$$v_B = \sqrt{2 \times 9.8 \text{ m/s}^2 \times 20 \text{ m}} \approx 20 \text{ m/s} \approx 71 \text{ km/h},$$
$$v_C = 28 \text{ m/s} \approx 101 \text{ km/h}, v_D \approx 24 \text{ m/s} \approx 87 \text{ km/h}, v_E \approx 9.9 \text{ m/s} \approx 36 \text{ km/h} \tag{6.82}$$

例題 6.25 質量 m の野球のボールを速さ v_0 で水平面となす角度が θ の方向に投げ上げた．ボールの力学的エネルギー E，最高点でのボールの運動エネルギー E_K，最高点の高さ H を m, v_0, θ および重力加速度 g のうち必要なものを用いて表しなさい．ボールに対する空気の抵抗は無視し，投げ上げた地点を高さ 0 とする．また，ポテンシャルエネルギーの基準は，高さ 0 の地点にとるとする．

特に，$v_0 = 144$ km/h，$\theta = 45°$ の場合の H, E, E_K の値を求めなさい．ただし，$m = 145$ g，$g = 9.8$ m/s^2 とする．

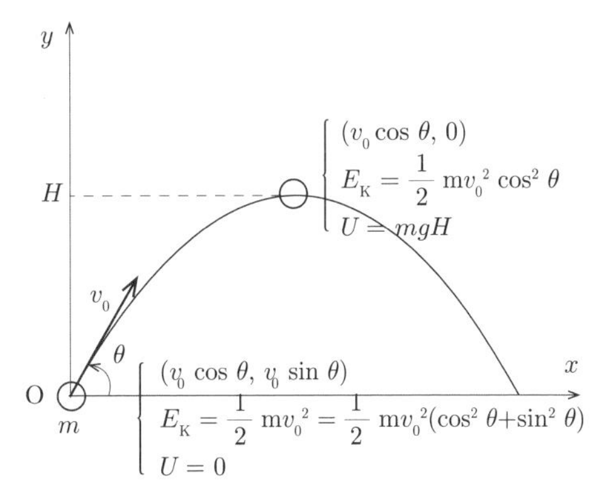

図 6.16 エネルギー保存則の応用：ボールの最高高度

［解答］ 空気の抵抗を無視するので，力学的エネルギー保存則が成りたつ．ボールの力学的エネルギーは，ボールを投げ上げた地点をポテンシャルエネルギーの基準点としたので，最初の運動エネルギーに等しく，

$$E = \frac{1}{2}mv_0^2 \tag{6.83}$$

である．最高点での運動エネルギーは，速度の水平成分による運動エネルギーで

$$E_K = \frac{1}{2}m(v_0 \cos\theta)^2 \tag{6.84}$$

である．ボールが最高点にあるときのポテンシャルエネルギー U は

$$U = mgH \tag{6.85}$$

なので，力学的エネルギー保存則より

$$\frac{1}{2}mv_0^2 = \frac{1}{2}m(v_0 \cos\theta)^2 + mgH \tag{6.86}$$

が成りたつ．したがって

$$H = \frac{v_0^2 \sin^2\theta}{2q} \tag{6.87}$$

と求められる．45° の方向に投げ上げた場合は，与えられた数値を用いて，

$$H = \frac{1}{2}\left(\frac{40}{\sqrt{2}}\ \mathrm{m/s}\right)^2 / (9.8\ \mathrm{m/s^2}) \sim 41\ \mathrm{m} \tag{6.88}$$

$$E = \frac{1}{2} \times 0.145\ \mathrm{kg} \times (40\ \mathrm{m/s})^2 = 116\ \mathrm{J} \tag{6.89}$$

$$E_K = E \times \frac{1}{2} = 58\ \mathrm{J} \tag{6.90}$$

である．

例題 6.26　ばねの弾性力による物体の運動に関して以下の問いに答えなさい．重力加速度の大きさを $g = 9.8\ \mathrm{m/s^2}$ とする．

(1)　自然長が 50 cm のばねの先端に質量が 50 g の小さな物体をぶら下げたところ，ばねの長さが 60 cm になった．ばね定数 k の値を求めなさい．

(2)　上にのべたばねに取りつけた物体をなめらかで水平な台の上におき，ばねの一端を固定して，物体を振動させる．ばねの長さが 70 cm の所まで伸ばして静かに物体をはなしたとする．このとき，ばねが自然長にもどったときの物体の速さを求めなさい．

［解答］　(1)　物体が静止したときは重力とばねからの弾性力がつりあっているので

$$k \times 0.1\ \mathrm{m} = 0.05 \times 9.8\ \mathrm{N} \tag{6.91}$$

したがって

$$k = 0.05 \times 98\ \mathrm{N/m^2} = 4.9\ \mathrm{N/m} \tag{6.92}$$

(2)　力学的エネルギー保存則から，最初の位置でのばねの弾性力によるポテンシャルエネルギーが，ばねが自然長になったときの運動エネルギーに変化すると考えればいいので，求める速度の大きさを v とすると

$$\frac{1}{2}k \times (0.2\ \mathrm{m})^2 = \frac{1}{2} \times 0.05\ \mathrm{kg} \times v^2 \tag{6.93}$$

したがって

$$v = \sqrt{\frac{4.9\ \mathrm{N/m^2} \times (0.2\ \mathrm{m})^2}{0.05\ \mathrm{kg}}} = \sqrt{\frac{4.9 \times 0.04}{0.05}}\ \mathrm{m/s} \approx 2.0\ \mathrm{m/s} \tag{6.94}$$

6.8 摩擦力がする仕事と力学的エネルギー

水平で粗い台の上で物体をすべらせると，物体はやがて停止する．これは動摩擦力が物体に対して負の仕事をするためである．動摩擦力のもとでの運動でも運動エネルギーの変化は物体に加えられた仕事に等しい．しかし，物体の力学的エネルギーは保存されない．

例題 6.27 水平で粗い台の上におかれた質量 2 kg の物体に力を加え初速度の大きさ 3 m/s で動かした．物体が停止するまでに移動する距離を求めなさい．ただし，台と物体のあいだの静止摩擦係数および動摩擦係数は，それぞれ，0.5 および 0.3 とする．また，重力加速度の大きさは 9.8 m/s^2 とする．

［解答］ 物体の質量を m，物体と台のあいだの動摩擦係数を μ' とすると，すべりだしてから止まるまでの間，物体には大きさ $\mu' mg$ の動摩擦力がはたらく．この動摩擦力による負の仕事がすべりだすときに物体がもっていた運動エネルギーに等しくなる所で物体は止まる．したがって，止まるまでの距離を D とすると

$$\mu' mgD = \frac{1}{2}mv^2 \tag{6.95}$$

ただし，v は，物体の初速度の大きさである．与えられた数値を代入すると

$$D = \frac{1}{2}v^2/(\mu' g) = \frac{1}{2}(3\ \mathrm{m/s})^2/(0.3 \times 9.8\ \mathrm{m/s^2}) \approx 1.5\ \mathrm{m} \tag{6.96}$$

上に述べたように，動摩擦力が負の仕事をする場合は，物体の力学的エネルギーは保存されず，失われたエネルギーは，摩擦に関与した物体の熱エネルギー (物質を構成する分子の熱運動のエネルギー) に転化される．しかし，この場合でも，動摩擦力によって失われたエネルギーを物体の力学的エネルギーに加算すれば，全体のエネルギーは保存される．摩擦で失われたエネルギーが熱に転化することは，例えば，体をこすると暖かく感じるようになることから体感できる．氷の表面で物をすべらせると氷の一部が融けたり，包丁を砥石で研ぐと接触面が熱くなるのも，力学的エネルギーが熱エネルギー (摩擦熱) に転化する現象である．

6.9 仕事 (エネルギー) と熱の等価性：ジュールとカロリーとの関係

エネルギーや仕事に関連して熱 (heat) または熱量という概念があり，歴史的には熱量を表す単位としてカロリー (cal) という言葉が用いられてきた．1 cal は 1 g の水の温度を 1°C だけ上昇させるために必要な熱量として定義される *2)．

*2) 正確には，熱量は気圧や水の温度に依存するので，いくつかの定義がある．例えば，1 気圧のもとで 1 g の純水 (気体を含まない水) の温度を 14.5°C から 15.5°C に上昇させるのに必要な熱量を 15 度カロリーまたは水カロリーという．

図 6.17 は，仕事と熱量との関係を調べるためにジュール (J. P. Joule) が用いた実験装置の概念図である．この実験では，おもりが落下することによる仕事 W によって水中の羽根車がまわり，水や，羽根車や容器の壁の温度が上昇する．ジュールは，それらの温度上昇に対応する熱量 Q と W の関係を調べ，W と Q は常に比例関係にあること，つまり

$$W = \mathcal{J}Q \tag{6.97}$$

という関係が成りたつこと，したがって，熱がエネルギーの 1 つの形であることを示した．また，比例定数 $\mathcal{J}$ が

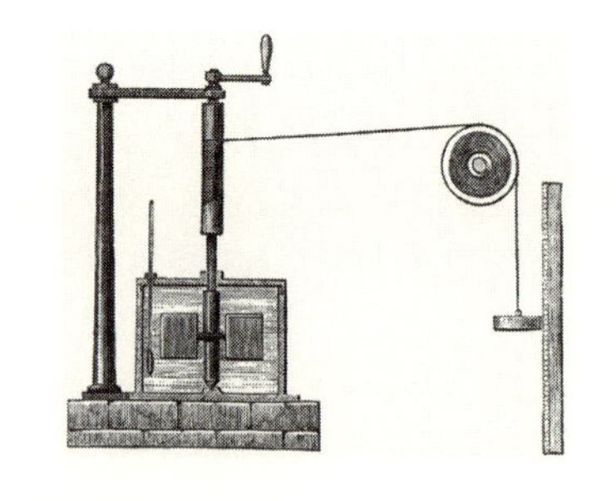

図 6.17　ジュールの実験装置 (初出：Harpen's New Monthly Magazine, 231 号，1869 年)

$$\mathcal{J} \approx 4.2 \text{ J/cal} \tag{6.98}$$

であることを明らかにした．これを，熱の仕事当量という [*3]．

例題 6.28　成人が食べ物などで 1 日に摂取する熱量は約 2000 kcal である．A くんの体重が 60 kg の場合，2000 kcal は，A くんが鉛直にどれだけの高さ登る仕事に対応するか．また，180 g の缶ジュースの栄養価は約 100 kcal である．これに等価な A くんの垂直登山高度を求めなさい．熱の仕事当量を $\mathcal{J} \approx 4.2$ J/cal，重力加速度の大きさを $g = 9.8$ m/s^2 とする．

[解答]　質量 m の成人が摂取する熱量を Q，その摂取量で登れる鉛直高度を h とすると，

$$mgh = \mathcal{J}Q \tag{6.99}$$

これを A くんが 2000 kcal 摂取した場合に適用すると

$$60 \text{ kg} \times 9.8 \text{ m/s}^2 \times h \approx 4.2 \times 2000 \times 10^3 \text{ J} \tag{6.100}$$

したがって

$$h \approx \frac{4.2 \times 2 \text{ kg} \cdot \text{m}^2/\text{s}^2 \times 10^6}{60 \text{ kg} \times 9.8 \text{ m/s}^2} \approx 1.4 \times 10^4 \text{ m} \tag{6.101}$$

一方，缶ジュースの栄養価 100 kcal は，A くんが垂直に約 700 m 登るときの仕事 (ポテンシャルエネルギーの変化量) に等しい．

6.10　エネルギーの単位の補足

ジュール (J) やエルグ (erg)，ワット時 (Wh) 以外にもエネルギーの単位にはさまざまな単位があり，議論する対象に応じて便利な単位を使い分ければよい．

例えば，個々の電子の運動を議論するときは J や erg は単位としては大きすぎて不便である．この場合は，eV (エレクトロンボルト; electron Volt) や MeV (Mega eV; メガエレクトロンボルト) などがしばしば用いられる．1 eV は電子や陽子などがもつ電気量の基本となる素電荷 e をもつ粒子に 1 ボルト (Volt) の電圧をかけたときに粒子が受ける運動エネルギーの大きさ，あるいは 1 V の電位差がある 2 点間で素電荷をもつ電荷がもつポテンシャルエネルギーの差として定義される．素電荷の大きさ e は電気素量 1.6×10^{-19} クーロンであり，1 V は 1 クーロン当たり 1 J のエネルギーと

[*3] 1948 年以降，国際単位系では，水の温度上昇とは無関係に，1 cal = 4.1860 J と決められている．

して定義されるので

$$1\ \mathrm{eV} = 1.6 \times 10^{-19}\mathrm{C} \times 1\ \mathrm{J/1C} = 1.6 \times 10^{-19}\mathrm{J} \tag{6.102}$$

である．

また，地震で解放されるエネルギーは大きすぎて J 単位で表すのは不便である．それで，ジュール単位で測ったエネルギーを E とするとき，

$$\log_{10} E = 4.8 + 1.5M \tag{6.103}$$

で定義される量 M をマグニチュードとよび，地震のエネルギー規模を表すことにしている．

例題 6.29　マグニチュードが 1 および 2 だけ違うと，地震のエネルギーはそれぞれ何倍になるか答えなさい．

［解答］　1 だけ違うと，約 32 倍，2 だけ違うと，約 1000 倍である．

6.11　相対論的考察：静止エネルギーおよび運動エネルギーの正確な表現

実は，これまでの議論は，物体の速さ v が真空中での光の速さ $c \approx 2.99792458 \times 10^8$ m/s よりはるかに小さい場合を前提としている．

相対性理論によれば，質量 m の物体が静止している場合，その物体には

$$E = mc^2 \tag{6.104}$$

だけのエネルギーが付随する．このエネルギーをその物体の静止エネルギーという．

また，外力によるポテンシャルエネルギーが 0 の場合，質量 m の物体が速さ v で動いていると，物体のエネルギーは

$$E = \frac{mc^2}{\sqrt{1-\beta^2}} \tag{6.105}$$

で与えられる．ここで，β は

$$\beta = v/c \tag{6.106}$$

で与えられる．

したがって，質量 m の物体が速さ v で動いているときの運動エネルギー E_{K} は正確には

$$E_{\mathrm{K}} = \frac{mc^2}{\sqrt{1-\beta^2}} - mc^2 \tag{6.107}$$

で与えられる．

物体の速さ v が真空中の光速 c に比べはるかに小さい場合は，これまでに学んだように，近似的に

$$E_{\mathrm{K}} \approx \frac{1}{2}mv^2 \tag{6.108}$$

となる．

6.12 さまざまなエネルギーと変換

エネルギーにはその原因や用途などによってさまざまなエネルギーが存在し，それらは互いに変換が可能である．

以下に，力学的エネルギー以外の代表的なエネルギーのいくつかをあげておこう．

1. 電磁エネルギー：電荷や電流，電気および磁気現象に付随するエネルギー (コンデンサーに蓄えられる静電エネルギー，コイルに蓄えられる磁場のエネルギーなど)．それを利用して，例えば，モーターをまわし電車を走らせる．
2. 化学エネルギー：原子間の化学結合によって物質に蓄えられたエネルギー．化学反応によってその一部が放出される．自動車を走らせるガソリンのもつエネルギーなど．
3. 核エネルギー：原子核のもつエネルギー．原子核の崩壊や核反応，核分裂，核融合に伴ってその一部が解放される．現在の原子力発電は，核分裂で解放されるエネルギーを利用している．また，核融合炉は，核融合反応で解放される核エネルギーを利用する．
4. 熱エネルギー：物体を構成する原子や分子の熱運動に伴うエネルギー．高温の気体の内部エネルギーや，2 つの物体をこすりつけたり，物体を粗い平面上ですべらせるときに接触面を熱くする接触面中の分子運動のエネルギーなど．
5. 光エネルギー：太陽光など光のもつエネルギー（光合成のもと，太陽電池による発電など)．エネルギー問題や，原発事故，公害問題などに関連して自然エネルギーが注目されている．それは，光エネルギーや，太陽光発電や風力発電などで生成されるエネルギーの総称である [*4)]．2014 年に，世界で初めて青色発光ダイオードを実現し，また高輝度，高効率に改良することによって新世代の白色光源の実用化を可能にした 3 名の日本人がノーベル物理学賞を受賞した．発光ダイオード (LED：light emitting diode) は電気エネルギーを光エネルギーに変換する素子である．

【小さな実験】 ものさしの上をすべる物体

なるべく長いものさしを机上で斜めにし，その上を接触面がなめらかな物体をすべり落とす実験を行ってみよう．ものさしが水平面となす角 θ が同じ場合，物体の最初の位置が高いほど机上に達したときの速さが大きいことを確認しよう．角度 θ が異なる場合，物体の最初の垂直高度が同じであれば，落下したときの速さはほぼ同じになることを確認しよう．また，消しゴムや表面が粗い物体の場合，どのような違いが生じるか比べてみよう．

[*4)] 自然エネルギーとほぼ同じ意味で用いられる言葉に，再生可能エネルギー (renewable energy) がある．

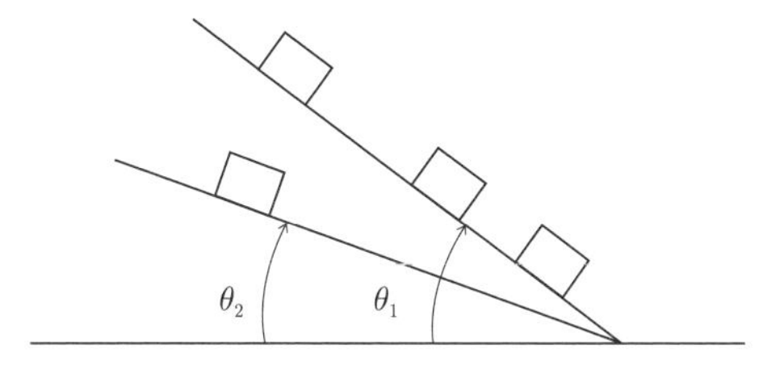

図 **6.18**　斜面をすべり落ちる物体

【小さな実験】 垂直とびの高さ—深くしゃがんで素早く跳躍

図 6.19 は，垂直とびの様子を示したものである．

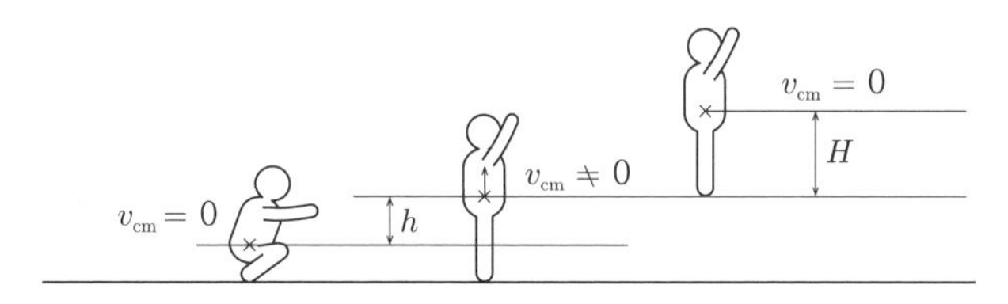

図 **6.19**　垂直とび

バツじるし (×) は重心の位置を表す．最初，重心の位置が，まっすぐ立った場合より h だけ低くなるようにしゃがみ，急速に立ち上がってジャンプしてみよう．立ち上がるのに要する時間 (左の状態から真ん中の状態になるまでに要する時間) を t とする．

問題　h や t をいろいろ変えて，垂直とびの高さ H がどのように変わるか調べてみよう．

また，ジャンプを始めてから最初の時間 t のあいだの運動を等加速度運動として，H を t,h および重力加速度の大きさ g の関数として求め，H の t や h に対する依存性が実験結果と一致するか調べてみよう．

また，t，h，g を，それぞれ，0.3 秒，40 cm，9.8 m/s^2 として，H の大きさを求め，実験結果の大きさとほぼ一致するか比べてみよう．

解答　最初の時間 t のあいだの加速度を α，ちょうど立ち上がったときのへその位置のスピード $v_{\rm cm}$ を v とすると，

$$h = \frac{1}{2}\alpha t^2 \tag{6.109}$$

$$v = \alpha t \tag{6.110}$$

したがって

$$v = \frac{2h}{t} \tag{6.111}$$

一方，ジャンプする人の質量を m とすると，エネルギー保存則から

$$\frac{1}{2}mv^2 = mgH \tag{6.112}$$

したがって

$$H = \frac{1}{2}v^2/g = 2h^2/(t^2 g) \tag{6.113}$$

題意に与えられた数値を代入すると

$$H = 2h^2/(t^2 g) = 2(0.4\ \mathrm{m})^2/(0.3^2\mathrm{s}^2 \times 9.8\ \mathrm{ms}^{-2}) \sim 0.36\ \mathrm{m} \tag{6.114}$$

【小さな実験】 部屋の中の重い家具を水平に楽に動かす工夫

部屋の中にある重い物体を水平に動かしてみよう．床と物体のあいだにダンボールや新聞紙など表面が比較的なめらかな物を入れて水平に引くと，そのまま動かすときと比べてはるかに容易に移動させることができる．なぜだろう？

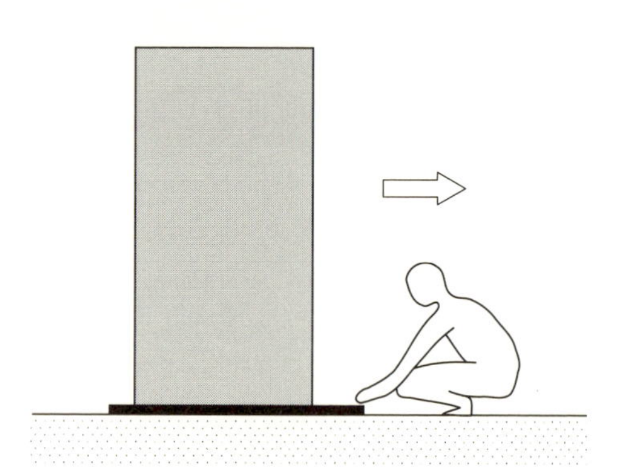

図 **6.20**　重い荷物を水平に動かすときの工夫

問題　畳の上に質量が 50 kg のタンスがおかれている．タンスを水平に動かすために必要な最小の力の大きさを求めなさい．また，タンスの下に新聞紙を敷いた場合に，タンスを水平に動かすために必要な最小の力の大きさを求めなさい．また，タンスをゆっくり 1 m 動かす場合にする仕事をそれぞれの場合について求めなさい．重力加速度 g の大きさを 9.8 m/s^2，畳とタンスのあいだの静止摩擦係数は 0.8，畳と新聞紙のあいだの静止摩擦係数は 0.2，動摩擦係数は，いずれの場合も静止摩擦係数の半分とする．新聞紙の質量は無視してよい．

解答　タンスの質量を M，静止摩擦係数を μ，動摩擦係数を μ'，タンスを動かすために必要な最小の力の大きさを F，タンスを動かす水平距離を D，ゆっくり動かすためにする仕事量を W とすると

$$F = \mu M g \tag{6.115}$$

$$W = \mu' M g D \tag{6.116}$$

なので，そのまま動かす場合は

$$F = 0.8 \times 50\ \mathrm{kg} \times 9.8\ \mathrm{m/s^2} = 392\ \mathrm{N} \tag{6.117}$$

$$W = 0.4 \times 50\ \mathrm{kg} \times 9.8\ \mathrm{m/s^2} \times 1\ \mathrm{m} = 196\ \mathrm{J} \tag{6.118}$$

新聞紙を敷いた場合は

$$F = 0.2 \times 50 \text{ kg} \times 9.8 \text{ m/s}^2 = 98 \text{ N} \tag{6.119}$$

$$W = 0.1 \times 50 \text{ kg} \times 9.8 \text{ m/s}^2 \times 1 \text{ m} = 49 \text{ J} \tag{6.120}$$

章 末 問 題

[6.1]（基礎） 質量が 20 kg の物体を地上 1 m の高さから静かに地面まで落下させるとどれだけの仕事ができるか．重力加速度の大きさを $g = 9.8 \text{ m/s}^2$ とする．

[6.2]（基礎） ハンマーが釘にぶつかると，ハンマーは釘に対して力をおよぼし，釘は木の中に入る．質量が 100 g の木槌と 400 g の金槌を 1 m/s の速さで釘に打ちつけた．それぞれの場合にハンマーが釘に対してした仕事を求めなさい．ただし，ハンマーの運動エネルギーがすべて仕事に変換されるとする．

[6.3]（応用） 野球の O 投手の投げる硬球のスピードは 160 km/h である．また，テニスの N 選手の第一サーブのスピードは 200 km/h であり，サッカーの H 選手の蹴りだすシュートの速さは 165 km/h である．硬球の質量を 145 g，テニスボールの質量を 57.5 g，サッカーボールの質量を 430 g として，それぞれの運動エネルギーを求めなさい．

[6.4]（基礎） A くんが 1 階から 2 階に上がるために必要な仕事を求めなさい．ただし，A くんの質量は 70 kg，2 階の高さは 3 m とする．

[6.5]（基礎） 質量 m の物体に力を加え，場所 A から水平面と角度 θ をなすなめらかな斜面に沿って，距離 d だけ上方の場所 B まで，ゆっくり引き上げる．一度で引き上げる場合と，途中 AB 間を一往復してから B に引き上げる場合に力が物体に対してする仕事をそれぞれ W_1, W_2 とするとき，W_1, W_2 を m, θ, d および重力加速度の大きさ g を用いて表しなさい．

また，$m = 1$ kg, $\theta = 30°$, $d = 1$ m の場合の W_1, W_2 の値を求めなさい．ただし，重力加速度の大きさを，$g = 9.8 \text{ m/s}^2$ とする．

[6.6]（基礎） 粗い水平な面上にある場所 A から場所 B まで質量が 2 kg の物体をゆっくり移動させることを考える．AB 間の距離は 1 m，面と物体のあいだの動摩擦係数は $\mu' = 0.2$ とする．また，重力加速度の大きさは，$g = 9.8 \text{ m/s}^2$ とする．物体は A と B を結ぶ線上を動くとして，A から B まで一度で移動させる場合と，途中 AB 間を一往復してから B に移動させる場合に，動摩擦力が物体に対してする仕事をそれぞれ W_1, W_2 とするとき，W_1, W_2 を求めなさい．

[6.7]（応用） 世界 3 大瀑布の 1 つイグアスの滝の近くにあるイタプー (イタイプ) 水力発電所の出力は 1400 万 kW である．発電に用いる水の落差は 200 m とすると，1 秒あたりどれだけの質量の水が発電に用いられることになるか．ただし，水の力学的エネルギーから電気エネルギーへの変換効率は 80%とする．また，重力加速度の大きさを 9.8 m/s^2 とする．

[6.8]（応用） 粗い水平面上に質量 m の物体がおかれて静止している．この物体をロープで引っ張り，ゆっくり一定の速さで水平に移動させる場合について以下の問いに答えなさい．ロープの張力の大きさを T，ロープが水平面となす角度を θ，物体の水平移動距離を D，物体と水平面のあいだの静止摩擦係数を μ，動摩擦

係数を μ'，重力加速度の大きさを g とする.

(1) 物体が動き出さない最大の T の大きさを T_0 とする．T_0 を $m, \theta, D, \mu, \mu', g$ のうち必要なものを用いて表しなさい.

(2) 物体を移動させているあいだの T を T_1 とする．T_1 を $m, \theta, D, \mu, \mu', g$ のうち必要なものを用いて表しなさい.

(3) ロープの張力 T_1 で物体を距離 D だけ移動させるあいだにロープの張力が物体に対してした仕事を W とする．W を $m, \theta, D, \mu, \mu', g$ のうち必要なものを用いて表しなさい.

(4) $m = 50$ kg，$\theta = 30°$，$D = 10$ m，$\mu = 0.5$，$\mu' = 0.3$ のとき，T_0, T_1, W の値を求めなさい．なお，$g = 9.8\ \mathrm{m/s^2}$ とする.

(5) このあいだに摩擦によって失われる物体の力学的エネルギーを求めなさい．答えだけでなく，理由も述べること.

[6.9]（応用・発展） 真空管中の電子の運動について考える．電子は陰極から速さ 0 で出発し，陽極に向けて加速されるものとする．電子の質量を m，電荷を $-e$，陰極と陽極の電位差を V_0 として以下の問いに答えなさい.

(1) 陽極に達したときの電子の運動エネルギーを E_K とする．E_K を m, e, V_0 のうち必要なものを用いて表しなさい.

(2) 陽極に達したときの電子の速さを v とする．v を m, e, V_0 のうち必要なものを用いて表しなさい.

(3) $V_0 = 1$ V のとき，E_K と v の値を求めなさい．ただし，$m = 9.1 \times 10^{-31}$ kg，$e = 1.6 \times 10^{-19}$C である.

(4) 真空中での光速を c とすると，$mc^2 \approx 0.511$ MeV である．ただし，M (メガ) $= 10^6$．このことを用いて v/c を求め，(3) の結果と一致することを確かめなさい．ただし，$c \approx 3.0 \times 10^8$ m/s である (備考：mc^2 は電子の静止エネルギーである).

[6.10]（応用） 旅客機が水平速度 324 km/h で着陸したあと滑走路を 1.7 km 走って停止した．着陸後停止までに要する時間 t と飛行機にかけた制動力の大きさ F を求めなさい．ただし，旅客を含めた飛行機の総質量を m とするとき，$m = 200 \times 1000$ kg であり，着陸後停止まで一定の制動力を水平にはたらかせるものとする.

[6.11]（応用・発展） クレーンで質量 50 kg の荷物を地上からビルの屋上に引き上げる問題を考える．荷物は最初鉛直に屋上の高さまで引き上げて停止させたあと，ゆっくり水平に移動して屋上に静止させる．時刻を t で表し，$t = 0$ を荷物を引き上げ始める時刻とする．地上から測った荷物の高さを y とし，y 方向の速さを v，加速度の大きさを a で表し，y 軸の正の向きを鉛直上方とする．また，地面の高さを $y = 0$ とする．また，図 6.21 に示すように，最初の時間帯 (時間帯 I) $0 \leq t < t_1$ は，等加速度 $a_1 = 2\ \mathrm{m/s^2}$ で引き上げ，その後，$t_1 \leq t < t_2$ のあいだ (時間帯 II) は等速度で引き上げ，$t_2 \leq t < t_3$ のあいだ (時間帯 III) は等加速度 ($-a_1 = -2\ \mathrm{m/s^2}$) で減速して荷物を停止させる．以下の問いに答えなさい．ただし，重力加速度の大きさを $g = 9.8\ \mathrm{m/s^2}$ とする.

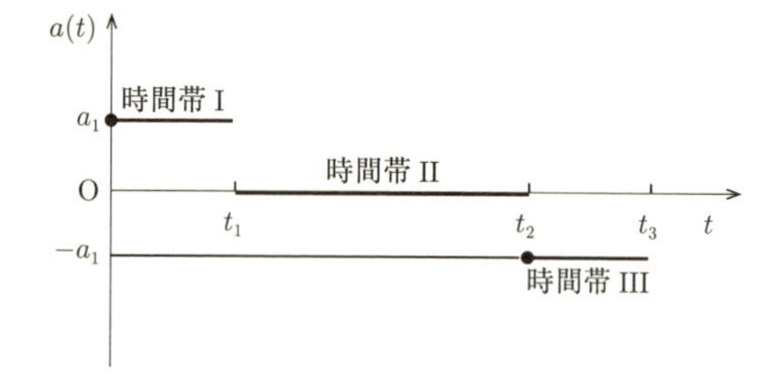

図 6.21 荷物の加速度の時間変化

(1) クレーンの綱が荷物を引き上げる張力を T とするとき，時間帯 I, II, III における T の値を求めなさい．答だけでなく考え方も記すこと.

(2) 時間帯 I, II, III で引き上げる距離を，それぞれ，25 m, 200 m, 25 m として，それぞれの時間帯で張力がする仕事を求めなさい.

(3) 屋上の高さで，水平に 5 m だけゆっくり移動させたとしてこのあいだに張力のする仕事を求めなさい.理由も記すこと.

(4) 時刻 t_1, t_2, t_3 および等速度運動をしているあいだの荷物の速さ v_1 の値を求めなさい.

(5) 時刻 t_1 における荷物の運動エネルギーおよび位置ネルギーを求め，それらの和が時間帯 I でクレーンの張力がした仕事に等しいことを示しなさい.

(6) 荷物が地上にある場合と屋上にある場合の荷物のポテンシャルエネルギーの差を求めなさい．また荷物が屋上から自然落下した (初速度 0 で落下した) 場合，地上に達したときの荷物の速さを求めなさい．空気による抵抗は無視してよい.

(7) $0 \leq t < t_3$ のあいだの $v(t)$ の関数形を求め，特徴に留意してグラフを描きなさい．作図にあたって留意した点を箇条書きすること.

(8) $0 \leq t < t_3$ のあいだの $y(t)$ の関数形を求め，特徴に留意してグラフを描きなさい．作図にあたって留意した点を箇条書きすること.

A 付　録

A.1 国際単位系

物理量を表すには，数値のあとにかならず単位をつける．ためしにインターネットで「長さの単位」と入力して検索してみよう．長さを表す単位に驚くほどたくさんの種類があることに気づくだろう．表 A.1 はそのうちのごく一部である．

表 A.1　長さを表す単位

名称	記号	大きさ
メートル	m	
センチメートル	cm	$1\ \mathrm{cm} = 10^{-2}\ \mathrm{m}$
オングストローム	Å	$1\ \text{Å} = 10^{-10}\ \mathrm{m}$
ヤード	yd	$1\ \mathrm{yd} = 0.9144\ \mathrm{m}$
マイル	mi	$1\ \mathrm{mi} = 1609.344\ \mathrm{m}$
尺	尺	1 尺 $= 0.3030\ \mathrm{m}$
光年	光年	1 光年 $= 9.46 \times 10^{15}\ \mathrm{m}$

地域や測る対象によってそれぞれ慣例があり，さまざまな単位が使われる．しかし，同じ物理量を表すのにばらばらな単位が使われると何かと不都合が生じる．そこで世界中で通用する実用的な単位系として，1960 年の国際度量衡総会で国際単位系 (The International System of Units) が採用された．国際単位系の略称を SI と表記する．これは，メートル法発祥の地がフランスであったことから，フランス語 Système International d'Unités の頭文字からきている．

本書では特にことわりがない限り，国際単位系を使って物理量を表す．

A.1.1 SI 基本単位

互いに独立な次元をもつ基本量の単位を SI 基本単位という．本書に関係する SI 基本単位を表 A.2 にあげる．

表 A.2　SI 基本単位

量	次元	名称	記号
長さ	L	メートル (meter)	m
質量	M	キログラム (kilogram)	kg
時間	T	秒 (second)	s

A.1.2 SI 組立単位

上の基本量の組み合わせからなる物理量の単位は，SI 基本単位を組み合わせた SI 組立単位で表す．いくつかの例を表 A.3 にあげる．

表 A.3　SI 組立単位

量	次元	名称	記号
面積	L^2	平方メートル (square meter)	m^2
速度	MT^{-1}	メートル毎秒 (meter per second)	m/s
加速度	MT^{-2}	メートル毎秒毎秒 (meter per square second)	$\mathrm{m/s}^2$
運動量	MLT^{-1}	キログラムメートル毎秒 (kilogram meter per second)	kg m/s

A.1.3 固有の名称と独自の記号

力の次元は質量と加速度の次元の積 MLT^{-2} であるから，SI 組立単位では力の単位は $\mathrm{kg\ m/s^2}$ となる．これを慣習上 N (ニュートン) と表す．このように固有の名称と独自の記号が与えられた SI 組立単位の例を表 A.4 にあげる．

表 A.4　固有の名称と独立の記号が与えられた SI 組立単位

量	次元	SI 組立単位	記号	名称
力	MLT^{-2}	$\mathrm{kg\ m/s^2}$	N	ニュートン (Newton)
周波数	T^{-1}	s^{-1}	Hz	ヘルツ (Hertz)
仕事・エネルギー	$\mathrm{ML^2T^{-2}}$	$\mathrm{kg\ m^2/s^2}$	J	ジュール (Joule)
圧力	$\mathrm{ML^{-1}T^{-2}}$	$\mathrm{kg/m\ s^2}$	Pa	パスカル (Pascal)
仕事率	$\mathrm{ML^2T^{-3}}$	$\mathrm{kg\ m^2/s^3}$	W	ワット (Watt)
平面角	1	m/m	rad	ラジアン (radian)

A.1.4 固有の名称と独立の記号を含む組立単位

組立単位の中に固有の名称と独立の記号を含むものもある．

表 **A.5** 固有の名称と独立の記号を含む SI 組立単位

量	次元	SI 組立単位	記号
トルク	ML^2T^{-2}	$kg\ m^2/s^2$	N m
角速度	T^{-1}	m/m s	rad/s
角加速度	T^{-2}	$m/m\ s^2$	rad/s^2

A.1.5 SI 接頭語

単位記号に表 A.6 の接頭語をつけて 10 のべき乗倍を表す単位にすることができる．

例：$1\ mm = 10^{-3}\ m$, $1\ \mu m = 10^{-6}\ m$, $1\ hPa = 10^2\ Pa$, $1\ kW = 10^3\ W$

A.1.6 参考文献

(独) 産業技術総合研究所 計量標準総合センター，国際文書第 8 版「国際単位系 (SI)」, https://www.nmij.jp/library/units/si/R8/SI8J.pdf (2006).

物理学辞典編集委員会編，物理学辞典 三訂版，培風館 (2005).

A.2 ギリシャ文字

表 A.7 を参照のこと．

A.3 物理学にしばしば出てくる基本的関数

A.3.1 1 次関数と 2 次関数のグラフ

1 次関数および 2 次関数の例として，地球上 (重力加速度を g とする) で，高さ y_0 の所から，速さ v_0 でボールを鉛直上方に投げ上げた場合のボールの速さ $v(t)$ と高さ $y(t)$ を，図 A.1 と図 A.2 に示した．用いた関数形は

$$v(t) = -gt + v_0 \tag{A.1}$$

$$y(t) = -\frac{1}{2}gt^2 + v_0 t + y_0 \tag{A.2}$$

である．

以下の点で数学の場合と異なることに注目しよう．

1. 数学では，独立変数 (横軸) に x，従属変数 (縦軸) に y がしばしば用いられるが，物理の場合は，それぞれの物理量に応じて適切な文字が用いられる．図 A.1 と図 A.2 では，横軸は時刻なので t，縦軸は，図 A.1 が速さなので v，図 A.2 が高さなので y が用いられている．
2. 通常，変数は次元をもつ量なので，s, m, m/s など単位を明記する．

表 **A.6** SI 接頭語

倍数	接頭語	記号	倍数	接頭語	記号
10^{-1}	デシ (deci)	d	10^1	デカ (deca)	da
10^{-2}	センチ (centi)	c	10^2	ヘクト (hecto)	h
10^{-3}	ミリ (milli)	m	10^3	キロ (kilo)	k
10^{-6}	マイクロ (micro)	μ	10^6	メガ (mega)	M
10^{-9}	ナノ (nano)	n	10^9	ギガ (giga)	G
10^{-12}	ピコ (pico)	p	10^{12}	テラ (tera)	T
10^{-15}	フェムト (femto)	f	10^{15}	ペタ (peta)	P
10^{-18}	アト (atto)	a	10^{18}	エクサ (exa)	E
10^{-21}	ゼプト (zepto)	z	10^{21}	ゼタ (zetta)	Z
10^{-24}	ヨクト (yocto)	y	10^{24}	ヨタ (yotta)	Y

表 **A.7** ギリシャ文字

大文字	小文字	カナ表記	アルファベット表記	大文字	小文字	カナ表記	アルファベット表記
A	α	アルファ	alpha	N	ν	ニュー	nu
B	β	ベータ	beta	Ξ	ξ	グザイ	xi
Γ	γ	ガンマ	gamma	O	o	オミクロン	omicron
Δ	δ	デルタ	delta	Π	π	パイ	pi
E	ϵ	イプシロン	epsilon	P	ρ	ロー	rho
Z	ζ	ゼータ (ツェータ)	zeta	Σ	σ	シグマ	sigma
H	η	イータ	eta	T	τ	タウ	tau
Θ	θ	シータ	theta	Υ	υ	ウプシロン	upsilon
I	ι	イオタ	iota	Φ	ϕ	ファイ	phi
K	κ	カッパ	kappa	X	χ	カイ	chi
Λ	λ	ラムダ	lambda	ψ	ψ	プサイ	psi
M	μ	ミュー	mu	Ω	ω	オメガ	omega

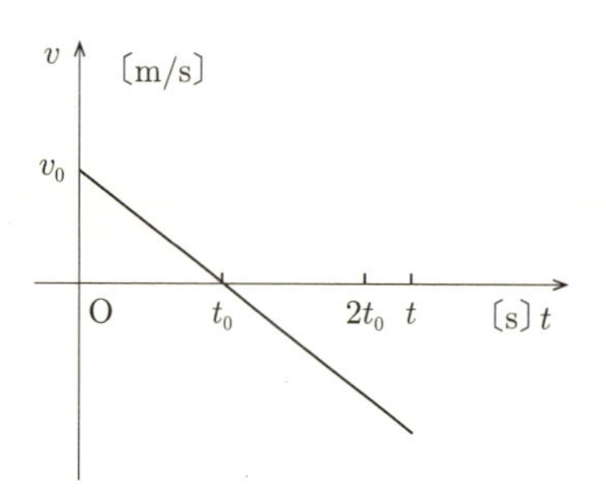

図 **A.1**　1 次関数の例 (鉛直投射 v–t 図)．$t_0 = \frac{v_0}{g}$

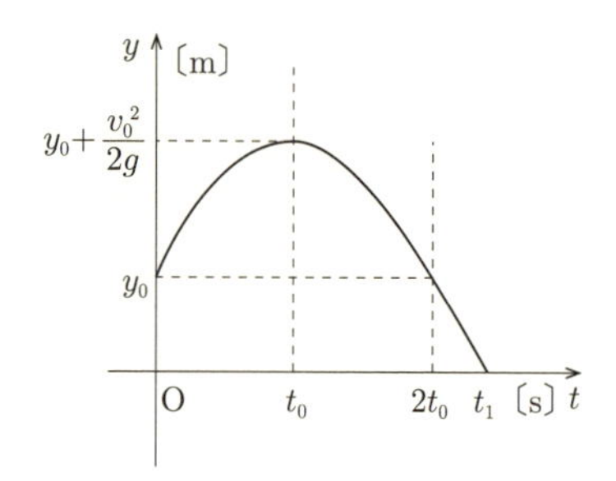

図 **A.2**　2 次関数の例 (鉛直投射 y–t 図)．$t_0 = \frac{v_0}{g}$

3. 物理的条件から変数の範囲が限られることがある．ボールを投げ上げた時刻を $t = 0$ とすると，$t \geq 0$．ボールが地面に落ちる時刻 t_1 まで考えるとして，時刻の上限は t_1．
4. 横軸および縦軸に特徴的な値を書き入れることが望ましい．

$$y(t) = -\frac{1}{2}g\left(t - \frac{v_0}{g}\right)^2 + \frac{1}{2}\frac{v_0^2}{g} + y_0 \quad \text{(A.3)}$$

に着目して，図 A.2 には，最高点に達する時刻 $t_0 = \frac{v_0}{g}$ と最高点の高さ $\frac{1}{2}\frac{v_0^2}{g} + y_0$ が記されている．物理的に明らかなように，t_0 は，図 A.1 で速さが 0 になる時刻でもある．

A.3.2 三　角　関　数

物理学や工学においては，三角関数が，しばしば重要な役割を演じる．ここでは，三角関数に関する基本的事項を整理しておこう．

a. 鋭角に対する三角比

角度 θ が鋭角の場合，斜辺と底辺のなす角度が θ の直角三角形 OPQ を考え，角度 θ の正弦，余弦，正接を，それぞれ，$\sin\theta, \cos\theta, \tan\theta$ で表し，次のように定義する (図 A.3 参照)．

$$\sin\theta = \frac{\text{高さ}}{\text{斜辺の長さ}} = \frac{y}{r}, \quad \cos\theta = \frac{\text{底辺の長さ}}{\text{斜辺の長さ}} = \frac{x}{r},$$
$$\tan\theta = \frac{\text{高さ}}{\text{底辺の長さ}} = \frac{y}{x} \quad \text{(A.4)}$$

また，正弦，余弦，正接をまとめて三角比という．

三角比の間には，次のような関係が成りたつ．

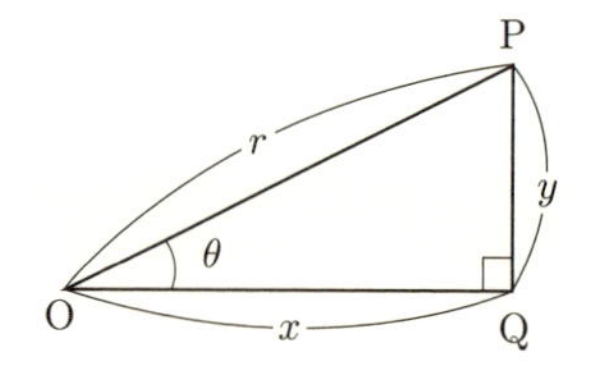

図 **A.3**　三角比の定義

$$\tan\theta = \frac{\sin\theta}{\cos\theta}, \quad \sin^2\theta + \cos^2\theta = 1,$$
$$1 + \tan^2\theta = \frac{1}{\cos^2\theta} \quad \text{(A.5)}$$

b. 三角比の拡張：一般的な角度に対する三角関数：定義とグラフ

半径 1 の円の上を動く点 P の x 座標と y 座標を用いて，三角比を，θ が負の角度や $\frac{\pi}{2}$ を超す角度である場合も含むように拡張することができる (図 A.4 参照)．このとき，$\sin\theta, \cos\theta, \tan\theta$ は，それぞれ，正弦関数，余弦関数，正接関数とよばれ，次のように定義される：

$$\sin\theta = y, \quad \cos\theta = x, \quad \tan\theta = \frac{y}{x} \quad \text{(A.6)}$$

また，これらをまとめて三角関数という．三角関数は P 点が動く円の半径と P 点の x 座標あるいは y 座標の比で定義されるので円の半径は任意である．そのため，通常は半径 1 の円を用いて定義される．

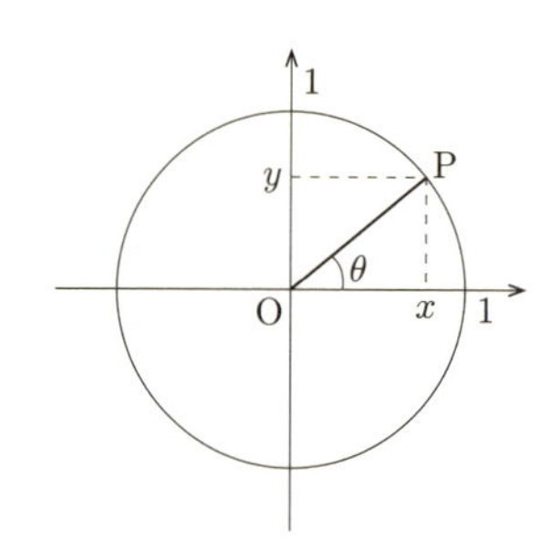

図 **A.4**　三角関数の定義

図 A.5 と図 A.6 に三角関数の振る舞いを示した．定義から明らかなように，$\sin\theta$ と $\cos\theta$ は周期が 2π の周期関数であり，$\tan\theta$ は周期が π の周期関数である：

$$\sin(\theta + 2n\pi) = \sin\theta, \quad \cos(\theta + 2n\pi) = \cos\theta,$$
$$\tan(\theta + n\pi) = \tan\theta \quad \text{(A.7)}$$

ここで，n は任意の整数：$n = 0, \pm1, \pm2, \ldots$

c. いくつかの特別な角に対する三角比および三角関数の値

角度をラジアン単位で表し，n を任意の整数とすると，

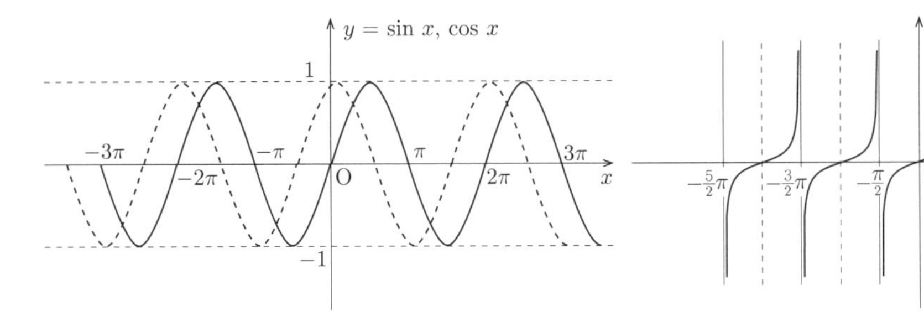

図 **A.5**　正弦関数 (実線) と余弦関数 (点線) のグラフ

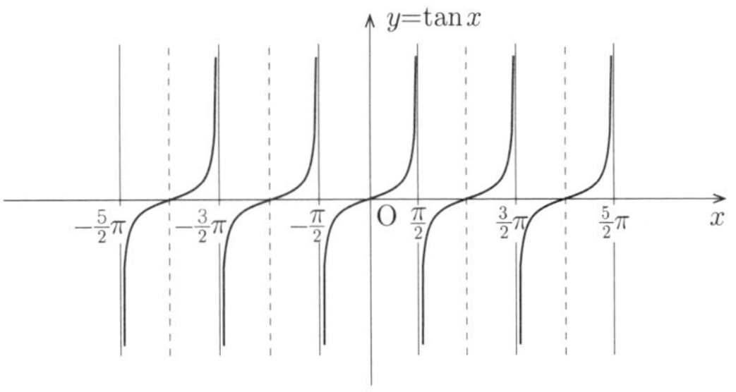

図 **A.6**　正接関数のグラフ

$$\sin 0 = \sin n\pi = 0, \quad \sin\frac{\pi}{6} = \frac{1}{2}, \quad \sin\frac{\pi}{4} = \frac{1}{\sqrt{2}},$$
$$\sin\frac{\pi}{3} = \frac{\sqrt{3}}{2}, \quad \sin\frac{\pi}{2} = 1, \quad \sin\frac{3\pi}{2} = -1 \qquad \text{(A.8)}$$
$$\cos 2n\pi = 1, \quad \cos\frac{\pi}{6} = \frac{\sqrt{3}}{2}, \quad \cos\frac{\pi}{4} = \frac{1}{\sqrt{2}},$$
$$\cos\frac{\pi}{3} = \frac{1}{2}, \quad \cos\frac{\pi}{2} = 0, \quad \cos(2n+1)\pi = -1 \qquad \text{(A.9)}$$

d.　三角関数のべき級数展開 (べき級数表示) と小さな角のときの近似式

すべての x に対して,

$$\sin x = x - \frac{1}{3!}x^3 + \frac{1}{5!}x^5 + \cdots + (-)^n \frac{1}{(2n+1)!}x^{2n+1} + \cdots \qquad \text{(A.10)}$$
$$\cos x = 1 - \frac{1}{2!}x^2 + \frac{1}{4!}x^4 + \cdots + (-)^n \frac{1}{(2n)!}x^{2n} + \cdots \qquad \text{(A.11)}$$

これらの式から, x が十分小さければ

$$\sin x \approx x, \quad \cos x \approx 1 \qquad \text{(A.12)}$$

また, 式 (A.10) と式 (A.11) から, 正弦関数は奇関数であり, つまり, $\sin(-x) = -\sin x$ であり, 余弦関数は偶関数である, つまり, $\cos(-x) = \cos x$ であること, および正弦関数と余弦関数が, 互いに微分を通して $\frac{d}{dx}\sin x = \cos x$; $\frac{d}{dx}\cos x = -\sin x$ の関係にあることがわかる.

e.　三角関数の加法定理

$$\sin(\alpha+\beta) = \sin\alpha\cos\beta + \cos\alpha\sin\beta \qquad \text{(A.13)}$$
$$\cos(\alpha+\beta) = \cos\alpha\cos\beta - \sin\alpha\sin\beta \qquad \text{(A.14)}$$

これらの式から

$$\sin(2\alpha) = 2\sin\alpha\cos\alpha \qquad \text{(A.15)}$$
$$\cos(2\alpha) = \cos^2\alpha - \sin^2\alpha \qquad \text{(A.16)}$$

A.3.3　指　数　関　数

a.　定義とグラフ

a を $a > 0, a \neq 1$ の定数とするとき $y = a^x$ で定義される関数を, a を底とする x の指数関数という. 物理学や工学では, 特に, 底 a がネイピア数 (Napier number) e のときの指数関数が頻繁に現れる. ここで, ネイピア数は

$$e = 1 + \frac{1}{1!} + \frac{1}{2!} + \cdots + \frac{1}{n!} + \cdots = 2.71828..... \qquad \text{(A.17)}$$

で定義される.

図 A.7 に指数関数 $y = e^x$ のグラフを示した. $y(x=0) = 1$, $y(1) = e \approx 2.7$, $y(2) \approx 7.4$, $y(-1) = \frac{1}{e} \approx 0.36$ など数点を用いて自分でもグラフを描いてみよう.

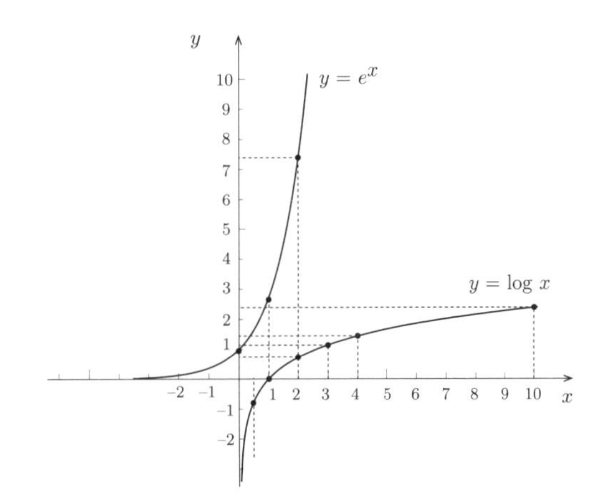

図 **A.7**　指数関数および対数関数 (自然対数関数) のグラフ

b.　導　関　数

指数関数の導関数は自分自身に等しい :

$$\frac{d}{dx}e^x = e^x \qquad \text{(A.18)}$$

この公式は物理学においてしばしば用いられる.

c.　級 数 展 開

テイラー展開の公式と式 (A.18) から, 次のべき級数展開 (べき級数表示) の公式が成りたつ.

$$e^x = 1 + \frac{1}{1!}x + \frac{1}{2!}x^2 + \cdots + \frac{1}{n!}x^n + \cdots \qquad \text{(A.19)}$$

d.　オイラーの公式

i を虚数単位とすると

$$e^{i\theta} = \cos\theta + i\sin\theta \qquad \text{(A.20)}$$

式 (A.20) は, 指数関数および三角関数のべき級数展開

の公式 (A.19), (A.10), (A.11) を用いて容易に証明することができる．

A.3.4 対 数 関 数

a. 定義とグラフ

1 ではない正の数 a に対して

$$x = a^y \tag{A.21}$$

のとき，

$$y = \log_a x \tag{A.22}$$

と表し，y を a を底とする x の対数関数という．図 A.7 に対数関数の振る舞いを示した．特に，$a = 10$ の場合を常用対数，$a = e$ の場合を自然対数という．自然対数はしばしば $y = \ln x$ のように表される．ln は natural logarithm の意味である．底があらわに書いていない場合は，自然対数あるいは常用対数であることが多い．

b. 特殊な場合の値

$$\log_a 1 = 0, \quad \log_a a = 1, \quad \log_a \frac{1}{a} = -1 \tag{A.23}$$

c. いくつかの公式

$$\log_a XY = \log_a X + \log_a Y \tag{A.24}$$

$$\log_a \frac{X}{Y} = \log_a X - \log_a Y \tag{A.25}$$

$$\log_a X^n = n \log_a X \tag{A.26}$$

$$\log_a b = \frac{\log_c b}{\log_c a} \quad (\text{底の変換公式}) \tag{A.27}$$

$$\log_a b = \frac{1}{\log_b a} \tag{A.28}$$

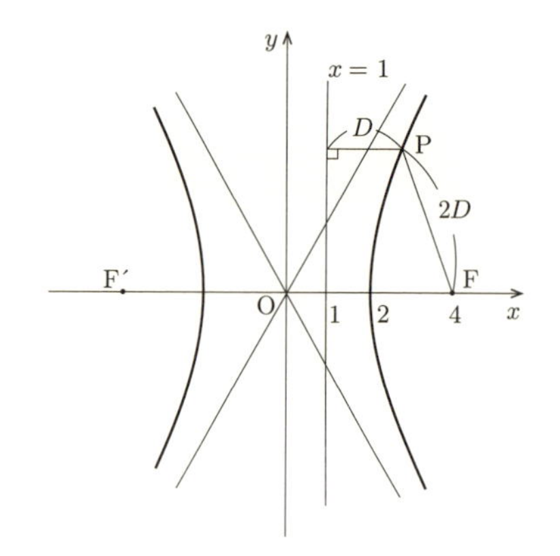

図 **A.8** 2 次曲線–双曲線

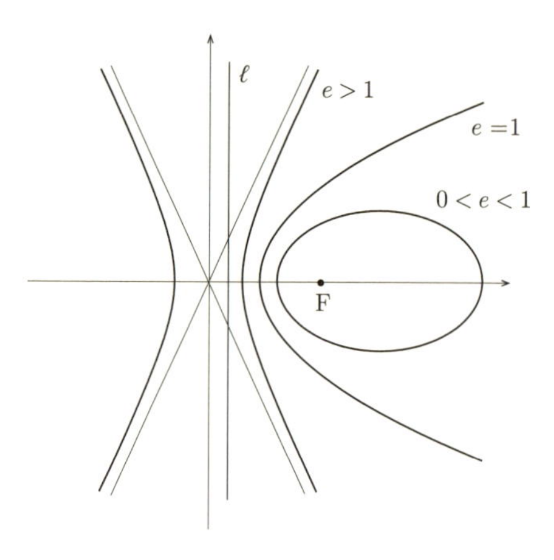

図 **A.9** 2 次曲線–一般

A.4 2 次曲線の定義と性質

定義 1：xy 平面上の点で，その (x, y) 座標が，定数 a, b, c, d, e, f を用いて

$$ax^2 + bxy + cy^2 + dx + ey + f = 0 \tag{A.29}$$

の関係にある点の集合を 2 次曲線または円錐曲線 (conic section) という．ただし，a, b, c のいずれかは 0 ではないとする．a〜f の符号に応じて，だ円 (円を含む)，放物線，双曲線に分かれる．

定義 2：一般に，点 P から定点 F までの距離と，F を通らない定直線 ℓ までの距離の比が $e : 1$ であるとき，点 P の軌跡は，e の値によって，次のようになる．

1. $0 < e < 1$ のとき：F を焦点の 1 つとするだ円
2. $e = 1$ のとき：F を焦点，ℓ を準線とする放物線
3. $e > 1$ のとき：F を焦点の 1 つとする双曲線

この e の値を，2 次曲線の**離心率**といい，直線 ℓ を**準線**という．

定義 3：双曲線は，平面上で，2 つの定点 F,F′ からの距離の差が一定である点 P の軌跡としても定義される．F,F′ を双曲線の焦点という．ただし，焦点 F,F′ からの距離の差は，線分 FF′ の長さより小さいものとする．また，直線 FF′ を主軸という．図 A.8 と図 A.9 に示した双曲線の場合，主軸は x 軸である．

一方，だ円は，平面上で，2 つの定点 F,F′ からの距離の和が一定である点 P の軌跡としても定義される．F,F′ をだ円の焦点という．

A.4.1 2 次曲線の表現—1：デカルト座標表現

$$\frac{x^2}{a^2} + \frac{y^2}{a^2} = 1 \quad (\text{円}) \tag{A.30}$$

$$\frac{x^2}{a^2} + \frac{y^2}{b^2} = 1 \quad (\text{だ円の方程式の標準形}) \tag{A.31}$$

$$\frac{x^2}{a^2} - \frac{y^2}{b^2} = 1 \quad (\text{双曲線の方程式の標準形}) \tag{A.32}$$

$$\frac{x^2}{a^2} - \frac{y^2}{b^2} = -1 \quad (\text{双曲線}) \tag{A.33}$$

$$y = 4ax^2 \quad (\text{放物線}) \tag{A.34}$$

$$y^2 = 4px \quad (\text{放物線の方程式の標準形}) \tag{A.35}$$

上に書いた式は 2 次曲線の標準形で，準線や主軸が x 軸あるいは y 軸に平行な場合である．物理学では，問題の設定に応じて，それらが傾いた場合にしばしば遭遇する．その場合は，式も変換 (準線や主軸が傾いた角度だけ x と y を回転) した形で得られる．

A.4.2　2 次曲線の表現—2：極座標表現

$$\rho = \frac{\ell}{1 + e\cos\varphi} \tag{A.36}$$

A.4.3　2 つの表現の同値性

例として，だ円の場合を考えてみよう．直角座標 (x, y) と極座標 ρ, φ のあいだの変換公式 $x = \rho\cos\varphi, y = \rho\sin\varphi$ を用いて式 (A.36) を (x, y) 表示に変換すると，$0 < e < 1$ の場合は，次式が得られる．

$$\frac{x^2}{a^2} + \frac{y^2}{b^2} = 1 \tag{A.37}$$

$$e = \frac{\sqrt{a^2 - b^2}}{a} \tag{A.38}$$

$$r_{\min} = a(1 - e) \quad \text{最短距離 (例：近日点)} \tag{A.39}$$

$$r_{\max} = a(1 + e) \quad \text{最長距離 (例：遠日点)} \tag{A.40}$$

[注]　式 (A.39) と式 (A.40) の r は，式 (A.36) の ρ に対応し，焦点から測った距離 (焦点を原点とする極座標の動径成分 (原点からの距離)) を表す．また，式 (A.36) の ℓ は $\ell = a(1 - e^2)$ である．

[備考]　だ円は 2 つの定点 (焦点) からの距離の和が一定の点の集合としても定義できる．だ円を式 (A.37) で表す場合，焦点の位置は $(-ae, 0)$ と $(ae, 0)$ であり，それらの点からだ円上の点に至る距離の和は，定数の $2a$ である．

A.5　微　　分

A.5.1　微　分　法

a.　定　　義

x の関数 $y(x)$ を考える．x の値が x から $x + \Delta x$ (Δx は x の変化量の意味) に変化したとき，y の値は $y(x)$ から $y(x + \Delta x)$ に変化する．したがって，このあいだの y の変化量を Δy とすると，$\Delta y = y(x + \Delta x) - y(x)$ である．ここで，ギリシャ文字の大文字の Δ (デルタ) は変化量であることを示す記号である．

変数 x が x という値をとる点での y の微分 $\frac{dy(x)}{dx}$ は，変化率 $\frac{\Delta y}{\Delta x}$ の Δx を無限に小さくとったときの極限として定義される (図 A.10(a) 参照)：

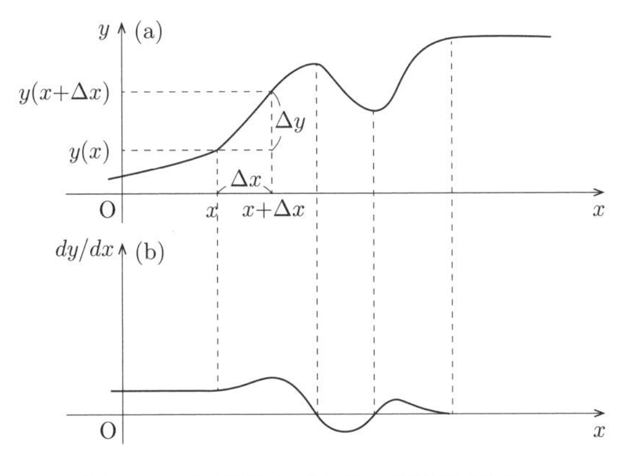

図 A.10　(a) 関数と (b) その導関数 (微分)

$$\frac{dy}{dx} \equiv \lim_{\Delta x \to 0} \frac{\Delta y}{\Delta x} \tag{A.41}$$

$$= \lim_{\Delta x \to 0} \frac{y(x + \Delta x) - y(x)}{\Delta x} \tag{A.42}$$

ここで，$\equiv$ は定義するということを表し，lim は limit つまり極限を表す．$\Delta x \to 0$ は x の変化量 Δx を 0 に近づけるという意味である．$\lim_{\Delta x \to 0}$ は，x の変化量 Δx を無限に小さくした極限をとることを意味する．

[注]　言葉の問題：$\frac{dy}{dx}$ を関数 $y(x)$ の**導関数** (正確には**第 1 階導関数**または**第 1 次導関数**) という．

関数 $y(x)$ から導関数 $\frac{dy}{dx}$ を求めることを，$y(x)$ を微分するという．数学では微分という言葉は導関数とやや異なる意味に用いられるが，ここでは，便宜上，「微分」という言葉を，「微分する」と「導関数」という 2 つの意味で区別せずに用いることにする．

b.　微分 (導関数) と接線の傾きとの関係

微分の定義から，変数 x の値が x である点での $y(x)$ の微分は，x を横軸，y を縦軸にとってグラフ $y = y(x)$ を描いたときの横軸の値が x のときの曲線の傾きに等しい (図 A.10(b) 参照)．

もとの関数 $y(x)$ と同じように，微分 $\frac{dy}{dx}$ は一般に x の値とともに変わる関数である．ただし，特別な場合として y が定数であれば微分 $\frac{dy}{dx}$ は 0，関数 $y(x)$ が x の 1 次関数であれば，微分は定数である．例えば $y(x) = 2x + 3$ であれば，$\frac{dy}{dx} = 2 =$ 定数 である．

c.　微分記号のいろいろ

微分 (導関数) は，書物や人によってさまざまな表記で表される．以下に，その代表的なものを記す．

$$\frac{dy(x)}{dx},\quad \frac{dy}{dx},\quad \frac{d}{dx}y(x),\quad \frac{d}{dx}y,\quad y'(x),\quad y',\quad \dot{y}(x),\quad \dot{y} \tag{A.43}$$

A.5.2　基本的な関数の微分公式

a.　有用な基本的公式

有用な基本的公式を以下にあげておく．

$$\frac{d}{dx}x^n \equiv (x^n)' = nx^{n-1} \qquad (n：\text{整数または分数}) \tag{A.44}$$

$$\frac{d}{dx}\{f_1(x)f_2(x)\} = f_1'(x)f_2(x) + f_1(x)f_2'(x) \quad \text{(積関数の微分)} \tag{A.45}$$

$$\frac{d}{dx}\frac{f(x)}{g(x)} = \frac{f'g - fg'}{g^2} \qquad \text{(関数の商の微分)} \tag{A.46}$$

$$\frac{d}{dx}\sin x \equiv (\sin x)' = \cos x \qquad \text{(正弦関数の微分)} \tag{A.47}$$

$$\frac{d}{dx}\cos x \equiv (\cos x)' = -\sin x \qquad \text{(余弦関数の微分)} \tag{A.48}$$

$$\frac{d}{dx}e^x \equiv (e^x)' = e^x$$
(指数関数 (ネイピア数 $e = 2.71...$ を底とする指数関数) の微分)　(A.49)

$$\frac{d}{dx}\ln x \equiv (\ln x)' = \frac{1}{x}$$
(自然対数の微分，$x > 0$ とする.)　(A.50)

[注 1]　マイナス冪は冪分の 1 と同じ：$a^{-n} = \frac{1}{a^n}$．例：$3^{-2} = \frac{1}{3^2} = \frac{1}{9}$．
[注 2]　n 乗根は，$\frac{1}{n}$ 乗と同じ：$\sqrt[n]{a} = a^{\frac{1}{n}}$．例：$\sqrt[3]{8} = 8^{\frac{1}{3}} = 2$
[注 3]　e^x を通常単に指数関数とよぶ．

b.　合成関数の微分

x の関数 $y(x)$ が，x のある関数 $w(x)$ の関数として表すことができる場合，次の微分公式が成りたつ．

$$\frac{dy}{dx} = \frac{d}{dx}y(w(x)) = \frac{dw(x)}{dx} \times \frac{dy(w)}{dw} = \frac{dy(w)}{dw} \times \frac{dw(x)}{dx}$$
(3 項目でも 4 項目でもよい)　(A.51)

x の関数としては y は複雑で，基本的な微分公式は使えないが，y を w の関数として表すと，$\frac{dy(w)}{dw}$ が比較的容易に求まり，かつ，$\frac{dw(x)}{dx}$ が容易に求まる場合，合成関数の公式を用いると，元々の求めるべき微分 $\frac{dy(x)}{dx}$ を容易に求めることができる．

例えば，$y(x) = (x^2+1)^{100}$ の x 微分を求めてみよう．

$w(x) = x^2 + 1$ とおくと，$y = w^{100}$ なので，$\frac{dy}{dw} = 100w^{99}$．一方，$\frac{dw}{dx} = 2x$．したがって，

$$\frac{d}{dx}(x^2+1)^{100} = 2x \times 100\left[w^{99}\right]_{w=x^2+1} = 200x(x^2+1)^{99} \quad \text{(A.52)}$$

c.　物理学でよく出てくる合成関数の微分の例

$$\frac{d}{dt}\sin\theta(t) = \dot{\theta}\cos\theta(t) \quad \text{(A.53)}$$

$$\frac{d}{dt}\cos\theta(t) = -\dot{\theta}\sin\theta(t) \quad \text{(A.54)}$$

$$\frac{d}{dt}\sin(\omega t + \alpha) = \omega\cos(\omega t + \alpha) \quad \text{(A.55)}$$

$$\frac{d}{dt}\cos(\omega t + \alpha) = -\omega\sin(\omega t + \alpha) \quad \text{(A.56)}$$

$$\frac{d}{dt}e^{\lambda t} = \lambda e^{\lambda t} \quad \text{(A.57)}$$

[証明] まず，式 (A.53) の証明をすることにしよう．角度 θ が時間 t の関数なので，$\sin\theta(t)$ の時間に関する導関数を求める場合は，新しい変数 $\Theta = \theta(t)$ を導入し (b 節の w の代わりに Θ を用いた)，Θ を介して合成関数の微分公式を用いればよい．まず，合成関数の微分公式から，

$$\frac{d}{dt}\sin\theta(t) = \frac{d}{dt}\Theta\left[\frac{d}{d\Theta}\sin\Theta\right] \quad \text{(A.58)}$$

$\Theta = \theta(t)$ なので，右辺 1 項目の微分は

$$\frac{d}{dt}\Theta = \frac{d}{dt}\theta(t) = \dot{\theta} \quad \text{(A.59)}$$

最後の項では，時間に関する微分を上付きの点で表した．2 項目の微分は，通常の正弦関数の微分なので

$$\left[\frac{d}{d\Theta}\sin\Theta\right] = \cos\Theta = \cos\theta(t) \quad \text{(A.60)}$$

結局，式 (A.53) が導かれる．これらの手順を簡略化して表すと，次のようになる．

$$\frac{d}{dt}\sin\theta(t) = \frac{d}{dt}\theta(t)\left[\frac{d}{d\theta}\sin\theta\right]_{\theta=\theta(t)} = \dot{\theta}\cos\theta(t) \quad \text{(A.61)}$$

式 (A.55) は，式 (A.53) で，$\theta(t) = \omega t + \alpha$ とすれば容易に導ける．余弦関数の微分公式 (A.54)，式 (A.56) も同様な手順で証明することができる．

式 (A.57) は次のようにして証明できる．

$$\frac{d}{dt}e^{\lambda t} = \frac{d}{dt}w(t)\left[\frac{d}{dw}e^w\right]_{w=\lambda t} = \frac{d}{dt}\lambda t\left[e^w\right]_{w=\lambda t} = \lambda e^{\lambda t} \quad \text{(A.62)}$$

A.5.3　偏　微　分

例として，3 つの変数 x, y, z の関数 $f = f(x,y,z)$ を考えてみよう．このとき，f の x に関する偏微分 $\frac{\partial}{\partial x}f$ ($\frac{\partial f}{\partial x}$ とも書く) は

$$\frac{\partial}{\partial x}f \equiv \lim_{h\to 0}\frac{f(x+h,y,z) - f(x,y,z)}{h} \quad \text{(A.63)}$$

で定義される．ここでは Δx の代わりに h を用いた．

式 (A.63) の例が示すように，多変数の関数の偏微分は，1 つの変数だけを変化させ，他の変数は固定してあたかも定数のように取り扱った場合の微分として定義される．

例えば

$$f = ax^2y^3z^4 \qquad (a \text{ は定数}) \quad \text{(A.64)}$$

のとき

$$\frac{\partial}{\partial x}f = 2axy^3z^4 \quad \text{(A.65)}$$

$$\frac{\partial}{\partial y}f = 3ax^2y^2z^4 \quad \text{(A.66)}$$

$$\frac{\partial}{\partial z}f = 4ax^2y^3z^3 \quad \text{(A.67)}$$

である．

また，

$$y = f(x,t) = A\sin(kx - \omega t + \varphi) \qquad (k, \omega, \varphi \text{ は定数}) \quad \text{(A.68)}$$

のとき

$$\frac{\partial}{\partial x}f = Ak\cos(kx - \omega t + \varphi) \quad \text{(A.69)}$$

$$\frac{\partial^2}{\partial x^2}f = -Ak^2\sin(kx - \omega t + \varphi) \quad \text{(A.70)}$$

$$\frac{\partial}{\partial t}f = -A\omega\cos(kx - \omega t + \varphi) \quad \text{(A.71)}$$

$$\frac{\partial^2}{\partial t^2}f = -A\omega^2\sin(kx - \omega t + \varphi) \quad \text{(A.72)}$$

である．

これらの式から，$y = f(x,t) = A\sin(kx - \omega t + \varphi)$ は，微分方程式

$$\frac{\partial^2}{\partial t^2}y = v^2\frac{\partial^2}{\partial x^2}y \quad \text{(A.73)}$$

の解であることがわかる．ただし，

$$v = \frac{\omega}{k} \quad \text{(A.74)}$$

式 (A.73) は，波動方程式である．v は波の進む速度に対応する．

A.6 不　定　積　分

A.6.1 不定積分の定義

関数 $f(x)$ に対して，微分すると $f(x)$ になる関数，すなわち

$$F'(x) = f(x) \quad \text{(A.75)}$$

となる関数 $F(x)$ を，$f(x)$ の**不定積分**または**原始関数**という．

関数 $f(x)$ の不定積分を，記号 $\int f(x)\ dx$ で表す．

C を定数とすると，$F(x)$ が原始関数のときは，$F(x)+C$ も原始関数になる．

したがって

$$F'(x) = f(x) \text{ のとき}$$

$$\int f(x)\ dx = F(x) + C \qquad (C \text{ は定数}) \quad \text{(A.76)}$$

関数 $f(x)$ の不定積分を求めることを，$f(x)$ を**積分する**といい，定数 C を**積分定数**という．

A.6.2 基本的な関数の積分公式

$$\int x^n\ dx = \frac{1}{n+1}x^{n+1} + C \qquad (n \neq -1) \quad \text{(A.77)}$$

$$\int \frac{1}{x}\ dx = \ln|x| + C \quad \text{(A.78)}$$

$$\int e^x\ dx = e^x + C \quad \text{(A.79)}$$

$$\int \sin x\ dx = -\cos x + C \quad \text{(A.80)}$$

$$\int \cos x\ dx = \sin x + C \quad \text{(A.81)}$$

A.7 定　　積　　分

A.7.1 定積分の定義

関数 $f(x)$ の 1 つの不定積分を $F(x)$ とするとき，2 つの実数 a, b に対して，$F(b) - F(a)$ を，$f(x)$ の a から b までの**定積分**といい，記号 $\int_a^b f(x)\ dx$ で表す．

定積分を式で表すと，$F'(x) = f(x)$ のとき

$$\int_a^b f(x)\ dx = [F(x)]_a^b = F(b) - F(a) \quad \text{(A.82)}$$

a を定積分の下限，b を定積分の上限という．

A.7.2 面積との関係

x の区間 $[a, b]$ で $y(x) \geq 0$ のときは，定積分

$$S = \int_a^b y(x)\ dx \quad \text{(A.83)}$$

は曲線 $y(x)$ と x 軸および y 軸に平行な 2 つの直線 $x = a, x = b$ に囲まれた領域の面積に等しい (図 A.11 参照)．

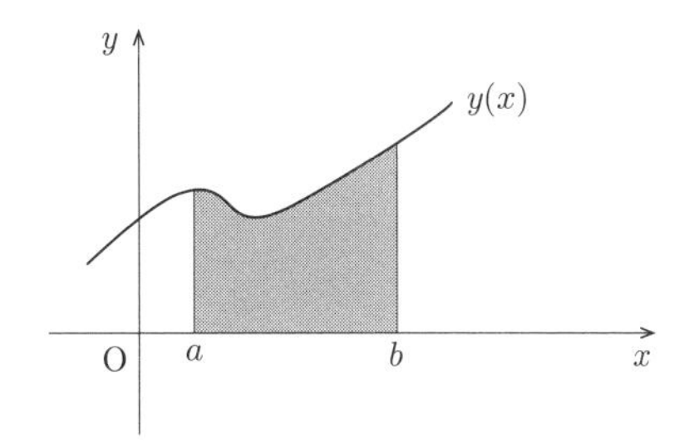

図 **A.11**　定積分と面積の関係

[課題] $y_1(x) = c$ (c は正の定数) と $y_2(x) = x + 1$ の 2 つの場合を例にとって，定積分 $S_1 = \int_a^b c\ dx, S_2 = \int_0^3 (x+1)dx$ と面積が等しくなることを確かめてみよう．

A.7.3 面積分 (二重積分)

a. 定義：デカルト座標表示および極座標表示

物理学や工学では，次のような定積分を実行することがしばしば必要になる

$$F = \int\int_{\text{領域 A}} f(x, y)\ dxdy \quad \text{(A.84)}$$

積分は，xy 平面上のある領域 A に対して行う．式 (A.84) は多重積分の一種で，二重積分あるいは面積分 (surface integral) とよばれる．

積分領域 A が長方形など xy 面内の直線の集合で与えられる場合は式 (A.84) で記したように，x, y 座標を用いて面積分を表したままで積分が比較的簡単に実行できる．しかし，積分領域 A の境界が円や半円などで与えられる場合は，x, y 座標ではなく 2 次元の極座標 r, θ を用いた方が積分がより容易に実行でき便利なことが多い．c 節で示すように，極座標を用いると式 (A.84) と同値の面積分は次の式で与えられる．

$$F = \int\int_{\text{領域 A}} \bar{f}(r, \theta)\ rdrd\theta \quad \text{(A.85)}$$

ただし，$\bar{f}$ は，関数 f を極座標表示したものである：

$$\bar{f}(r, \theta) = f(x(r, \theta), y(r, \theta)) \quad \text{(A.86)}$$

b. 面積分の例

面積分の例として，面密度一定の三角形板および扇の重心を問題形式で考えてみよう．

[問題 1]　面密度が σ で厚みの無視できる一様な二等辺三角形状 (底辺の長さ $2a$, 高さ h) の板が水平面上に置かれている．水平面を xy 面とするとき，板の頂点の座標は $(-a, 0, 0), (a, 0, 0), (0, h, 0)$ であるとする．この板の重心の位置座標を求めよ．

[問題 2]　扇型をした以下の 2 つの平板の重心の位置を

求めよ (図 A.12 参照)．ただし，平板の面密度は一様である．

問 1. 半径 R_2 の円弧 AB と直線 OA,OB で囲まれる扇形の板 OAB．ただし，直線 OA,OB は y 軸の逆側にあり，ともに y 軸と角度 Θ をなすものとする．

問 2. 半径 R_2 の円弧 AB，半径 R_1 の円弧 CD および直線 OA,OB で囲まれる扇形の板 ABDC．

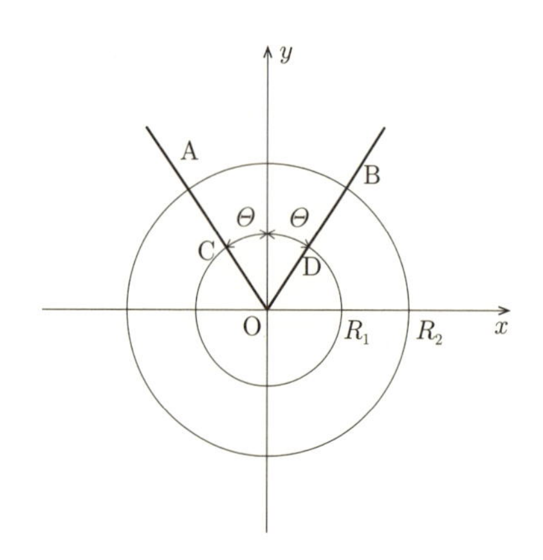

図 **A.12** 一様な扇形板の重心

[問題 1] の解答

重心の座標を $\boldsymbol{X}_{\mathrm{G}} = (X_{\mathrm{G}}, Y_{\mathrm{G}}, Z_{\mathrm{G}})$ とすると，対称性から明らかに $X_{\mathrm{G}} = 0$．また，厚みが無視できるので $Z_{\mathrm{G}} = 0$ である．

Y_{G} を求めるために，この問題では，境界の形から，x, y 座標を用いるのが便利である．板は y 軸に関して対称なので，正の x 側の直角三角形の重心の y 座標を求めればよい．先に x で積分し，その後，y で積分することにすると，重心の定義から

$$Y_{\mathrm{G}} = \frac{\int_0^h \{\int_0^{x(y)} \ dx\} y dy}{\int_0^h \{\int_0^{x(y)} \ dx\} dy} \tag{A.87}$$

ここで，$x(y)$ は y が与えられたときの x の最大値である．

板の形から，

$$x(y) = -\frac{a}{h} y + a \tag{A.88}$$

という関係式が成りたつので

$$Y_{\mathrm{G}} = \frac{\int_0^h (-\frac{a}{h} y + a) y dy}{\int_0^h (-\frac{a}{h} y + a) dy} \tag{A.89}$$

となる．積分を実行して

$$\begin{aligned} Y_{\mathrm{G}} &= \frac{\int_0^h (-\frac{a}{h} y + a) y dy}{\int_0^h (-\frac{a}{h} y + a) dy} = \frac{-\frac{a}{h}\frac{1}{3}h^3 + a\frac{1}{2}h^2}{-\frac{a}{h}\frac{1}{2}h^2 + ah} \\ &= \frac{\frac{1}{6}ah^2}{\frac{1}{2}ah} = \frac{1}{3}h \end{aligned} \tag{A.90}$$

が得られる．

結局，重心の位置座標は $\boldsymbol{X}_{\mathrm{G}} = (0, \frac{1}{3}h, 0)$ である．

[問題 2] の解答

問 1. 重心の座標を $(X_{\mathrm{G}}, Y_{\mathrm{G}})$ と書くことにすると，対称性から，明らかに，

$$X_{\mathrm{G}} = 0 \tag{A.91}$$

一方，板の面密度を σ とすると，重心の定義から面積積分を用いて

$$Y_{\mathrm{G}} = \frac{\int \sigma y dS}{\int \sigma dS} = \frac{\int y dS}{\int dS} \tag{A.92}$$

この問題では (2 次元の) 極座標を用いた方が面積積分がやりやすい．極座標を r, θ で表すことにすると y 座標は $y = r \sin\theta$ で与えられ，面積要素 dS は $r dr d\theta$ で与えられるので，板のある積分領域について面積分を実行して

$$\begin{aligned} Y_{\mathrm{G}} &= \frac{\int_0^{R_2} r dr \int_{\frac{\pi}{2}-\Theta}^{\frac{\pi}{2}+\Theta} d\theta r \sin\theta}{\int_0^{R_2} r dr \int_{\frac{\pi}{2}-\Theta}^{\frac{\pi}{2}+\Theta} d\theta} \\ &= \frac{\int_0^{R_2} r^2 dr \int_{\frac{\pi}{2}-\Theta}^{\frac{\pi}{2}+\Theta} \sin\theta d\theta}{\int_0^{R_2} r dr \int_{\frac{\pi}{2}-\Theta}^{\frac{\pi}{2}+\Theta} d\theta} \\ &= \frac{\frac{1}{3}\left[r^3\right]_0^{R_2} \left[-\cos\theta\right]_{\frac{\pi}{2}-\Theta}^{\frac{\pi}{2}+\Theta}}{\frac{1}{2}\left[r^2\right]_0^{R_2} \left[\theta\right]_{\frac{\pi}{2}-\Theta}^{\frac{\pi}{2}+\Theta}} \\ &= \frac{2}{3} R_2 \frac{2\sin\Theta}{2\Theta} \\ &= \frac{2}{3} R_2 \frac{\sin\Theta}{\Theta} \end{aligned} \tag{A.93}$$

問 2. 問 1 と同じように考え，ただし，r の積分領域を板のある領域に変えればいいので

$$\begin{aligned} Y_{\mathrm{G}} &= \frac{\int_{R_1}^{R_2} r dr \int_{\frac{\pi}{2}-\Theta}^{\frac{\pi}{2}+\Theta} d\theta r \sin\theta}{\int_{R_1}^{R_2} r dr \int_{\frac{\pi}{2}-\Theta}^{\frac{\pi}{2}+\Theta} d\theta} \\ &= \frac{\int_{R_1}^{R_2} r^2 dr \int_{\frac{\pi}{2}-\Theta}^{\frac{\pi}{2}+\Theta} \sin\theta d\theta}{\int_{R_1}^{R_2} r dr \int_{\frac{\pi}{2}-\Theta}^{\frac{\pi}{2}+\Theta} d\theta} \\ &= \frac{\frac{1}{3}\left[r^3\right]_{R_1}^{R_2} \left[-\cos\theta\right]_{\frac{\pi}{2}-\Theta}^{\frac{\pi}{2}+\Theta}}{\frac{1}{2}\left[r^2\right]_{R_1}^{R_2} \left[\theta\right]_{\frac{\pi}{2}-\Theta}^{\frac{\pi}{2}+\Theta}} \\ &= \frac{2}{3} \frac{(R_2^3 - R_1^3)}{(R_2^2 - R_1^2)} \frac{2\sin\Theta}{2\Theta} \\ &= \frac{2}{3} \frac{R_2^2 + R_2 R_1 + R_1^2}{R_2 + R_1} \frac{\sin\Theta}{\Theta} \end{aligned} \tag{A.94}$$

また，問 1 と同様に，対称性から

$$X_{\mathrm{G}} = 0 \tag{A.95}$$

c. 極座標表示とデカルト座標表示が同値であることの証明

式 (A.85) が式 (A.84) と同値であることは次の 2 つの方法で証明することができる．

(1) 面積要素の極座標表示に着目する方法：

関数 $f(x, y)$ の面積分は，積分平面を小さな領域に分割し，それぞれの面積要素の面積にその領域での f の値の重みをつけて足し合わせ，区分を無限に小さくとった極限として定義される．したがって，座標点 (x, y) 近傍の 1 区画の面積を ΔS，その極限を dS とすると，面積

分は

$$F = \int_{\text{領域 A}} f(x,y)\, dS \tag{A.96}$$

と書くことができる．

平面の分割を図 A.13 に示すような x 軸および y 軸に平行な直線群で行うと，(x,y) 近傍の 1 区画の面積は $\Delta S = \Delta x \Delta y$ で与えられる．(図 A.14) のように $\Delta x, \Delta y$ の幅を無限に小さな値 dx, dy にしたときの微小区画の面積を dS とすれば

$$dS = dxdy \tag{A.97}$$

となり，式 (A.96) は式 (A.84) に帰着する．

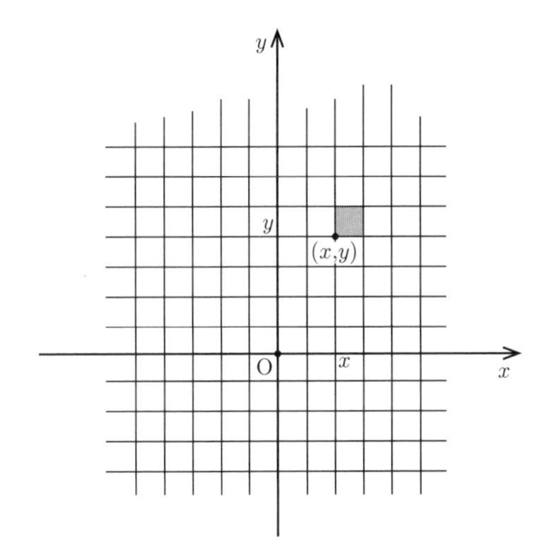

図 **A.13**　面積分を行う場合の領域の分割：直角座標 (x, y 座標，デカルト座標) を用いた場合

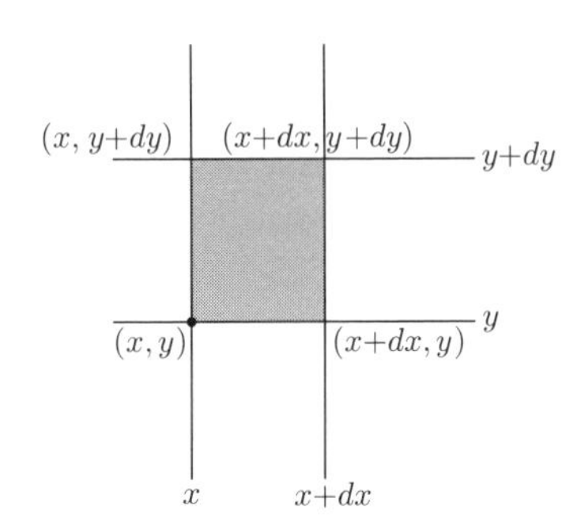

図 **A.14**　面積分を行う場合の微小区画の面積：直角座標 (x, y 座標，デカルト座標) を用いた場合

一方，極座標を用いるときは，図 A.15 に示すように同心円群と放射線群を用いて平面を分割する．角度が θ と $\theta + \Delta\theta$ の 2 つの放射線で挟まれる半径 r の円の円弧の長さは $r\Delta\theta$ なので，(r,θ) 近傍の 1 区画の面積は $\Delta S \sim r\Delta\theta \times \Delta r$ で与えられ，$\Delta\theta, \Delta r$ が無限小の値 $d\theta, dr$ となるときは

$$dS = rdrd\theta \tag{A.98}$$

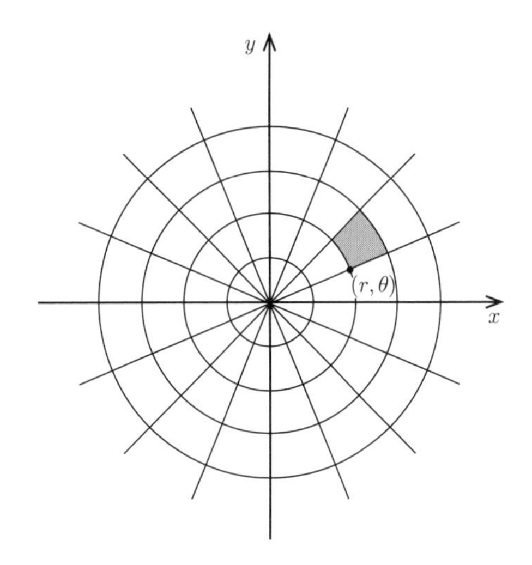

図 **A.15**　面積分を行う場合の領域の分割：2 次元極座標を用いた場合

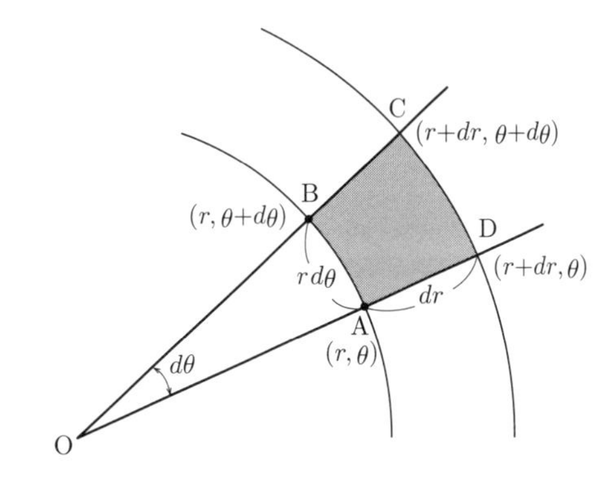

図 **A.16**　面積分を行う場合の微小区画の面積：2 次元極座標を用いた場合

となり (図 A.16)，式 (A.96) は式 (A.85) に帰着する．

このようにして，面積分に対する式 (A.85) と式 (A.84) が同値であることが証明される．

(2)　ヤコビアンを用いた座標変換法：

もう 1 つの証明は，積分変数を変換するときの一般的な公式を用いる方法である．変換に伴うヤコビアン (Jacobian) を J で表すと

$$\begin{aligned} F &= \int\int_{\text{領域 A}} f(x,y)\, dxdy \\ &= \int\int_{\text{領域 A}} \bar{f}(r,\theta)\ Jdrd\theta \end{aligned} \tag{A.99}$$

ただし，$\bar{f}$ は，関数 f を極座標表示したものである：

$$\bar{f}(r,\theta) = f(x(r,\theta), y(r,\theta)) \tag{A.100}$$

J は一般論から

$$\begin{aligned} J &= \begin{vmatrix} \frac{\partial x}{\partial r} & \frac{\partial x}{\partial \theta} \\ \frac{\partial y}{\partial r} & \frac{\partial y}{\partial \theta} \end{vmatrix} = \begin{vmatrix} \frac{\partial r\cos\theta}{\partial r} & \frac{\partial r\cos\theta}{\partial \theta} \\ \frac{\partial r\sin\theta}{\partial r} & \frac{\partial r\sin\theta}{\partial \theta} \end{vmatrix} \\ &= \begin{vmatrix} \cos\theta & -r\sin\theta \\ \sin\theta & r\cos\theta \end{vmatrix} = r \end{aligned} \tag{A.101}$$

であり，式 (A.85) と式 (A.84) の同値性が証明される．

A.7.4 体積積分 (三重積分)

面積分と並んで，体積積分 (三重積分) も，物理学や工学でしばしば用いられ，場合に応じて，デカルト座標表示や極座標表示または円筒座標表示のうち便利な座標を使い分ければよい．それらは，同値で，次のように与えられる．直角座標 (デカルト座標あるいは x, y, z 座標) を用いた場合

$$F = \iiint_{\text{領域 B}} f(x,y,z)\ dxdydz \quad (A.102)$$

3 次元極座標を用いた場合，

$$F = \iiint_{\text{領域 B}} \bar{f}(r,\theta,\theta)\ r^2 dr \sin\theta d\theta d\varphi \quad (A.103)$$

ただし，$\bar{f}$ は，関数 f を極座標表示したものである：

$$\bar{f}(r,\theta,\varphi) = f(x(r,\theta,\varphi), y(r,\theta,\varphi), z(r,\theta,\varphi)) \quad (A.104)$$

また，円筒座標 ρ, φ, z を用いた場合は，

$$F = \iiint_{\text{領域 B}} \bar{f}(\rho,\varphi,z)\ \rho d\rho d\varphi dz \quad (A.105)$$

例題 A.1　図 A.17 を参考にして，極座標表示をしたとき，(r,θ,φ) 点まわりの微小体積の大きさは $dV = r^2 \sin\theta\, dr\, d\theta\, d\varphi$ で与えられることを示せ．

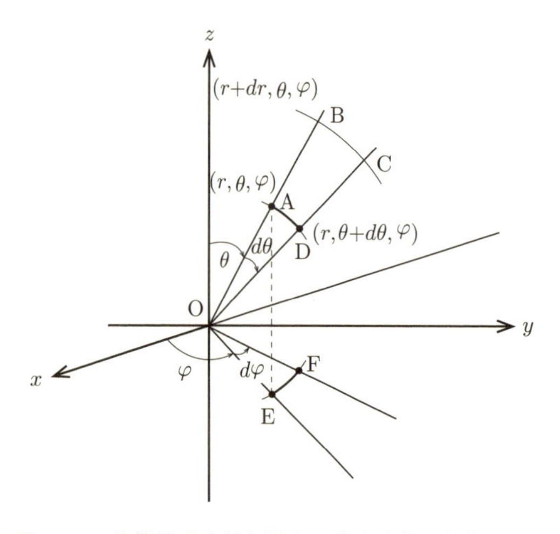

図 A.17　体積積分を行う場合の微小立体の体積の求め方：3 次元極座標を用いた場合

[解答]　求める微小体積の大きさは，図 A.17 の AB と円弧 AD，および EF を E を A の位置まで平行移動した円弧を 3 辺とする立体の体積で与えられる．AB の長さは明らかに dr，円弧 AD の長さは，弧度法の角度 (ラジアン) の定義から $rd\theta$ である．一方，OE の長さは $r\sin\theta$ なので，弧度法の角度の定義から，円弧 EF の長さは $r\sin\theta d\varphi$．したがって，微小体積の大きさ dV は，

$$dV = dr \times rd\theta \times r\sin\theta d\varphi = r^2 \sin\theta dr\, d\theta\, d\varphi \quad (A.106)$$

で与えられる [*1]．

a.　極座標を用いた体積積分の応用問題：半球の重心の位置

xy 平面に底面をおき，底面の中心が座標の原点にある半径 a の半球の重心を求めてみよう．重心の位置を (X,Y,Z) と書くことにする．対称性から，$X=0, Y=0$ は自明である．Z を求めるためには，3 次元の極座標 (r,θ,φ) を用いると便利である．積分領域は，r については $0 \sim a$，θ については $0 \sim \frac{\pi}{2}$，φ については $0 \sim 2\pi$ である．$z = r\cos\theta$ であることに注意すると

$$Z \equiv \int_0^a \int_0^{\pi/2} \int_0^{2\pi} z\ r^2 \sin\theta dr d\theta d\varphi \Big/ \frac{2\pi}{3}a^3 \quad (A.107)$$

$$= \int_0^a \int_0^{\pi/2} \int_0^{2\pi} r\cos\theta\ r^2 \sin\theta dr d\theta d\varphi \Big/ \frac{2\pi}{3}a^3$$

$$= \int_0^a r^3\ dr \int_0^{\pi/2} \cos\theta\sin\theta d\theta \int_0^{2\pi} d\varphi \Big/ \frac{2\pi}{3}a^3$$

$$= \frac{1}{4}a^4 \times \frac{1}{2} \times 2\pi \Big/ \frac{2\pi}{3}a^3$$

ここで，θ に関する積分に関して

$$\int_0^{\pi/2} \cos\theta\sin\theta d\theta = \frac{1}{2}\int_0^{\pi/2} \sin 2\theta d\theta = \frac{1}{2}\left(-\frac{1}{2}\right)[\cos 2\theta]_0^{\pi/2} = \frac{1}{2} \quad (A.108)$$

を用いた．したがって，結局

$$Z = \frac{3}{8}a \quad (A.109)$$

が得られる．

A.8 物理量の次元，次元解析

A.8.1 物理量の単位と次元

m (メートル) や cm, mm, km は，すべて長さや距離に関係している．s (second) や，m (minute)，h (hour)，d (day)，y (year) は，すべて時間に関係している．g や kg は，ともに質量に関係している．物理や工学の問題を取り扱うとき，速度，加速度，力などさまざまな物理量が，大きさの違いはともかく，まず，長さや時間や質量とどのように関係しているかに注目することがきわめて重要である．そのため，単位とは別に，**次元** (dimension) という概念を導入する．例えば，長さだけに関係するものは，m (メートル) や cm, mm, km などの違いによらず，すべて「長さの次元をもつ」といった具合である．基本となるのは，長さの次元，時間の次元および質量の次元の 3 つであり，それぞれ，L，T，M と書くことにする．ここで L, T, M はそれぞれ，length, time, mass の頭文字である．

[*1] 前節 c.(2) で面積積分の極座標表示を求めた場合と同じように，積分の座標変換のときに現れるヤコビアンを，直行座標 x, y, z と極座標 r, θ, φ のあいだの変換公式を用いて計算しても同じ結果が得られる．

A.8.2　いくつかの代表的物理量の次元

物理量を一般的に O とするとき，O の次元を $[O]$ と書くことにする．例えば，

$$[\text{太陽と地球間の距離}] = [\text{東京} - \text{Paris 間の距離}] = \mathrm{L} \tag{A.110}$$

$$[\text{自宅から大学までの所要時間}]$$
$$= [\text{東京} - \text{New York 間の所要時間}] = \mathrm{T} \tag{A.111}$$

$$[\text{地球の質量}] = [A\ \text{くんの質量}] = \mathrm{M} \tag{A.112}$$

一般的には，O は，長さにも，時間にも，質量にも関係する可能性があるので，一般的には

$$[O] = \mathrm{M}^{\alpha}\mathrm{L}^{\beta}\mathrm{T}^{\gamma} \tag{A.113}$$

と表すことができる．ここで，α, β, γ は，$\pm 1, \pm 2, \pm 1/2, \ldots$ などの数で，物理量 O が長さや時間や質量にどのように関係しているかで決まる．

例えば，速度 v は，移動距離を時間で割ったもの，あるいは，位置の時間変化率なので，速度の次元は，

$$[v] = \mathrm{LT}^{-1} \tag{A.114}$$

同様に，加速度 a の次元は

$$[a] = \mathrm{LT}^{-2} \tag{A.115}$$

である．

一方，力 F の次元は，ニュートンの運動法則 $F = ma$ に着目して

$$[F] = [ma] = \mathrm{MLT}^{-2} \tag{A.116}$$

のように求まる．

例題 A.2　運動量 $\boldsymbol{p}$ および角運動量 $\boldsymbol{L}$ の次元を $\mathrm{M, L, T}$ を用いて表せ．

［解答］

$$[\boldsymbol{p}] = [mv] = \mathrm{MLT}^{-1} \tag{A.117}$$

$$[\boldsymbol{L}] = [\boldsymbol{r} \times \boldsymbol{p}] = \mathrm{ML}^2\mathrm{T}^{-1} \tag{A.118}$$

1 や 2 や π などの数値は，長さにも，時間にも，質量にも関係ないので，それらは次元のない量，あるいは無次元の量であり，例えば，$[\pi] = \mathrm{L}^0\mathrm{T}^0\mathrm{M}^0 = 1$ である．

A.8.3　次　元　解　析

次元に着目すると，式の誤りを見出したり，場合によっては，知らない公式を導くことができる．このような操作を次元解析という．

まず，次元が異なる量を足したり引いたりすることはできない (物理的に意味がない)．例えば，距離 4 km と時間 1 時間を足すことはできない．また，物体にはたらく力を F，その物体の運動量を p とするとき，ある計算の結果 $F = p^2$ という結果が得られたら，次元の観点から，明らかにどこかで間違えている．このようなことを，「次元が違う！」と表現する．

次に，次元に着目して，公式を確認するまたは導く例題をいくつか紹介しよう．

A.8.4　次元解析の例題

a.　公式を確認する

鉛直投射の最高点の高さを記憶に頼って求めようとする場合を考えてみよう．初速度を v_0，重力加速度の大きさを g とすると，最高点の高さは $h_1 = \frac{1}{2}\frac{v_0}{g}$ か $h_2 = \frac{1}{2}\frac{v_0^2}{g}$ のいずれかであったことは記憶しているが，いずれかであったかは定かでないとする．

判定する 1 つの方法は次元を調べることである．まず h_1 の次元は $[h_1] = [v_0]/[g] = \mathrm{LT}^{-1}/(\mathrm{L}/\mathrm{T}^{-2}) = \mathrm{T}$ で，長さの次元にはならないので，h_1 は正しくない．一方，h_2 の次元は $[h_2] = [v_0^2]/[g] = \mathrm{L}^2\mathrm{T}^{-2}/(\mathrm{L}/\mathrm{T}^{-2}) = \mathrm{L}$ となり，長さの単位なので，h_2 が正しいと判断できる．ただし，次元のない係数 $\frac{1}{2}$ については，次元解析では正誤の判断はできない．

もう 1 つのやり方は，適当な現実的数値を入れて，物理的センスをはたらかせることである．もっともらしい値として $v_0 = 20$ m/s としてみよう．$g \approx 10$ m/s^2 なので，単位をはずして数値だけ計算し，後付で単位をつけるとすると $h_1 \approx \frac{1}{2}\frac{20}{10}$ m ≈ 1 m, $h_2 \approx \frac{1}{2}\frac{20^2}{10}$ m ≈ 20 m. 1 m はいかにも小さく，20 m は経験に合う．このことから h_2 の方が正しいことが推測される．

b.　遠心力の公式を導く

5.4.3 項で，円運動をする物体には $m\frac{v^2}{r} = mr\omega^2$ の遠心力がはたらくことを学んだ．ここでは，この公式を知らないとして，次元解析によってこの公式を導いてみよう．

遠心力の例として，バスに乗って走っている A くんが，バスがカーブするときに感じる力を考えてみよう．バスの速さが大きいほど外向きの強い力を感じる．また，急カーブであるほど，つまり，カーブの回転半径が小さいほど強い力を感じる．したがって，遠心力の大きさを F とすると，F は，バスの速さ v にもカーブの回転半径 r にも関係するはずである．また，F は力なので，質量にも関係するはずである．そこで，A くんの質量を m として

$$F = m^{\alpha}v^{\beta}r^{\gamma} \tag{A.119}$$

と仮定してみる．両辺の次元は，それぞれ

$$[\text{左辺}] = F = \mathrm{MLT}^{-2} \tag{A.120}$$

$$[\text{右辺}] = \mathrm{M}^{\alpha}(\mathrm{LT}^{-1})^{\beta}\mathrm{L}^{\gamma} = \mathrm{M}^{\alpha}(\mathrm{L})^{\beta+\gamma}\mathrm{T}^{-\beta} \tag{A.121}$$

したがって

$$\alpha = 1, \quad \beta = 2, \quad \gamma = -1 \tag{A.122}$$

が得られる．

c.　浅水波の速度の公式を導く

海岸で，岸に打ち寄せる波を眺めていいると，岸に近付くにつれて波面が揃ってくる．これは，波の進む速度が水深によって変わるためである．

それでは，波の速度 v が水深 d とどのように関係しているかを次元解析で求めてみよう．

波は水にはたらく重力によって生じるので，重力加速度の大きさを g とし，

$$v = d^{\alpha} g^{\beta} \tag{A.123}$$

と仮定してみる．両辺の次元を考えると，

$$[左辺] = [v] = \mathrm{LT}^{-1} \tag{A.124}$$

$$[右辺] = [\mathrm{L}]^{\alpha} (\mathrm{LT}^{-2})^{\beta} = (\mathrm{L})^{\alpha+\beta}\mathrm{T}^{-2\beta} \tag{A.125}$$

したがって

$$\alpha = 1/2, \quad \beta = 1/2 \tag{A.126}$$

が得られる．したがって，$v \propto \sqrt{dg}$ が得られる．次元解析では次元をもたない定数係数は決められないので，式 (A.123) の等号は，比例の記号 $\propto$ に代えた．

この結果は，波の速さが水深の平方根に比例しており，波は深い所では速く，浅い所ではゆっくり進むことを示している．岸に押し寄せる波の波頭が徐々に海岸線に平行になってくるのはそのためである．

例題 A.3 平面上の等速円運動の速さ v が円運動の半径 r と角速度 ω を用いて $v = r\omega$ で与えられることを次元解析を用いて示せ．

[解答] 円運動の速さは明らかに r と ω に依存するので，

$$v = r^{\alpha} \times \omega^{\beta} \tag{A.127}$$

とおくことにすると，左辺の次元は

$$[v] = \mathrm{LT}^{-1}, \tag{A.128}$$

右辺の次元は

$$\left[r^{\alpha} \times \omega^{\beta}\right] = [\mathrm{L}]^{\alpha} [\mathrm{T}]^{-\beta}. \tag{A.129}$$

である．

式 (A.128) と式 (A.129) を比較して，

$$\alpha = 1, \quad \beta = 1. \tag{A.130}$$

が得られる．

B 章末問題解答

第　1　章

[1.1] (1)　x–t グラフの傾きが v であるから，物体の速さ $|v|$ はグラフの傾きの絶対値である．したがっていちばん上下方向に立っているグラフを選べばよい．答えは物体 A.

(2)　前進する物体の速度 v は $v > 0$ であるから，x–t グラフは正の傾きをもつ．図 1.14 の中でグラフの傾きが正なのは，物体 A と B である．

(3)　バックする物体の速度 v は $v < 0$ であるから，x–t グラフは負の傾きをもつ．図 1.14 の中でグラフの傾きが負なのは，物体 C である．

(4) 止まっている物体の速度は $v = 0$ なので，x–t グラフの傾きは 0 である．図 1.14 の中でグラフの傾きが 0 なのは，物体 D である．

[1.2]　動いたり止まったりする運動だから，図 B.1 のように段階ごとに分けて記述する．I. 家からコンビニまで，II. コンビニで買い物中，III. コンビニから銀行まで，IV. 銀行で用事中，V. 銀行から家まで．

I. 家からコンビニまで：時刻 t における位置 $x(t)$ を表す式は，式 (1.8) で $x(0) = 0$ m，$v = 0.8$ m/s とおいて $x(t) = 0.8t$ m となる．コンビニに到着する時刻は $x = 200$ m として $x = 250$ s である．したがって，この式を適用する範囲は $0 \leq t < 250$ s である．

II. コンビニで買い物中：コンビニに到着後 2 分間，秒 (s) に換算して 120 s の間移動しないから，$250 \leq t < 370$ s の範囲で $x(t) = 200$ m である．

III. コンビニから銀行まで：コンビニを出発した時刻を $t' = 0$ s として，$x(0) = 200$ m, $v = -1.0$ m/s を式 (1.8) に代入すると，$x(t') = 200 - 1.0t'$ m となる．実際にコンビニを出発した時刻は $t = 370$ s なので，t と t' の関係は $t = t' + 370$ である．これより $t' = t - 370$ となるので，これを使うと $x(t) = 200 - 1.0(t - 370) = 570 - 1.0t$ m を得る．銀行に到着する時刻は $x = -500$ m を入れて $t = 1070$ s となる．したがって，上の表式の適用範囲は $370 \leq t < 1070$ s である．

IV. 銀行で用事中：銀行に到着してから 1 分間，すなわち 60 s のあいだ移動しないから，$1070 \leq t < 1130$ s の範囲で $x(t) = -500$ m である．

V. 銀行から家まで：銀行を出発した時刻を $t'' = 0$ s として，$x(0) = -500$ m，$v = 2.0$ m/s を式 (1.8) に代入すると $x(t'') = -500 + 2.0t''$ m を得る．実際に銀行を出発した時刻は $t = 1130$ s なので，t と t'' の関係は $t = t'' + 1130$ である．これより $t'' = t - 1130$ を得る．これを使うと $x(t) = -500 + 2.0(t - 1130) = -1630 + 2.0t$ m となる．家に到着する時刻は $x = 0$ m として $t = 1380$ s である．したがって，上の表式の適用範囲は $1130 \leq t \leq 1380$ s となる．

以上をグラフに表すと図 B.2 となる．

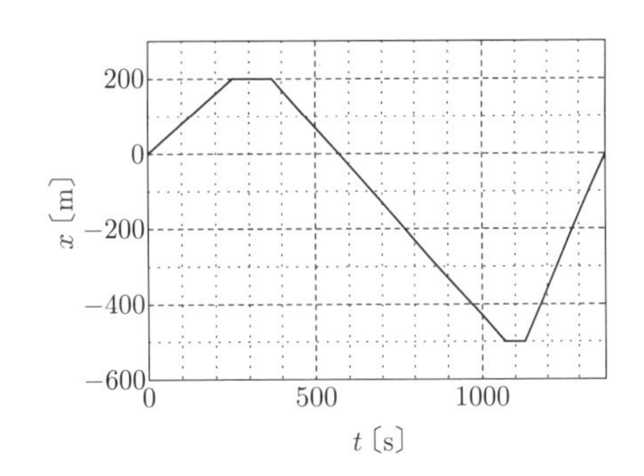

図 **B.2**　運動を表す x–t グラフ

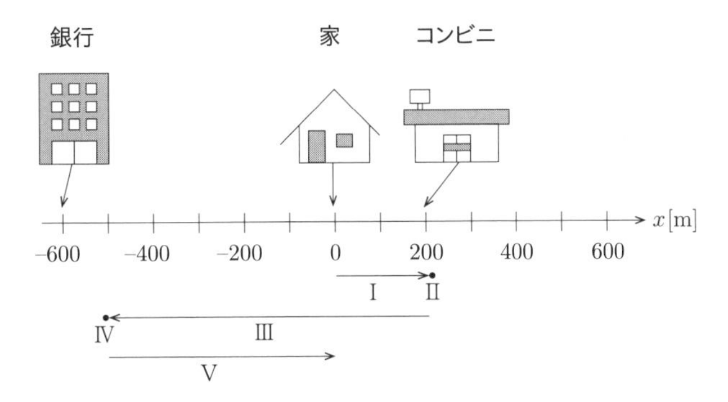

図 **B.1**　運動を I 〜 V の 5 段階に分けて記述する．

[1.3] (1) 時刻 t のときの物体の位置 $x(t)$ を表す式は，式 (1.8) に $x(0) = 0$ m, $v = 5$ m/s を入れて $x(t) = 5t$ m である．これをグラフにする．x–t グラフは図 B.3 (A) となる．

(2) この物体の速度 $v(t)$ は一定値 $v(t) = 5$ m/s と与えられている．あるいは式 (1.9) を用いて

$$v(t) = \frac{dx}{dt} = x'(t) = (5t)' = 5 \text{ m/s}$$

としてもよい．いずれにしても v–t グラフは図 B.3 (B) となる．

(3) v–t グラフの面積を使う方法：図 B.3 (B) の灰色に塗られている部分の面積を求める．面積 $=$ 変位 $= (7-3) \times 5 = 20$ m.

式 (1.8) を用いる方法：$t = 7, 3$ s のときの物体の位置はそれぞれ $x(7) = 35$ m, $x(3) = 15$ m なので，変位 Δx は $\Delta x = x(7) - x(3) = 35 - 15 = 20$ m である．

どちらの方法で求めても同じ結果を得る．

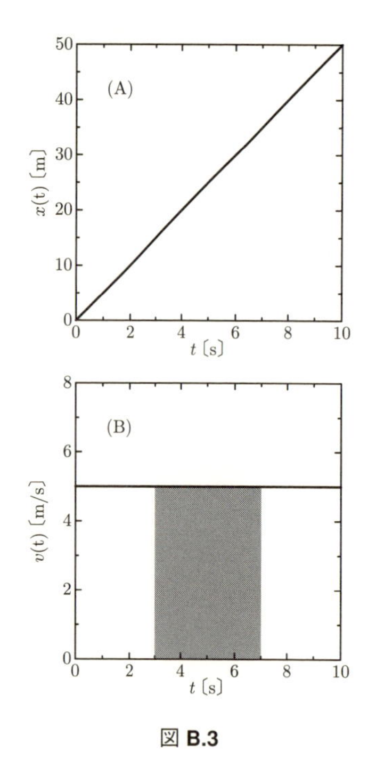

図 **B.3**

[1.4] (1) 式 (1.11) に $v(t) = 10 - 2t$〔m/s〕を入れて積分を計算する．

$$\int_0^5 v(t)dt = \int_0^5 (10 - 2t)dt = 25 \text{ m}$$

したがって，求める変位は 25 m である．

(2) 式 (1.9) の両辺を t で積分する．

$$x(t) = \int v(t)dt$$

これに $v(t) = 10 - 2t$ を入れる．

$$x(t) = \int (10 - 2t)dt = 10t - t^2 + C$$

ただし，C は任意定数である．問題文で $t = 0$ s のとき $x(0) = 0$ m と与えられているので，積分定数の値は $C = 0$ と決定できる．したがって時刻 t のときの物体の位置 $x(t)$ を表す式は $x(t) = 10t - t^2$ である．求めたいのは $x(t) = 0$ となる時刻 t の値なので，

$$10t - t^2 = 0$$
$$t(10 - t) = 0$$

この 2 次方程式の解は $t = 0, 10$ s である．$t = 0$ s は物体が運動を開始したときだから，物体がふたたび座標の原点を通過するのは $t > 0$ の解である．それは $t = 10$ s である．

[1.5] どちらも等加速度運動だから，時刻 t における物体の速度 $v(t)$，位置 $x(t)$ はそれぞれ式 (1.15)，(1.16) で表される．これらに与えられた $v(0)$，$x(0)$，および加速度 a の値を代入して関数 $v(t)$，$x(t)$ を求め，グラフに表す．

(1) 速度は $v(t) = 0.5t$ [m/s], 位置は $x(t) = 0.25t^2$ [m] である．これらをグラフに表すと図 B.4 が得られる．

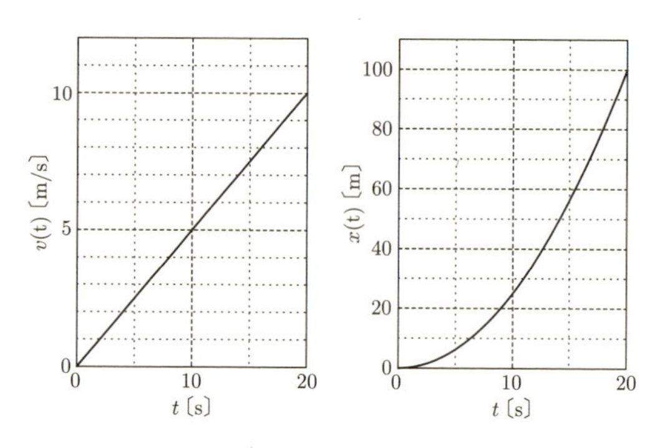

図 **B.4** v–t グラフ (左) と x–t グラフ (右)

(2) 速度は $v(t) = 10 - t$ [m/s], 位置は $x(t) = 10t - 0.5t^2$ [m] である．これらをグラフに表すと図 B.5 が得られる．

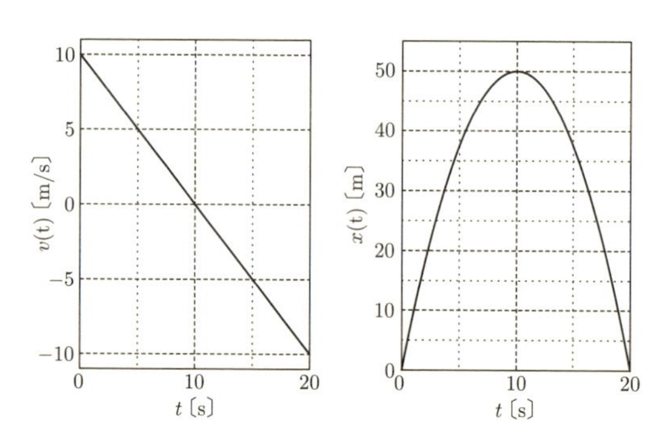

図 **B.5** v–t グラフ (左) と x–t グラフ (右)

[1.6] (1) スタートから停止するまでの時間は 50 s である．

(2) 時刻 t における速度 $v(t)$ はグラフを読み取る．加

速度 $a(t)$ は v–t グラフの傾きを求める．結果は以下のとおり．

$t = 5$ s のとき $v(5) = 5$ m/s，$a(5) = 1$ m/s^2
$t = 20$ s のとき $v(20) = 10$ m/s，$a(20) = 0$ m/s^2
$t = 40$ s のとき $v(40) = 5$ m/s，$a(40) = -0.5$ m/s^2

[1.7] (1) 加速度が一定であるので，等加速度運動の式 (1.15) および (1.16) を適用できる．問題文で与えられた数値をこれらの式に代入する．長さおよび時間の単位をそれぞれ m，s にそろえるために，速さの単位を m/s に変換する．

$$50\ \mathrm{km/h} = \frac{50 \times 10^3}{60 \times 60}\ \mathrm{m/s} = \frac{125}{9}\ \mathrm{m/s}$$

ブレーキをかけ始めてから停止するまでの時間を t [s]，制動距離を $\Delta x = x(t) - x(0)$，求める加速度を a [m/s^2] とする．$v(t) = 0$ なので

$$0 = \frac{125}{9} + at$$

$$\Delta x = \frac{125}{9}t + \frac{1}{2}at^2$$

を得る．これら 2 式から t を消去して a の値を求めると，$a = -6.43$ m/s^2 となる．したがって，求める加速度の値は -6.43 m/s^2 である．

(2) こんどは $v(0) = 100\ \mathrm{km/h} = \dfrac{250}{9}$ m/s である．(1) で求めた加速度の値を使うと式 (1.15)，(1.16) はそれぞれ

$$0 = \frac{250}{9} - 6.43t$$

$$\Delta x = \frac{250}{9}t - \frac{1}{2} \times 6.43t^2$$

これらから t を消去して Δx の値を求めると，制動距離は 60 m となる．速さ 50 km/h から急ブレーキをかけたときの制動距離 15 m と比較すると，速さが 2 倍になると制動距離は 4 倍に伸びる！スピードの出しすぎには注意が必要だ．

別解　式 (1.17) を使うと簡単に解くことができる．(1) は v，v_0，Δx に与えられた数値を代入すればすぐに a の値を求められる．(2) も同様にして Δx の値を求められる．さらに，式 (1.17) で $v = 0$ とおけば

$$\Delta x = -\frac{v_0^2}{2a}$$

が得られ，加速度 a の値が同じならば制動距離 Δx は v_0^2，つまり最初の速さの 2 乗に比例することを導くことができる．

[1.8] (1) 式 (1.23) で $t_1 = 0$，$t_2 = t$，$a(t) = a$ (一定値) とおく．積分変数を t' とすると，

$$v(t) = v(0) + a\int_0^t dt' = v(0) + at$$

となり，式 (1.15) を得る．

(2) 式 (1.11) で $t_1 = 0$，$t_2 = 0$，$v(t) = v(0) + at$ (a は一定値) とおく．積分変数を t' とすると，

$$x(t) - x(0) = \int_0^t \{v(0) + at'\}\, dt' = v(0)t + \frac{1}{2}at^2$$

となり，式 (1.16) を得る．

[1.9] 地球は丸いから，鉛直線すなわち地表の水平面に対して垂直に引いた線は必ず地球の中心を通る．また，地球上のどの場所でも重力は地球の中心に向かって作用するから，人は足を地球の中心に向けて立っている (図 B.6)．頭が上，足が下である．したがって，重力は鉛直下向きに作用する．

図 **B.6**　重力は地球の中心に向かって作用する

[1.10] ボールの運動は自由落下運動だから式 (1.26) を適用できる．この式に問題で与えられた数値 $v(0) = 12$ m/s，$g = 9.8$ m/s^2 を代入する．鉛直上向きを y 軸の正方向となるように座標軸を設定し，手元の高さを $y = 0$ m とする．

$$y(t) = 12t - \frac{1}{2} \times 9.8 \times t^2 \tag{B.1}$$

(1) $y(t) = 0$ となる t の値を求める．式 (B.1) で $y(t) = 0$ とおいて，t について解くと $t = 0$，2.45 s を得る．$t > 0$ の解を採用すると，求める時間は 2.45 s である．

(2) 式 (B.1) は t の 2 次関数だから，$y(t)$ の最大値を求めるために，この式を次式のように変形する．

$$y(t) = -\frac{9.8}{2}\left(t - \frac{12}{9.8}\right)^2 + \left(\frac{12}{9.8}\right)^2 \times \frac{9.8}{2} \tag{B.2}$$

式 (B.2) より，$y(t)$ は $t = \dfrac{12}{9.8}$ のとき最小で，最小値

$$\left(\frac{12}{9.8}\right)^2 \times \frac{9.8}{2} = 7.35$$

をとる．したがって，ボールが到達する最高点の高さは 7.35 m である．

(3) 式 (1.27) を使うと簡単に求めることができる．手元を離れてからふたたびもどってくるまでだから，ボールの変位は $\Delta y = 0$ m である．式 (1.27) は

$$v(t)^2 = 12^2 - 2 \times 9.8 \times 0$$

ボールの速さを求めればよいので，$|v(t)| = 12$ m/s となる．

[1.11] (1) 花びんの運動は自由落下運動だから式 (1.26) を適用できる．$y(0) = h$ m，$y(t) = 0$ m，$v(0) = 0$ m/s を代入すると

$$0 = h - \frac{1}{2}gt^2$$

となる．これを t について解くと $t = \pm\sqrt{\frac{2h}{g}}$ となる．時間は $t > 0$ なので，求める時間は $\sqrt{\frac{2h}{g}}$ s である．

(2) 地面で花びんが割れたときに音が発生して，その音が距離 h m を伝わって耳に届く．花びんが割れてから音が聞こえるまでの時間は $\frac{h}{c}$ s である．したがって手をすべらせてから音が聞こえるまでの時間は (1) の結果と加え合わせて $\left(\frac{2h}{g} + \frac{h}{c}\right)$ s となる．

第 2 章

[2.1] (1) ボートが航行した順にそれぞれの変位を求める．

① 北向きに 20 km/h で 5 分：

$$\Delta\boldsymbol{x}_1 = 0 \cdot \boldsymbol{e}_x + \left(20 \times \frac{5}{60}\right)\boldsymbol{e}_y = \frac{5}{3}\boldsymbol{e}_y \text{ km}$$

② 東向きに 15 km/h で 3 分：

$$\Delta\boldsymbol{x}_2 = \left(15 \times \frac{3}{60}\right)\boldsymbol{e}_x + 0 \cdot \boldsymbol{e}_y = \frac{3}{4}\boldsymbol{e}_x \text{ km}$$

③ 南向きに 30 km/h で 10 分：

$$\Delta\boldsymbol{x}_3 = 0 \cdot \boldsymbol{e}_x + \left(-30 \times \frac{10}{60}\right)\boldsymbol{e}_y = -5\boldsymbol{e}_y \text{ km}$$

桟橋の位置を座標の原点としてボートの変位を作図すると，ボートの全変位 $\Delta\boldsymbol{x} = \Delta\boldsymbol{x}_1 + \Delta\boldsymbol{x}_2 + \Delta\boldsymbol{x}_3$ は図 B.7 のようになる．

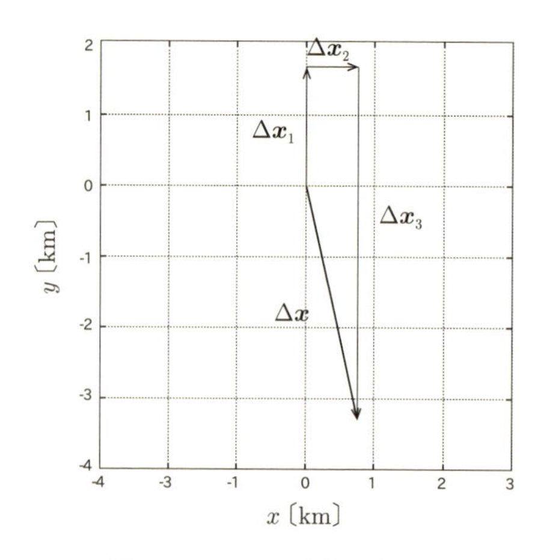

図 **B.7** ボートの変位を表す図

(2) ボートの変位 $\Delta\boldsymbol{x}$ は

$$\Delta\boldsymbol{x} = \Delta\boldsymbol{x}_1 + \Delta\boldsymbol{x}_2 + \Delta\boldsymbol{x}_3 = \frac{3}{4}\boldsymbol{e}_x + \left(\frac{5}{3} - 5\right)\boldsymbol{e}_y$$
$$= \frac{3}{4}\boldsymbol{e}_x - \frac{10}{3}\boldsymbol{e}_y$$

成分表示すると

$$\Delta\boldsymbol{x} = \left(\frac{3}{4},\ -\frac{10}{3}\right)$$

である．

(3) 変位の大きさは

$$|\Delta\boldsymbol{x}| = \sqrt{\left(\frac{3}{4}\right)^2 + \left(-\frac{10}{3}\right)^2} = \frac{41}{12} \sim 3.4 \text{ km}$$

求める角度を θ とすると

$$\theta = \tan^{-1}\left(\frac{-10/3}{3/4}\right) = \tan^{-1}\left(-\frac{40}{9}\right) \sim -1.3 \text{ rad}$$

である．

[2.2] 式 (2.8) より

$$\boldsymbol{a} = 2\cos\theta\boldsymbol{e}_x + 2\sin\theta\boldsymbol{e}_y$$
$$= 2\cos\left(\frac{2\pi}{3}\right)\boldsymbol{e}_x + 2\sin\left(\frac{2\pi}{3}\right)\boldsymbol{e}_y$$
$$= -\boldsymbol{e}_x + \sqrt{3}\boldsymbol{e}_y$$

[2.3] $\boldsymbol{a}$ の xy 平面への射影を $\boldsymbol{b} = a_x\boldsymbol{e}_x + a_y\boldsymbol{e}_y$，$\boldsymbol{a}$ の z 軸への射影を $\boldsymbol{c} = a_z\boldsymbol{e}_z$ とする．明らかに $\boldsymbol{a} = \boldsymbol{b} + \boldsymbol{c}$ であり，$\boldsymbol{b}$ と $\boldsymbol{c}$ は互いに直交する．三平方の定理を使って

$$|\boldsymbol{a}|^2 = |\boldsymbol{b}|^2 + |\boldsymbol{c}|^2 = (a_x^2 + a_y^2) + a_z^2$$

である．したがって式 (2.15) が成りたつ．

[2.4] $\boldsymbol{a} = 5\boldsymbol{e}_x$，$\boldsymbol{b} = r\cos\theta\boldsymbol{e}_x + r\sin\theta\boldsymbol{e}_y$，$\boldsymbol{c} = \boldsymbol{a} + \boldsymbol{b} = (5 + r\cos\theta)\boldsymbol{e}_x + r\sin\theta\boldsymbol{e}_y$ である．

(1)

$$|\boldsymbol{c}| = \sqrt{(5 + r\cos\theta)^2 + (r\sin\theta)^2}$$
$$= \sqrt{25 + 10r\cos\theta + r^2} \tag{B.3}$$

(2) 式 (B.3) に $r = 8$ を代入する．

$$|\boldsymbol{c}| = \sqrt{89 + 80\cos\theta} \tag{B.4}$$

$-1 \leq \cos\theta \leq 1$ だから，$|\boldsymbol{c}|$ の値は $\cos\theta = 1$ となるとき，すなわち $\theta = 0$ のとき最大で，最大値は $|\boldsymbol{c}| = \sqrt{169} = 13$ となる．また，$\cos\theta = -1$ となるとき，すなわち $\theta = \pi$ のとき最小で，最小値は $|\boldsymbol{c}| = \sqrt{9} = 3$ となる．

(3) 式 (B.3) に $\cos\theta = \cos\frac{2\pi}{3} = -\frac{1}{2}$ を代入する．

$$|\boldsymbol{c}| = \sqrt{25 - 5r + r^2}$$
$$= \sqrt{\left(r - \frac{5}{2}\right)^2 + \frac{75}{4}}$$

この式より，$|\boldsymbol{c}|$ の値は $r = \frac{5}{2}$ のとき最小で，最小値 $\sqrt{\frac{75}{4}} = \frac{5\sqrt{3}}{2}$ をとる．

[2.5] 各ベクトルの成分表示をそれぞれ $\boldsymbol{a} = (a_x,\ a_y,\ a_z)$，$\boldsymbol{b} = (b_x,\ b_y,\ b_z)$，$\boldsymbol{c} = (c_x,\ c_y,\ c_z)$ とする．式 (2.16) を示すために左辺の x 成分を計算する．

$$\{(\boldsymbol{a}+\boldsymbol{b})\times\boldsymbol{c}\}_x = (\boldsymbol{a}+\boldsymbol{b})_y c_z - (\boldsymbol{a}+\boldsymbol{b})_z c_y$$
$$= (a_y + b_y)c_z - (a_z + b_z)c_y$$
$$= (a_y c_z - a_z c_y) + (b_y c_z - b_z c_y)$$
$$= (\boldsymbol{a}\times\boldsymbol{c})_x + (\boldsymbol{b}\times\boldsymbol{c})_x$$
$$= (\boldsymbol{a}\times\boldsymbol{c}+\boldsymbol{b}\times\boldsymbol{c})_x$$

したがって左辺と右辺の x 成分は一致する．同様に y および z 成分も一致することを示すことができる．以上より，式 (2.16) が成りたつことが示された．

式 (2.17) は上と同様にして示すことができる．

式 (2.18) を示すために左辺の x 成分を計算する．

$$\{(\boldsymbol{a}\times\boldsymbol{b})\times\boldsymbol{c}\}_x = (\boldsymbol{a}\times\boldsymbol{b})_y c_z - (\boldsymbol{a}\times\boldsymbol{b})_z c_y$$
$$= (a_z b_x - a_x b_z)c_z - (a_x b_y - a_y b_x)c_y$$
$$= (a_y c_y + a_z c_z)b_x - (b_y c_y + b_z c_z)a_x$$
$$= (a_x c_x + a_y c_y + a_z c_z)b_x - a_x b_x c_x - (b_x c_x + b_y c_y + b_z c_z)a_x + a_x b_x c_x$$
$$= (\boldsymbol{a}\cdot\boldsymbol{c})b_x - (\boldsymbol{b}\cdot\boldsymbol{c})a_x$$
$$= \{(\boldsymbol{a}\cdot\boldsymbol{c})\boldsymbol{b} - (\boldsymbol{b}\cdot\boldsymbol{c})\boldsymbol{a}\}_x$$

したがって式 (2.18) の x 成分は左辺と右辺で一致する．同様に y および z 成分も一致することを示すことができる．以上より，式 (2.18) が成りたつ．

第 3 章

[3.1] (1) この物体の加速度は一定なので，例題 3.3 で得られた結果を適用できる．求める位置ベクトルの成分表示を $\boldsymbol{r}(t) = (x(t),\ y(t),\ z(t))$ とすれば，式 (3.17) を使って

$$x(t) = 0 + v_x(0)t + 0 = v_x(0)t$$
$$y(t) = 0 + v_y(0)t + \frac{1}{2}at^2 = v_y(0)t + \frac{1}{2}at^2$$
$$z(t) = 0$$

となる．したがって

$$\boldsymbol{r}(t) = \left(v_x(0)t,\ v_y(0)t + \frac{1}{2}at^2,\ 0\right) \tag{B.5}$$

である．

(2) 物体の位置座標の z 成分は常に 0 である．したがってこの物体は xy 面内を運動する．(1) で得られた $x(t)$ と $y(t)$ の表式から t を消去する．$x(t)$ の式より

$$t = \frac{x}{v_x(0)}$$

である．これを $y(t)$ の式に代入すると

$$y = v_y(0)\frac{x}{v_x(0)} + \frac{1}{2}a\frac{x^2}{v_x^2(0)}$$

となり，物体の軌跡を表す式

$$y = \frac{a}{2v_x^2(0)}x^2 + \frac{v_y(0)}{v_x(0)}x$$

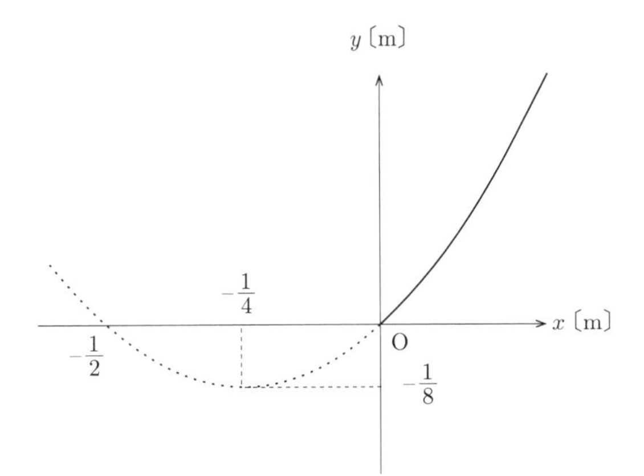

図 **B.8** 運動の軌跡

が得られる．

(3) (2) で得られた結果に与えられた数値を代入すると

$$y = 2x^2 + x$$
$$= 2\left(x + \frac{1}{4}\right)^2 - \frac{1}{8}\ \mathrm{m}$$

となり，軌跡は放物線となることがわかる．$t > 0$ s なので $x > 0$ m であることに注意してグラフに表すと図 B.8 の実線部分となる．

[3.2] (1) 発射した時刻が $t = 0$ s で発射地点を座標の原点としているので，例題 3.8 で求めた式 (3.34) をそのまま適用できる．$v_x(0) = 7$ m/s，$v_y(0) = 14$ m/s，$g = 9.8$ m/s^2 を代入すると次式を得る．

$$y = -\frac{9.8}{2\cdot 7^2}x^2 + \frac{14}{7}x$$
$$= -\frac{1}{10}x^2 + 2x \tag{B.6}$$

式 (B.6) が求める式である．

式 (B.6) のグラフに表すために，次式のように変形する．

$$y = -\frac{1}{10}(x-10)^2 + 10 \tag{B.7}$$

したがって，物体の軌跡を表すグラフは軸 $x = 10$，頂点の座標 (10, 10) の放物線となる (図 B.9)．グラフが x と交わる点を求めるために，式 (B.6) を次式のように変形する．

$$y = -\frac{1}{10}x(x-20) \tag{B.8}$$

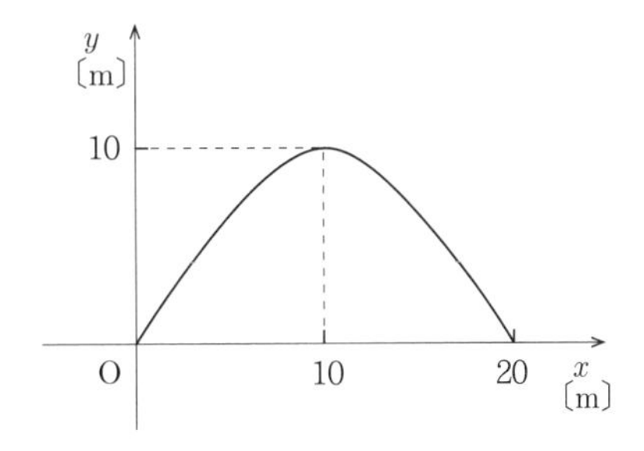

図 **B.9** 物体の軌跡

式 (B.8) より，$y = 0$ となる x は $x = 0,\ 20$ である．以上の結果をグラフにすると図 B.9 となる．発射から地面に落下するまでなので，$0 \leq x \leq 20$ m の範囲をグラフにする．

(2) 式 (B.7) より，y は $x = 10$ のとき最大で，最大値 10 をとる．したがって物体の最高到達点の座標は，(10, 10) m である．次に最高点に到達する時刻を求める．放物運動する物体の水平方向速度は一定なので，$v_x = 7$ m/s で $\Delta x = 10 - 0 = 10$ m 進むのに要する時間を求めればよい．

$$t = \frac{10}{7} = 1.4 \text{ s}$$

最高点に到達するのは発射してから約 1.4 s 後である．

(3) 地面に落下するのだから，$y = 0$ となる x を求めればよい．$y = 0$ となるのは $x = 0,\ 20$ である．$x = 0$ m は発射地点を表すので，物体が落下するのは $x = 20$ m の場所である．次に物体が落下する時刻を求める．(2) と同様に考える．物体が水平方向に 20 m 進むのに要する時間は

$$t = \frac{20}{7} = 2.9 \text{ s}$$

である．以上より，物体が落下するのは発射地点から 20 m の場所で，発射してから約 2.9 s 後である．

[3.3] (1) $x(t)$ のグラフは図 B.10 である．

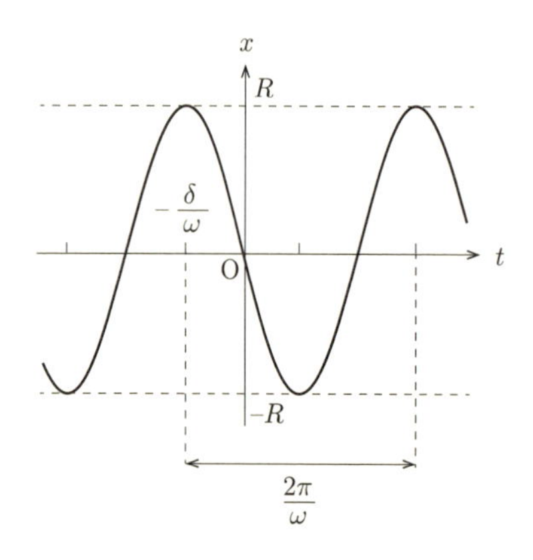

図 **B.10** 変位

(2) 速度 $v_x(t)$ および加速度 $a_x(t)$ の表式は

$$v_x(t) = -R\omega \sin(\omega t + \delta)$$
$$a_x(t) = -R\omega^2 \cos(\omega t + \delta)$$

である．これらをグラフにすると図 B.11 になる．

(3) 振幅は R，周期は $\dfrac{2\pi}{\omega}$，角振動数は ω，振動数は $\dfrac{\omega}{2\pi}$ である．

[3.4] 阪急電車およびのぞみの速度をそれぞれ v_A，v_B とする．また，のぞみの長さを L とする．後方からきたのぞみが走り去る時間を $t_1 = 8.58$ s，前方からきたのぞみとすれちがう時間を $t_2 = 4.42$ s とする．

・後方からきたのぞみが走り去る場合：阪急電車に対するのぞみの相対速度は $v_\mathrm{B} - v_\mathrm{A}$ である．のぞみの長さ L が時間 t_1 で走り去るのだから次の関係が成りたつ．

$$L = (v_\mathrm{B} - v_\mathrm{A})t_1 \qquad \text{(B.9)}$$

・前方からきたのぞみとすれちがう場合：阪急電車に対するのぞみの相対速度は $v_\mathrm{B} + v_\mathrm{A}$ である．のぞみの長さ L が時間 t_2 ですれちがうのだから次の関係が成りたつ．

$$L = (v_\mathrm{B} + v_\mathrm{A})t_2 \qquad \text{(B.10)}$$

これら 2 つの式に数値を代入して連立方程式を解けばよい．結果はのぞみの長さ $L = 405$ m，のぞみの速さ $v_\mathrm{B} = 250$ km/h となる．

[3.5] 2 隻の船をそれぞれ A，B とする．図 B.12 のように，時刻 $t = 0$ のときの両船の位置ベクトルを $\boldsymbol{a}_0$，$\boldsymbol{b}_0$，時刻 t のときのそれぞれの位置ベクトルを $\boldsymbol{a}(t)$，$\boldsymbol{b}(t)$ とする．また，それぞれの船の速度を $\boldsymbol{v}_\mathrm{A}$，$\boldsymbol{v}_\mathrm{B}$ で一定である．

このとき，次の関係式が成りたつ．

$$\boldsymbol{a}(t) = \boldsymbol{a}_0 + \boldsymbol{v}_\mathrm{A} t, \qquad \boldsymbol{b}(t) = \boldsymbol{b}_0 + \boldsymbol{v}_\mathrm{B} t \qquad \text{(B.11)}$$

A から見た B の位置を時刻 0，t においてそれぞれ $\boldsymbol{r}_0$，$\boldsymbol{r}(t)$ とすると

$$\boldsymbol{r}_0 = \boldsymbol{b}_0 - \boldsymbol{a}_0, \qquad \boldsymbol{r}(t) = \boldsymbol{b}(t) - \boldsymbol{a}(t) \qquad \text{(B.12)}$$

である．ベクトル $\boldsymbol{r}(t)$ は A に対する B の相対速度

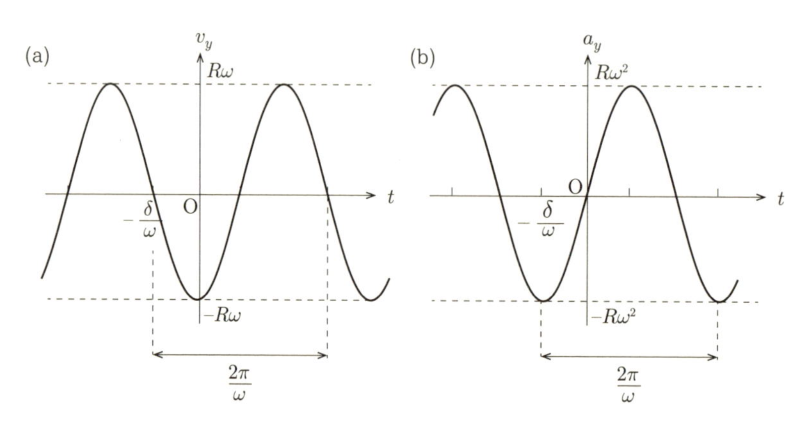

図 **B.11** 速度，加速度

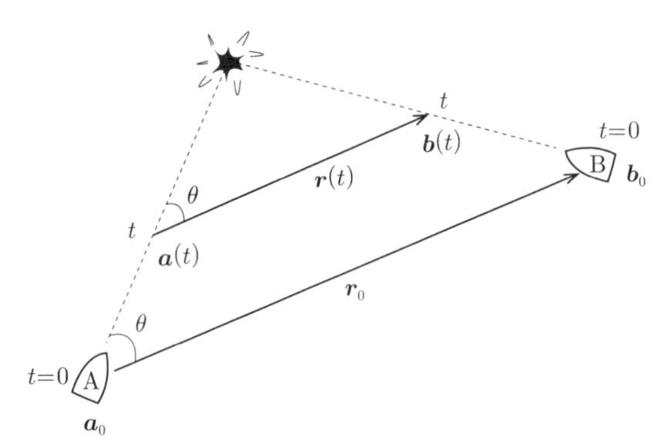

図 **B.12** 2 隻の船の航行

$\boldsymbol{v}_{\rm rel} = \boldsymbol{v}_{\rm B} - \boldsymbol{v}_{\rm A}$ を用いて次のように書きなおせる．

$$\boldsymbol{r}(t) = \boldsymbol{r}_0 + \boldsymbol{v}_{\rm rel}t \qquad \text{(B.13)}$$

「相手船の見える方向がずっと同じ」ということは，A の進行方向を向いている人がいつも同じ方向に B を見るということである．つまり，図 B.12 のように $\boldsymbol{v}_{\rm A}$ と $\boldsymbol{r}(t)$ のあいだの角度 θ が時刻 t によらず一定であることを表している．この場合，$\boldsymbol{r}_0$ と $\boldsymbol{r}(t)$ は常に平行になっている．すると，式 (B.13) より，$\boldsymbol{v}_{\rm rel}$ もこれらと平行であることがわかる．この関係を図で表したものが図 B.13 である．

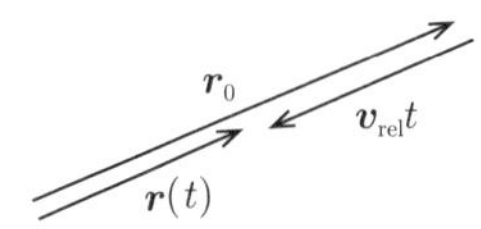

図 **B.13** 3 つのベクトル $\boldsymbol{r}_0$，$\boldsymbol{r}(t)$，$\boldsymbol{v}_{\rm rel}$ は互いに平行で，式 (B.13) の関係が成りたつ

すると，図 B.13 からもわかるように，時刻

$$t = \frac{|\boldsymbol{r}_0|}{|\boldsymbol{v}_{\rm rel}|} \qquad \text{(B.14)}$$

で $\boldsymbol{r}(t) = 0$ となる．すなわち，このとき両船は衝突する．

第 4 章

[4.1] 水平方向に x 座標を，鉛直方向に y 座標をとり，それぞれ右向きと上向きを正ととる．小球と糸 3 について運動方程式 (力のつりあいの式) は

$$\text{小球の } y \text{ 方向} : 0 = T_3 - mg \qquad \text{(B.15)}$$

$$\text{糸 3 の } x \text{ 方向} : 0 = T_2 \sin\theta_2 - T_1 \cos\theta_1 \qquad \text{(B.16)}$$

$$\text{糸 3 の } y \text{ 方向} : 0 = T_1 \sin\theta_1 + T_2 \cos\theta_2 - T_3 \qquad \text{(B.17)}$$

となる．上の方程式を T_1, T_2, T_3 について解くと

$$T_1 = \frac{\sin\theta_2}{\cos(\theta_1 - \theta_2)}mg,$$

$$T_2 = \frac{\cos\theta_1}{\cos(\theta_1 - \theta_2)}mg, \quad T_3 = mg \qquad \text{(B.18)}$$

と求まる．

[4.2] 電線 1 と電線 2 の張力の大きさは等しいので，2 つの張力の合力は電線 1, 2 と $\theta/2$ の角をなす．したがって，その大きさは $2T\cos\frac{\theta}{2}$ となる．電線 1 と電線 2 の張力の合力は，支線による張力の水平成分とつりあっている．支線の張力の大きさを T'，支線と電柱 1 のなす角を ϕ とすると，電柱 1 に対する水平方向の力のつりあいの式は

$$2T\cos\frac{\theta}{2} = T'\sin\phi \qquad \text{(B.19)}$$

となる．$\sin\phi = l/\sqrt{l^2+h^2}$ を用いると，上の式より支線の張力 T' は

$$T' = \frac{2T\cos\frac{\theta}{2}}{\sin\phi} = \frac{2\sqrt{l^2+h^2}\cos\frac{\theta}{2}}{l}T \qquad \text{(B.20)}$$

と求まる．与えられた数値を代入すると支線の張力の大きさは $T' = 34$ kN と求まる．

[4.3] 鉛直方向に y 座標をとり，上向きを正とする．物体の質量を m，ロープの張力の大きさを T，物体の加速度を a とすると，物体に対する y 方向の運動方程式は

$$ma = T - mg \qquad \text{(B.21)}$$

これを解いて $T = m(a+g)$ と張力の一般的な式が求まる．(1)〜(3) のそれぞれの加速度の値を代入すると，張力の大きさはそれぞれ (1) $T = 1.08 \times 10^3$N, (2) $T = 9.8 \times 10^2$N, (3) $T = 6.8 \times 10^2$N と求まる．

[4.4] 鉛直方向に y 座標をとり，上向きを正とする．また，糸 1 と糸 2 の張力の大きさをそれぞれ T_1, T_2 とする．

(1) 2 つの物体が静止しているとき，物体 1,2 に対する y 方向の運動方程式 (力のつりあいの式) は

$$\text{物体 } 1 : 0 = T_1 - m_1 g - T_2 \qquad \text{(B.22)}$$

$$\text{物体 } 2 : 0 = T_2 - m_2 g \qquad \text{(B.23)}$$

となる．上の連立方程式を解くと，$T_1 = (m_1+m_2)g$, $T_2 = m_2 g$ と求まる．

(2) 物体 1,2 の加速度をともに a とすると，物体 1, 2, 糸 1 に対する y 方向の運動方程式は

$$\text{物体 } 1 : m_1 a = T_1 - m_1 g - T_2 \qquad \text{(B.24)}$$

$$\text{物体 } 2 : m_2 a = T_2 - m_2 g \qquad \text{(B.25)}$$

$$\text{糸 } 1 : 0 = F - T_1 \qquad \text{(B.26)}$$

となる．これらを解くと

$$T_1 = F, \quad T_2 = \frac{m_2}{m_1+m_2}F, \quad a = \frac{F}{m_1+m_2} - g \qquad \text{(B.27)}$$

と求まる．

[4.5] 鉛直方向に y 座標をとり，上向きを正とする．また，A 君と台の加速度を a，台から A 君にはたらく垂直抗力の大きさを N とする．作用反作用の法則より，A 君がロープを大きさ F の力で引いているとき，ロープは大きさ F の張力で A 君を引く．これより，A 君と台に対する鉛直方向の運動方程式は

$$\text{A 君}: ma = F + N - mg \tag{B.28}$$

$$\text{台}: Ma = F - Mg - N \tag{B.29}$$

となる．上の式を a, N について解くと

$$a = \frac{2F}{m+M} - g, \quad N = \frac{m-M}{m+M}F \tag{B.30}$$

と求まる．引き上げるのには $a \geq 0$ である必要があるので

$$a = \frac{2F}{m+M} - g \geq 0 \tag{B.31}$$

が成立する．これを F について解くと，F についての条件

$$F \geq \frac{m+M}{2}g \tag{B.32}$$

が求まる．したがって，F の最小値は $\frac{m+M}{2}g$ となる．

[4.6] 以下 (1),(2),(3) のすべてにおいて鉛直方向に y 座標をとり，上向きを正とし，またロープを引く力の大きさを F，物体をつり下げているロープの張力の大きさを T とする．

(1) 動滑車にかかったロープの張力の大きさを T' とする．ロープをゆっくり引くから，物体と動滑車の加速度はゼロとみなせる．物体と動滑車に対する鉛直方向の力のつりあいの式は

$$\text{物体}: 0 = T - Mg \tag{B.33}$$

$$\text{動滑車}: 0 = 2T' - T \tag{B.34}$$

となる．また，作用反作用の法則より $F = T'$ が成りたつ．これらの式を解いて

$$F = \frac{T}{2} = \frac{1}{2}Mg \tag{B.35}$$

と求まる．また，ロープの端は距離 $2l$ だけ下がる．

(2) 動滑車 1，動滑車 2 にかかっているロープの張力の大きさを T_1, T_2 とすると，物体と動滑車に対する力のつりあいの式は

$$\text{物体}: 0 = T - Mg \tag{B.36}$$

$$\text{動滑車 1}: 0 = 2T_1 - T \tag{B.37}$$

$$\text{動滑車 2}: 0 = 2T_2 - T_1 \tag{B.38}$$

となる．また，作用反作用の法則より $F = T_2$ が成りたつ．これらの式を解いて

$$F = \frac{1}{2}T_1 = \frac{1}{4}T = \frac{1}{4}Mg \tag{B.39}$$

と求まる．また，ロープの端は距離 $4l$ だけ下がる．

(3) 動滑車 n $(n = 1, 2, \ldots, N)$ にかかっているロープの張力の大きさを T_n とすると，物体と動滑車に対する力のつりあいの式は

$$\text{物体}: 0 = T - Mg \tag{B.40}$$

$$\text{動滑車 1}: 0 = 2T_1 - T \tag{B.41}$$

$$\text{動滑車 2}: 0 = 2T_2 - T_1 \tag{B.42}$$

$$\vdots$$

$$\text{動滑車 } N: 0 = 2T_N - T_{N-1} \tag{B.43}$$

となる．また，作用反作用の法則より $F = T_N$ が成りたつ．これらの式を解いて

$$F = \frac{1}{2}T_{N-1} = \frac{1}{2^2}T_{N-2} = \cdots = \frac{1}{2^N}T = \frac{1}{2^N}Mg \tag{B.44}$$

と求まる．また，ロープの端は距離 $2^N l$ だけ下がる．N を大きくすると F は指数関数的に急速に減少する．この結果から，滑車を多数連結させると，非常に大きな質量をもつ物体でもわずかな力で持ち上げることができることがわかる．

[4.7] 以下では斜面に沿って斜面の左側に x 座標，右側に x' 座標をとり，左側の斜面を上る方向と，右側の斜面を下る方向を正とする．また糸の張力の大きさを T とする．

(1) 物体 A, B に対する x 方向，x' 方向の力のつりあいの式は

$$\text{物体 A}: 0 = T - m_{\mathrm{A}}g\sin\theta_1 \tag{B.45}$$

$$\text{物体 B}: 0 = m_{\mathrm{B}}g\sin\theta_2 - T \tag{B.46}$$

となる．上の式を解いて

$$\lambda = \frac{m_{\mathrm{A}}}{m_{\mathrm{B}}} = \frac{\sin\theta_2}{\sin\theta_1} \tag{B.47}$$

と求まる．

(2) 物体 A, B の x 方向，x' 方向の加速度を a とすると，物体 A の x 方向，物体 B の x' 方向の運動方程式は

$$\text{物体 A}: m_{\mathrm{A}}a = T - m_{\mathrm{A}}g\sin\theta_1 \tag{B.48}$$

$$\text{物体 B}: m_{\mathrm{B}}a = m_{\mathrm{B}}g\sin\theta_2 - T \tag{B.49}$$

となる．上の式を a, T について解くと

$$a = \frac{m_{\mathrm{B}}\sin\theta_2 - m_{\mathrm{A}}\sin\theta_1}{m_{\mathrm{A}} + m_{\mathrm{B}}}g,$$

$$T = \frac{m_{\mathrm{A}}m_{\mathrm{B}}(\sin\theta_1 + \sin\theta_2)}{m_{\mathrm{A}} + m_{\mathrm{B}}}g \tag{B.50}$$

と求まる．(1) で得られた条件を代入すると，$a = 0$, $T = m_{\mathrm{A}}\sin\theta_1$ が得られ，(1) の結果に帰着する．

[4.8] 鉛直方向に y 座標をとり，上向きを正とする．おもり A, B, C, 定滑車 P, 動滑車 Q の中心の位置をそれぞれ $y_{\mathrm{A}}, y_{\mathrm{B}}, y_{\mathrm{C}}, y_{\mathrm{P}}, y_{\mathrm{Q}}$ とし，おもり A,B,C, 動滑車 Q の加速度をそれぞれ $a_{\mathrm{A}}, a_{\mathrm{B}}, a_{\mathrm{C}}, a_{\mathrm{Q}}$ とする．また，定滑車 P, 動滑車 Q にかかった糸の張力の大きさをそれぞれ T, T' とする．

P, Q にかけられた糸の長さは一定なので，次の式が成りたつ．

$$(y_{\mathrm{P}} - y_{\mathrm{A}}) + (y_{\mathrm{P}} - y_{\mathrm{Q}}) = \text{一定},$$

$$(y_{\mathrm{Q}} - y_{\mathrm{B}}) + (y_{\mathrm{Q}} - y_{\mathrm{C}}) = \text{一定} \tag{B.51}$$

上の式の両辺を時間で 2 回微分すると，束縛条件として

$$-a_{\mathrm{A}} - a_{\mathrm{Q}} = 0, \quad 2a_{\mathrm{Q}} - a_{\mathrm{B}} - a_{\mathrm{C}} = 0 \tag{B.52}$$

が成りたつ．これより

$$a_{\mathrm{A}} = -a_{\mathrm{Q}} = -\frac{a_{\mathrm{B}} + a_{\mathrm{C}}}{2} \tag{B.53}$$

が得られる．おもり A, B, C, 動滑車 Q に対する y 方向の運動方程式は

$$\text{おもり A}: Ma_A = T - Mg \tag{B.54}$$

$$\text{おもり B}: ma_B = T' - mg \tag{B.55}$$

$$\text{おもり C}: m'a_C = T' - m'g \tag{B.56}$$

$$\text{動滑車 Q}: 0 = T - 2T' \tag{B.57}$$

式 (B.53), (B.54), (B.55), (B.56), (B.57) を a_A, a_B, a_C, T, T' について解くと，それぞれが

$$a_A = -\frac{(m-m')^2}{(m+m')^2+4mm'}g \tag{B.58}$$

$$a_B = -\frac{(m-m')(m+3m')}{(m+m')^2+4mm'}g \tag{B.59}$$

$$a_C = \frac{(m-m')(3m+m')}{(m+m')^2+4mm'}g \tag{B.60}$$

$$T = \frac{8mm'(m+m')}{(m+m')^2+4mm'}g \tag{B.61}$$

$$T' = \frac{4mm'(m+m')}{(m+m')^2+4mm'}g \tag{B.62}$$

と求まる．

$m = m'$ のときはおもり B, C がつりあい，動滑車 Q に対して静止する．このとき定滑車 P の右側には質量 $2m$ のおもりがつり下げられているとみなせるので，定滑車 P の左右のおもりにはたらく重力がつりあい，すべてのおもりが静止する．実際，このとき $a_A = a_B = a_C = 0$ が解となっていることが確かめられる．しかし，$m > m'$ のときは B と C がつりあわず有限の加速度をもつ．このとき，定滑車 P の右側の糸には大きさ $2T'$ の力が下向きにはたらくが，これはおもり A の重力 Mg とはつりあわない．そのため，おもり A も有限の加速度をもつ．

第 5 章

[5.1]　国際宇宙ステーションは半径 $R_E + h$ の円周上を等速円運動をしているので，国際宇宙ステーションに固定された座標系で見ると，I さんには大きさ $m\frac{v^2}{R_E+h}$ の遠心力がはたらく．この遠心力と地球が I さんを引く力がつりあっている．したがって，F は

$$F = m\frac{v^2}{R_E+h} = 7.5 \times 10^2\ \text{N} \tag{B.63}$$

と求まる．

[5.2]　水平方向に x 座標を，鉛直方向に y 座標をとり，それぞれ右向き，上向きを正とする．左の糸，右の糸の張力の大きさをそれぞれ T_1, T_2 とする．おもりに対する x 方向，y 方向の力のつりあいの式は

$$x\ \text{方向}: 0 = T_1\cos\theta_1 + T_2\cos\theta_2 - mg \tag{B.64}$$

$$y\ \text{方向}: 0 = T_2\sin\theta_2 - T_1\sin\theta_1 \tag{B.65}$$

となる．上の式を T_1, T_2 について解くと

$$T_1 = \frac{\sin\theta_2}{\sin(\theta_1+\theta_2)}mg, \quad T_2 = \frac{\sin\theta_1}{\sin(\theta_1+\theta_2)}mg \tag{B.66}$$

と求まる．作用反作用の法則より，糸がばねを引く力とばねが糸を引く力の大きさは等しいので $T_1 = kl_1$, $T_2 = kl_2$ が成りたつ．したがって，

$$l_1 = \frac{T_1}{k} = \frac{\sin\theta_2}{\sin(\theta_1+\theta_2)}\frac{mg}{k}, \quad l_2 = \frac{\sin\theta_1}{\sin(\theta_1+\theta_2)}\frac{mg}{k} \tag{B.67}$$

と求まる．

[5.3]　水平方向に x 座標，鉛直方向に y 座標をとり，それぞれ右向きと上向きを正とする．ブロック 1 とブロック 2 は水平方向に一体となって運動するので，x 方向に等しい加速度 a をもつ．ブロック 2 からブロック 1 にはたらく垂直抗力の大きさを N，ブロック 1 に鉛直上向きにはたらくブロック 2 の表面からの静止摩擦力の大きさを f とすると，ブロック 1 とブロック 2 に対する運動方程式は

$$\text{ブロック 1 の } x \text{ 方向}: ma = F - N \tag{B.68}$$

$$\text{ブロック 1 の } y \text{ 方向}: 0 = f - mg \tag{B.69}$$

$$\text{ブロック 2 の } x \text{ 方向}: Ma = N \tag{B.70}$$

となる．上の連立方程式を解くと

$$a = \frac{F}{M+m}, \quad N = \frac{M}{M+m}F, \quad f = mg \tag{B.71}$$

と求まる．ブロック 1 がすべり落ちないためには $f \leq \mu N$ が成りたたなければならない．したがって，

$$f = mg \leq \mu N = \mu\frac{M}{M+m}F \tag{B.72}$$

これより F の最小値は，与えられた数値を代入して

$$F \geq \frac{1}{\mu}\left(1+\frac{m}{M}\right)mg = 3.4 \times 10^2\text{N} \tag{B.73}$$

と求まる．

[5.4]　飛行機が着陸した地点を原点として水平方向に x 座標をとり，飛行機の進行方向を正とする．飛行機の質量を M，飛行機の水平方向の速度を v，加速度を a，着陸したときの水平方向の初速度を v_0，飛行機が着陸後停止するまでに進む距離を L とする．飛行機に対する x 方向の運動方程式は

$$Ma = -F \tag{B.74}$$

となる．したがって，飛行機は加速度 $a = -F/M$ で等加速度運動を行う．飛行機の速度，位置は時刻 t の関数として

$$v(t) = v_0 - \frac{F}{M}t, \quad x(t) = v_0 t - \frac{F}{2M}t^2 \tag{B.75}$$

と求まる．ただし，飛行機が着陸した時刻を $t = 0$ とする．$t = T$ で飛行機は停止するから，$v(T) = 0$ より

$$T = \frac{Mv_0}{F} \tag{B.76}$$

と求まる．また，$x(T) = L$ が成りたつから

$$x(T) = \frac{Mv_0^2}{2F} = L, \quad \therefore F = \frac{Mv_0^2}{2L} \tag{B.77}$$

と求まる．式 (B.77) と (B.76) に与えられた数値 $M = 340 \times 10^3$ kg, $v_0 = 324$ km/h $= 90$ m/s, $L = 1.7 \times 10^3$ km を代入すると，

$$F = 8.1 \times 10^5\ \text{N}, \quad T = 38\ \text{s} \tag{B.78}$$

と求まる．

[5.5] 水平方向に x 座標，鉛直方向に y 座標をとり，それぞれ電車の進行方向と上向きを正とする．

(1) ひもの張力の大きさを T とする．電車の内部にいる人から見た，小球に対する力のつりあいの式は

$$x \text{ 方向} : 0 = T\sin\theta - ma \tag{B.79}$$

$$y \text{ 方向} : 0 = T\cos\theta - mg \tag{B.80}$$

上の式を a, T について解くと

$$a = g\tan\theta, \quad T = \frac{mg}{\cos\theta} \tag{B.81}$$

と求まる．上の式を用いると，θ を測れば電車の加速度を求めることができる．

(2) ひも 1, 2 の張力の大きさをそれぞれ T_1, T_2 とする．電車の内部にいる人から見た，おもり 1, 2 に対する力のつりあいの式は

$$\text{おもり 1 の } x \text{ 方向} : 0 = T_1\sin\theta_1 - T_2\sin\theta_2 - ma \tag{B.82}$$

$$\text{おもり 1 の } y \text{ 方向} : 0 = T_1\cos\theta_1 - m_1 g - T_2\cos\theta_2 \tag{B.83}$$

$$\text{おもり 2 の } x \text{ 方向} : 0 = T_2\sin\theta_2 - m_2 a \tag{B.84}$$

$$\text{おもり 2 の } y \text{ 方向} : 0 = T_2\cos\theta_2 - m_2 g \tag{B.85}$$

式 (B.85) より

$$T_2 = \frac{m_2 g}{\cos\theta_2}, \quad a = g\tan\theta_2 \tag{B.86}$$

が得られる．(B.82)$\times\cos\theta_1-$(B.83)$\times\sin\theta_1$ より

$$(m_1+m_2)g\frac{\sin(\theta_1-\theta_2)}{\cos\theta_2} = 0, \quad \therefore \sin(\theta_1-\theta_2) = 0 \tag{B.87}$$

が得られ，$0 < \theta_1, \theta_2 < \pi/2$ より，$\theta_1 = \theta_2$ が成りたつ．また，$(B.82)\times\sin\theta_1 + (B.83)\times\cos\theta_1$ より

$$T_1 = (m_1+m_2)g\frac{\cos(\theta_1-\theta_2)}{\cos\theta_2} = \frac{(m_1+m_2)g}{\cos\theta_1},$$
$$T_2 = \frac{m_2 g}{\cos\theta_1} \tag{B.88}$$

とそれぞれの張力の大きさが求まる．

[5.6] 水平方向に x 座標，鉛直方向に y 座標をとり，それぞれ右向き，上向きを正とする．台が水平面から受ける垂直抗力の大きさを N，物体と台とのあいだの静止摩擦力の大きさを f，物体が台から受ける垂直抗力の大きさを N' とする．台と物体の加速度を a とすると，台と物体に対する運動方程式は

$$\text{台の } x \text{ 方向} : Ma = F - f - \mu' N \tag{B.89}$$

$$\text{台の } y \text{ 方向} : 0 = N - Mg - N' \tag{B.90}$$

$$\text{物体の } x \text{ 方向} : ma = f \tag{B.91}$$

$$\text{物体の } y \text{ 方向} : 0 = N' - mg \tag{B.92}$$

となる．上の式を N, N', f, a について解くと

$$N = (M+m)g, \quad N' = mg, \tag{B.93}$$

$$a = \frac{F}{M+m} - \mu' g, \quad f = \frac{m}{M+m}F - \mu' mg \tag{B.94}$$

と求まる．物体が台に対してすべらないためには $f \le \mu N'$ が成りたっていなければならない．これより F に対する条件

$$f = \frac{m}{M+m}F - \mu' mg \le \mu N' = \mu mg,$$
$$\therefore F \le (\mu+\mu')(M+m)g \tag{B.95}$$

が得られる．

[5.7] 左側の斜面に沿って x 座標，右側の斜面に沿って x' 座標をとり，左側の斜面を上る方向と右側の斜面を下る方向を正とする．また，斜面に垂直な方向に，左側の斜面に y 座標，右側の斜面に y' 座標をとり，ともに上向きを正とする．また，糸の張力の大きさを T とする．

(1) 物体 A,B にはたらく静止摩擦力の大きさを f_A, f_B，垂直抗力の大きさを N_A, N_B とする．物体 A，物体 B に対する力のつりあいの式は

$$\text{物体 A の } x \text{ 方向} : 0 = T - m_A g\sin\theta_1 - f_A \tag{B.96}$$

$$\text{物体 A の } y \text{ 方向} : 0 = N_A - m_A g\cos\theta_1 \tag{B.97}$$

$$\text{物体 B の } x' \text{ 方向} : 0 = m_B g\sin\theta_2 - T - f_B \tag{B.98}$$

$$\text{物体 B の } y' \text{ 方向} : 0 = N_B - m_B g\cos\theta_2 \tag{B.99}$$

式 (B.97), (B.99) より，$N_A = m_A g\cos\theta_1$, $N_B = m_B g\cos\theta_2$．式 (B.96), (B.98) の両辺を足すと

$$f_A + f_B = m_B g\sin\theta_2 - m_A g\sin\theta_1 \tag{B.100}$$

が得られる．一方で，静止摩擦力に対する条件

$$f_A \le \mu N_A = \mu m_A g\cos\theta_1,$$
$$f_B \le \mu N_B = \mu m_B g\cos\theta_2 \tag{B.101}$$

が成りたつから，

$$f_A + f_B = m_B g\sin\theta_2 - m_A g\sin\theta_1$$
$$\le (m_A\cos\theta_1 + m_B\cos\theta_2)\mu g \tag{B.102}$$

が得られる．上の式を変形すると λ に対する条件式

$$\lambda \ge \frac{\sin\theta_2 - \mu\cos\theta_2}{\sin\theta_1 + \mu\cos\theta_1} \tag{B.103}$$

が得られる．

(2) 物体 A, B の x 方向，x' 方向の加速度を a とすると，物体 A の x 方向，物体 B の x' 方向の運動方程式は

$$\text{物体 A} : m_A a = T - m_A g\sin\theta_1 - \mu' N_A \tag{B.104}$$

$$\text{物体 B} : m_B a = m_B g\sin\theta_2 - T - \mu' N_B \tag{B.105}$$

物体 A の y 方向，物体 B の y' 方向の運動方程式は式 (B.97), (B.99) で与えられるため，$N_A = m_A g\cos\theta_1$, $N_B = m_B g\cos\theta_2$ が成りたつ．式 (B.104), (B.105) を a, T について解くと

$$a = \frac{1}{m_A+m_B}\{(\sin\theta_2 - \mu'\cos\theta_2)m_B$$
$$-(\sin\theta_1 + \mu'\cos\theta_1)m_A\}g, \tag{B.106}$$

$$T = \frac{m_A m_B}{m_A+m_B}\{\sin\theta_1 + \sin\theta_2$$
$$+\mu'(\cos\theta_1 - \cos\theta_2)\}g \tag{B.107}$$

と求まる．上の結果において $\mu' = 0$ とすると，式 (B.50) の結果に帰着する．

[5.8]

(1)　水平方向に x 座標，鉛直方向に y 座標をとり，それぞれ右向き，上向きを正とする．また，台から物体にはたらく垂直抗力の大きさを N，静止摩擦力の大きさを f とする．台に固定された座標系で見ると物体は静止している．$-\pi/2 \leq \theta < \pi/2$ と $\pi/2 \leq \theta < 3\pi/2$ の場合で，静止摩擦力の向きが逆になるので場合分けが必要となる．力のつりあいの式は，$-\pi/2 \leq \theta < \pi/2$ のとき

$$x \text{ 方向}: 0 = M\frac{v^2}{R}\cos\theta - f \tag{B.108}$$

$$y \text{ 方向}: 0 = N + M\frac{v^2}{R}\sin\theta - Mg \tag{B.109}$$

となり，$\pi/2 \leq \theta < 3\pi/2$ のとき

$$x \text{ 方向}: 0 = f + M\frac{v^2}{R}\cos\theta \tag{B.110}$$

$$y \text{ 方向}: 0 = N + M\frac{v^2}{R}\sin\theta - Mg \tag{B.111}$$

となる．

(2)　上の運動方程式を解くと，$-\pi/2 \leq \theta < \pi/2$ と $\pi/2 \leq \theta < 3\pi/2$ のときをまとめて

$$f = \frac{Mv^2|\cos\theta|}{R}, \quad N = M\left(g - \frac{v^2}{R}\sin\theta\right) \tag{B.112}$$

と求まる．

(3)　まず物体が台から離れないための条件を求める．物体が台に乗っているとき $N > 0$ が成りたつから，上の N の式より条件 $g > v^2\sin\theta/R$ が θ によらず成りたっていなければいけない．$\sin\theta > 0$ のときのみ考えればよいので，変形して $v < \sqrt{Rg/\sin\theta}$ が得られる．右辺の最小値より v は小さくなければならないので，v についての条件

$$v < \sqrt{Rg} \tag{B.113}$$

が求まる．次に，物体が台の上をすべらないためには $f \leq \mu N$ が成りたたなければならない．(2) で得た結果を代入すると

$$\frac{Mv^2|\cos\theta|}{R} \leq \mu M\left(g - \frac{v^2}{R}\sin\theta\right),$$

$$\therefore \left(1 + \mu\frac{\sin\theta}{|\cos\theta|}\right)v^2 \leq \mu\frac{Rg}{|\cos\theta|} \tag{B.114}$$

が得られ，上式が θ によらず成りたっていなければいけない．$1 + \mu\sin\theta/|\cos\theta| > 0$ のときのみ考えればよいので，v について解くと

$$v^2 \leq \frac{\mu Rg}{|\cos\theta| + \mu\sin\theta} \tag{B.115}$$

が得られる．$\cos\alpha = \mu/\sqrt{\mu^2+1}$, $\sin\alpha = 1/\sqrt{\mu^2+1}$ とおくと，上式の右辺の分母は

$$|\cos\theta| + \mu\sin\theta = \sqrt{\mu^2+1}(\sin\theta\cos\alpha + \sin\alpha|\cos\theta|)$$
$$= \sqrt{\mu^2+1}\sin(\theta \pm \alpha) \leq \sqrt{\mu^2+1} \tag{B.116}$$

と変形できる．上式で + 符号は $-\pi/2 \leq \theta < \pi/2$ の場合に，− 符号は $\pi/2 \leq \theta < 3\pi/2$ の場合に成りたつ．式 (B.115) の右辺の最小値は分母が $\sqrt{\mu^2+1}$ のときで，右辺の最小値より v^2 は小さくなければならないので，v についての条件

$$v \leq \sqrt{\frac{\mu Rg}{\sqrt{\mu^2+1}}} \tag{B.117}$$

が得られる．$0 < \cos\alpha < 1$ より，この条件が成りたつとき式 (B.113) は成りたつ．したがって，式 (B.117) が求める条件である．

第 6 章

[6.1]　重力による物体のポテンシャルエネルギーの減少分だけ仕事ができると考えて，求める仕事量を W とすると

$$W = 20\ \text{kg} \times 9.8\ \text{m/s}^2 \times 1\ \text{m} = 196\ \text{kg}\cdot\text{m}^2/\text{s}^2 = 196\ \text{J} \tag{B.118}$$

[6.2]　それぞれの場合の仕事を W_w, W_m とすると

$$W_\text{w} = \frac{1}{2} \times 0.1\ \text{kg} \times (1\ \text{m/s})^2 = 0.05\ \text{J} \tag{B.119}$$

$$W_\text{m} = \frac{1}{2} \times 0.4\ \text{kg} \times (1\ \text{m/s})^2 = 0.2\ \text{J} \tag{B.120}$$

[6.3]　まず，それぞれのスピードを秒速に変換しておく．

$$160\ \text{km/h} = 160 \times 10^3\ \text{m}/3600\ \text{s} = \frac{160}{36} \times 10\ \text{m/s} \tag{B.121}$$

$$200\ \text{km/h} = 200 \times 10^3\ \text{m}/3600\ \text{s} = \frac{200}{36} \times 10\ \text{m/s} \tag{B.122}$$

$$165\ \text{km/h} = 165 \times 10^3\ \text{m}/3600\ \text{s} = \frac{165}{36} \times 10\ \text{m/s} \tag{B.123}$$

したがって，それぞれの運動エネルギーは

$$\text{O}: \frac{1}{2} \times 0.145 \times \left(\frac{160}{36} \times 10\right)^2\ \text{kg}\cdot(\text{m/s})^2$$
$$\approx 1.43 \times 10^2\ \text{J} \tag{B.124}$$

$$\text{N}: \frac{1}{2} \times 0.0575 \times \left(\frac{200}{36} \times 10\right)^2\ \text{kg}\cdot(\text{m/s})^2$$
$$= 0.887 \times 10^2\ \text{J} \tag{B.125}$$

$$\text{H}: \frac{1}{2} \times 0.430 \times \times \left(\frac{165}{36} \times 10\right)^2\ \text{kg}\cdot(\text{m/s})^2$$
$$= 4.52 \times 10^2\ \text{J} \tag{B.126}$$

[6.4]　ゆっくり上がるので，必要な仕事 W は A 君のポテンシャルエネルギーの増加分に等しい．したがって

$$W = mgh = 70\ \text{kg} \times 9.8\ \text{m/s}^2 \times 3\ \text{m}$$
$$= 2058\ \text{J} \approx 2 \times 10^3\ \text{J} \tag{B.127}$$

[6.5]　物体をゆっくり引き上げるので，物体にはたらく重力の斜面に沿った成分とつりあう大きさ $mg\sin\theta$ の力を加え斜面に沿って距離 d だけ引き上げればよいので

$$W_1 = mg\sin\theta \times d = mgd\sin\theta \tag{B.128}$$

斜面はなめらかなので，途中 A，B 間を行き来する場合は，上るときに力が物体にする仕事と，下るときに力が物体にされる仕事が相殺するので，W_2 も W_1 に等しい：

$$W_2 = W_1 \tag{B.129}$$

与えられた数値の場合は，

$$W_1 = W_2 = 1\ \mathrm{kg} \times 9.8\ \mathrm{m/s^2} \times 1\ \mathrm{m} \times \sin 30^\circ = 4.9\ \mathrm{J} \tag{B.130}$$

[6.6]

$$W_1 = -0.2 \times 2\ \mathrm{kg} \times 9.8\ \mathrm{m/s^2} \times 1\ \mathrm{m} \approx -3.9\ \mathrm{J} \tag{B.131}$$

$$W_2 = 3W_1 \approx -12.0\ \mathrm{J} \tag{B.132}$$

[6.7] 1 秒あたり，質量 m の水が落下するとすれば，

$$m/\mathrm{s} \times 9.8\ \mathrm{m/s^2} \times 200\ \mathrm{m} \times 0.80 = 1.4 \times 10^7\ \mathrm{kW} \tag{B.133}$$

したがって，

$$\begin{aligned} m &= \frac{1.4}{9.8 \times 2 \times 0.8} \times 10^{7+3-2}\ \mathrm{kg} \\ &\approx 0.89 \times 10^7\ \mathrm{kg} \approx 10000\ \mathrm{t} \end{aligned} \tag{B.134}$$

[6.8] 物体にはたらく力を図示すると図 B.14 のようになる．図の中で f は摩擦力，N は垂直抗力である．水平方向に x 軸，鉛直方向に y 軸を図のようにとる．

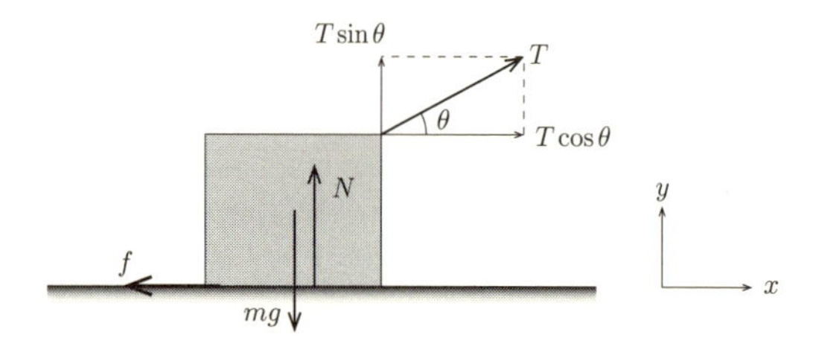

図 B.14

(1) 物体は静止しているので加速度は x, y 成分ともに 0．物体の運動方程式は

$$x\ 方向：0 = T\cos\theta - f \tag{B.135}$$

$$y\ 方向：0 = T\sin\theta + N - mg \tag{B.136}$$

となる．$T = T_0$ のとき f は最大静止摩擦力

$$f = \mu N \tag{B.137}$$

となるので式 (B.135), (B.136) はそれぞれ

$$0 = T_0\cos\theta - \mu N \tag{B.138}$$

$$0 = T_0\sin\theta + N - mg \tag{B.139}$$

と書きかえられる．式 (B.138), (B.139) から T_0 を求めると

$$T_0 = \frac{\mu mg}{\cos\theta + \mu\sin\theta} \tag{B.140}$$

となる．

(2) 物体の移動は一定の速さなので物体の加速度は 0．したがって式 (B.135), (B.136) はここでも適用できる．物体が移動しているときは，f は動摩擦力

$$f = \mu' N \tag{B.141}$$

であるから，式 (B.135) と式 (B.136) はそれぞれ $T = T_1$ として

$$0 = T_1\cos\theta - \mu' N \tag{B.142}$$

$$0 = T_1\sin\theta + N - mg \tag{B.143}$$

と書きかえられる．式 (B.142), (B.143) から T_1 を求めると

$$T_1 = \frac{\mu' mg}{\cos\theta + \mu'\sin\theta} \tag{B.144}$$

となる．

(3) 求める仕事は張力の水平成分 $T_1\cos\theta$ と移動距離 D の積

$$W = T_1 D\cos\theta \tag{B.145}$$

で求められる．式 (B.145) に式 (B.144) を代入して

$$W = \frac{\mu' mgD\cos\theta}{\cos\theta + \mu'\sin\theta} = \frac{\mu' mgD}{1 + \mu'\tan\theta} \tag{B.146}$$

となる．

(4) 式 (B.140), (B.144), (B.146) に与えられた数値を代入する．

$$T_0 = \frac{0.5 \times 50 \times 9.8}{\cos 30^\circ + 0.5 \times \sin 30^\circ} \approx 2.2 \times 10^2\ \mathrm{N} \tag{B.147}$$

$$T_1 = \frac{0.3 \times 50 \times 9.8}{\cos 30^\circ + 0.3 \times \sin 30^\circ} \approx 1.4 \times 10^2\ \mathrm{N} \tag{B.148}$$

$$W = \frac{0.3 \times 50 \times 9.8 \times 10}{1 + 0.3 \times \tan 30^\circ} \approx 1.3 \times 10^3\ \mathrm{J} \tag{B.149}$$

(5) 動摩擦力がする仕事と等しい大きさのエネルギーが熱となって散逸し，物体の力学的エネルギーが減少する．その大きさ ΔE は

$$\Delta E = \mu' ND \tag{B.150}$$

である．式 (B.142) より $\mu' N = T_1\cos\theta$ なので

$$\Delta E = T_1 D\cos\theta \tag{B.151}$$

となる．式 (B.151) を式 (B.145) と比較すると

$$\Delta E = W \tag{B.152}$$

であることがわかる．つまり摩擦によって失われる物体の力学的エネルギーは，張力がする仕事に等しい．

[6.9] (1) 陰極と陽極をそれぞれ A および B とよび，それぞれの場所での電子の運動エネルギーとポテンシャルエネルギーを，それぞれ，$E_{\mathrm{K_A}}, U_\mathrm{A}$ および $E_{\mathrm{K_B}}, U_\mathrm{B}$ と表すことにする．

電位の定義から，陰極と陽極での電子のポテンシャルエネルギーの差は

$$U_\mathrm{B} - U_\mathrm{A} = -eV_0 \tag{B.153}$$

である．一方，電場の中での電子の運動では力学的エネルギーは保存されるので

$$E_{K_A} + U_A = E_{K_B} + U_B \tag{B.154}$$

また，陰極で電子は止まっていたので

$$E_{K_A} = 0 \tag{B.155}$$

したがって，

$$E_K = E_{K_B} = E_{K_A} + U_A - U_B = U_A - U_B = eV_0 \tag{B.156}$$

(1) 別解　電場 $\boldsymbol{E}(\boldsymbol{r})$ の中の電子が受ける力は

$$\boldsymbol{F}(\boldsymbol{r}) = -e\boldsymbol{E} \tag{B.157}$$

なので，A から B まで電子が移動するとき $\boldsymbol{F}(\boldsymbol{r})$ が電子にする仕事は

$$W = \int_A^B \boldsymbol{F}(\boldsymbol{r}) \cdot d\boldsymbol{r} = -e \int_A^B \boldsymbol{E}(\boldsymbol{r}) \cdot d\boldsymbol{r} \tag{B.158}$$

である．

電磁気学で知られているように，電場 $\boldsymbol{E}(\boldsymbol{r})$ は電位 $\phi(\boldsymbol{r})$ を用いて

$$\boldsymbol{E}(\boldsymbol{r}) = -\mathrm{grad}\,\phi(\boldsymbol{r}) \tag{B.159}$$

と表すことができる．したがって

$$W = e\int_A^B \mathrm{grad}\,\phi(\boldsymbol{r}) \cdot d\boldsymbol{r} \tag{B.160}$$

$$= e\left[\phi(\boldsymbol{r}_B) - \phi(\boldsymbol{r}_A)\right] \tag{B.161}$$

$\phi(\boldsymbol{r}_B) - \phi(\boldsymbol{r}_A)$ は，B と A の電位差なので，今の問題の場合，A を陰極，B を陽極と考えて

$$\phi(\boldsymbol{r}_B) - \phi(\boldsymbol{r}_A) = V_0 \tag{B.162}$$

したがって，

$$W = eV_0 \tag{B.163}$$

陰極 (A) で静止していた電子が陽極 (B) に達したときの運動エネルギーは，陰極から陽極に移動する間に電場によってされる仕事に等しいので

$$E_K = eV_0 \tag{B.164}$$

(2)　電子の速さが真空中の光速 c に比べて小さく，非相対論的に考えてよいとすると

$$E_K = \frac{1}{2}mv^2 \tag{B.165}$$

である．したがって

$$\frac{1}{2}mv^2 = eV_0 \tag{B.166}$$

したがって，

$$v = \sqrt{\frac{2eV_0}{m}} \tag{B.167}$$

(3)　式 (B.153) に数値を代入して

$$E_K = 1.6 \times 10^{-19}\mathrm{C} \times 1\ \mathrm{J/C} = 1.6 \times 10^{-19}\ \mathrm{J} \tag{B.168}$$

一方，式 (B.167) から

$$v = \sqrt{\frac{2 \times 1.6 \times 10^{-19}\mathrm{C} \times 1\mathrm{J/C}}{9.1 \times 10^{-31}\ \mathrm{kg}}} = \sqrt{\frac{2 \times 1.6}{9.1}} \times 10^{(-19+31)/2}\ \mathrm{m/s} = 5.9 \times 10^5\ \mathrm{m/s} \tag{B.169}$$

(4)　式 (B.167) から

$$v/c = \sqrt{\frac{2\ eV_0}{mc^2}} = \sqrt{\frac{2 \times 1.0\ \mathrm{eV}}{0.511\ \mathrm{MeV}}} = 1.98 \times 10^{-3} \tag{B.170}$$

$c \approx 3.0 \times 10^8$ m/s なので，式 (B.170) の結果は式 (B.169) の結果と一致する．

[6.10]　着陸時の速さ v_0 と停止距離 D がわかっているので，まず，制動力 F を求めることにしよう．制動力がした仕事と旅客機の運動エネルギーの減少量が等しいので，

$$FD = -\frac{1}{2}mv_0^2 \tag{B.171}$$

が成りたつ．問題に与えられた数値を代入することによって

$$F = -\frac{1}{2}mv_0^2/D = -\frac{1}{2}200 \times 1000\ \mathrm{kg} \times (90\ \mathrm{m/s})^2/1.7\ \mathrm{km} = -47.6 \times 10^4\ \mathrm{N} \tag{B.172}$$

マイナス符号は，制動力が飛行機の進行方向と逆向きであることを表す．

次に，加速度を a とすると

$$ma = F = -\frac{1}{2}mv_0^2/D \tag{B.173}$$

から

$$a = -\frac{1}{2}v_0^2/D \tag{B.174}$$

が得られる．一方，

$$0 = v_0 + at \tag{B.175}$$

したがって

$$t = -v_0/a = \frac{2D}{v_0} = \frac{2 \times 1.7\ \mathrm{km}}{90\ \mathrm{m/s}} \approx 38\ \mathrm{s} \tag{B.176}$$

別解　等加速度運動のときに速さ v, 移動距離 x, 加速度 a, 初速度 v_0 のあいだに成りたつ式

$$v^2 - v_0^2 = 2ax \tag{B.177}$$

を用いると

$$0 - v_0^2 = 2aD \tag{B.178}$$

したがって，

$$a = -v_0^2/(2D) \tag{B.179}$$

一方

$$0 = v_0 + at \tag{B.180}$$

したがって，

$$t = -v_0/a = \frac{2D}{v_0} \tag{B.181}$$

また，ニュートンの第 2 法則から

$$F = ma = -mv_0^2/(2D) \tag{B.182}$$

数値を代入して

$$T = \frac{2 \times 1.7\ \mathrm{km}}{90\ \mathrm{m/s}} \approx 38\ \mathrm{s} \tag{B.183}$$

$$F = -200 \times 1000\ \mathrm{kg} \times (90/\mathrm{s})^2/(2 \times 1.7\ \mathrm{km}) \approx -47.6 \times 10^4\mathrm{N} \tag{B.184}$$

[6.11] (1) 綱の張力を求めるためには，荷物に対するニュートンの第 2 法則を用いればよい．

荷物の質量を m と書くことにすると，荷物には下向きの重力 mg と綱による上向きの力（張力）T がはたらくので，荷物にはたらく全体の力を F とすると，

$$F = T - mg \tag{B.185}$$

である．一方，荷物の加速度を a とするとニュートンの運動の法則から

$$ma = F \tag{B.186}$$

式 (B.185) と式 (B.186) から

$$T = m(g + a) \tag{B.187}$$

が得られる．

3 つの時間帯で加速度がそれぞれ与えられているので，それらの値を用いると

$$T_{\mathrm{I}} = 50 \text{ kg} \times (9.8 + 2) \text{ m/s}^2 = 590 \text{ kg} \cdot \text{m/s}^2 = 590 \text{ N} \tag{B.188}$$

$$T_{\mathrm{II}} = 50 \text{ kg} \times (9.8 + 0) \text{ m/s}^2 = 490 \text{ kg} \cdot \text{m/s}^2 = 490 \text{ N} \tag{B.189}$$

$$T_{\mathrm{III}} = 50 \text{ kg} \times (9.8 - 2) \text{ m/s}^2 = 390 \text{ kg} \cdot \text{m/s}^2 = 390 \text{ N} \tag{B.190}$$

が得られる．

(2) クレーンがする仕事は，綱の張力に移動距離をかけて与えられる．したがって，

$$W_{\mathrm{I}} = 590 \text{ N} \times 25 \text{ m} = 14750 \text{ J} \tag{B.191}$$

$$W_{\mathrm{II}} = 490 \text{ N} \times 200 \text{ m} = 98000 \text{ J} \tag{B.192}$$

$$W_{\mathrm{III}} = 390 \text{ N} \times 25 \text{ m} = 9750 \text{ J} \tag{B.193}$$

(3) 荷物をゆっくり水平に動かす場合は，綱による張力の向きと荷物が動く向きが直交しているので，クレーンは仕事をしない．したがって仕事は 0 J．

(4)

$$t_1 = \sqrt{\frac{25 \text{ m}}{\frac{1}{2}a_1}} = \sqrt{\frac{25 \text{ m}}{\frac{1}{2}2 \text{ m/s}^2}} = \sqrt{25} \text{ s} = 5 \text{ s} \tag{B.194}$$

$$v_1 = a_1 t_1 = 2 \text{ m/s}^2 \times 5\text{s} = 10 \text{ m/s} \tag{B.195}$$

$$v_1(t_2 - t_1) = 200 \text{ m} \tag{B.196}$$

なので

$$10 \cdot (t_2 - 5) = 200 \tag{B.197}$$

$$t_2 = 25 \text{ s} \tag{B.198}$$

$$T_3 = (5 + 20 + 5) \text{ s} = 30 \text{ s} \tag{B.199}$$

(5) 求める運動エネルギーおよびポテンシャルエネルギーをそれぞれ E_{K_1} および U_1 と書くと，

$$E_{\mathrm{K}_1} = \frac{1}{2} \times 50 \text{ kg} \times (10 \text{ m/s})^2 = 2500 \text{ J} \tag{B.200}$$

$$U_1 = 50 \text{ kg} \times 9.8 \text{ m/s}^2 \times 25 \text{ m} = 12250 \text{ J} \tag{B.201}$$

したがって，地上でのポテンシャルエネルギーは 0 なので，時間 t_1 における物体の力学的エネルギーは，$E_{K_1} + U_1 = 14750$ J となり，(2) で求めた時間帯 I でクレーンがした仕事 W_{I} と一致する．

(6) 荷物が地上にある場合に対し屋上にある場合のポテンシャルエネルギーを U，屋上の高さを H とすると

$$U = mgH \tag{B.202}$$

なので，与えられた数値を代入して

$$U = 50 \text{ kg} \times 9.8 \text{ m/s}^2 \times 250 \text{ m} = 122500 \text{ J} \tag{B.203}$$

この値は，クレーンの張力がした仕事に等しい．

一方，落下時の速さを v とすると，力学的エネルギーの保存則から

$$\frac{1}{2}mv^2 = mgH \tag{B.204}$$

したがって

$$v = \sqrt{2gH} = \sqrt{2.0 \times 9.8 \text{ m/s}^2 \times 250 \text{ m}} = 70 \text{ m/s} \tag{B.205}$$

(7) $v(t)$ を求めるためには，加速度が速度の時間微分で与えられることを用いる：

$$a(t) = \frac{dv}{dt} \tag{B.206}$$

$0 \leq t < t_1$ の場合，式 (B.206) の両辺を区間 $[0, t]$ のあいだで定積分して，

$$\int_0^t \frac{dv}{dt}\, dt = \int_0^t a(t)\, dt \tag{B.207}$$

題意によりこの時間帯では $a(t) = a_1 = $ 一定 なので，

$$右辺 = a_1 t \tag{B.208}$$

一方，定積分の定義から

$$左辺 = [v(t)]_0^t = v(t) \tag{B.209}$$

ただし，初期条件 $v(0) = 0$ を用いた．したがって

$$v(t) = a_1 t \tag{B.210}$$

$t_1 \leq t < t_2$ の場合は，題意により等速度なので

$$v(t) = v(t_1) = a_1 t_1 = v_1 = 一定 \tag{B.211}$$

$t_2 \leq t \leq T_0$ の場合は，式 (B.206) の両辺を区間 $[t_2, t]$ のあいだで定積分して，

$$\int_{t_2}^t \frac{dv}{dt}\, dt = \int_{t_2}^t a(t)\, dt \tag{B.212}$$

題意によりこの時間帯では $a(t) = -a_1 = $ 一定 なので，

$$右辺 = -a_1\, [t]_{t_2}^t = -a_1(t - t_2) \tag{B.213}$$

一方，

$$左辺 = [v(t)]_{t_2}^t = v(t) - v(t_2) = v(t) - v_1 \tag{B.214}$$

ただし，$v(t_2) = V_1$ を用いた．したがって

$$v(t) = V_1 - a_1(t - t_2) \tag{B.215}$$

これらの結果から $v(t)$ のグラフは図 B.15 のようになる．

作図にあたっては以下のことに留意した．

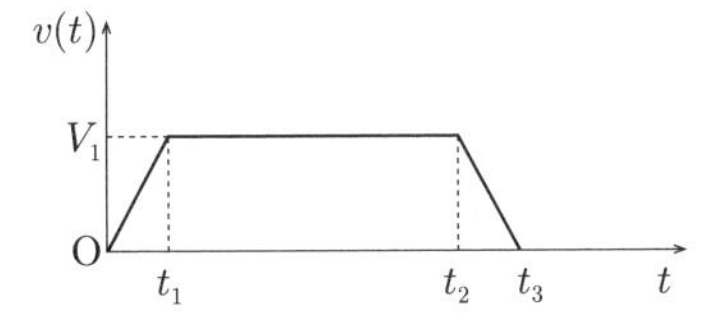

図 **B.15**　荷物の速度の時間変化

① $0 \le t < t_1$ の区間では，速さは時刻に比例して増加する．

② $t_1 \le t < t_2$ の区間では，速さは一定．

③ $t_2 \le t < T_3$ の区間では，速さは v_1 から $(t - t_2)$ に比例して小さくなる．

④ $0 \le t < t_1$ の区間と $t_2 \le t < T_3$ の区間でグラフの傾きは符号が逆で大きさは等しい．

(8)　前問で荷物の速度の時間変化 $v(t)$ がわかったので，荷物の位置を求めるためには速度が位置の時間微分であることを用いればよい：

$$v(t) = \frac{dy}{dt} \tag{B.216}$$

$0 \le t < t_1$ の場合，式 (B.216) の両辺を区間 $[0, t]$ のあいだで定積分して，

$$\int_0^t \frac{dy}{dt}\ dt = \int_0^t v(t)\ dt \tag{B.217}$$

この時間帯では式 (B.210) を用いて

$$\text{右辺} = \int_0^t a_1 t\ dt = \frac{1}{2} a_1 t^2 \tag{B.218}$$

一方，定積分の定義から

$$\text{左辺} = [y(t)]_0^t = y(t) \tag{B.219}$$

ただし，初期条件 $y(0) = 0$ を用いた．したがって

$$y(t) = \frac{1}{2} a_1 t^2 \tag{B.220}$$

$t_1 \le t < t_2$ の場合は，式 (B.216) の両辺を区間 $[t_1, t]$ のあいだで定積分し，この区間は等速度であることを用いると

$$y(t) = y(t_1) + v_1(t - t_1) \tag{B.221}$$

となり，$y(t)$ が時刻の 1 次関数であることがわかる．このことは，y–t 図がこの区間で直線であることに対応する．

$t_2 \le t \le T_3$ の場合は，式 (B.216) の両辺を区間 $[t_2, t]$ の間で定積分して，

$$\int_{t_2}^t \frac{dy}{dt}\ dt = \int_{t_2}^t v(t)\ dt \tag{B.222}$$

この時間帯では $v(t)$ は式 (B.215) で与えられるので，

$$\text{右辺} = v_1(t - t_2) - \frac{1}{2} a_1 (t - t_2)^2 \tag{B.223}$$

一方，

$$\text{左辺} = [y(t)]_{t_2}^t = y(t) - y(t_2) = y(t) - y_2 \tag{B.224}$$

ただし，$y(t_2) = y_2$ とおいた．したがって

$$y(t) = y_2 + v_1(t - t_2) - \frac{1}{2} a_1 (t - t_2)^2 \tag{B.225}$$

となる．

これらの結果から $y(t)$ のグラフは図 B.16 のように

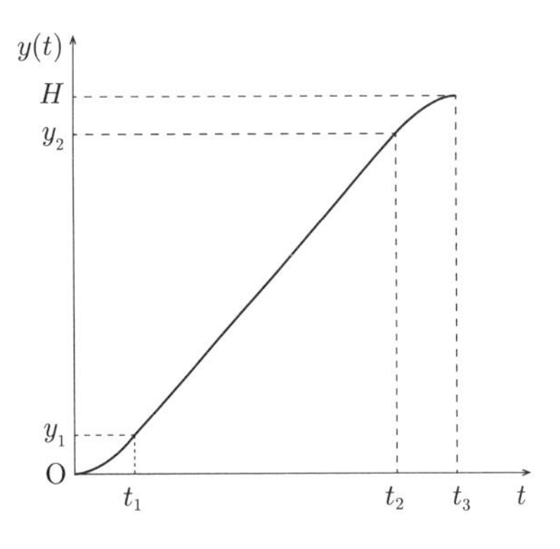

図 **B.16**　荷物の高さの時間変化

なる．

作図にあたっては以下のことに留意した．

① $0 \le t < t_1$ の区間は等加速度運動なので，$y(t)$ は時刻の 2 次関数．

② $t_1 \le t < t_2$ の区間は，等速度運動なので，$y(t)$ は直線．

③ $t_2 \le t < T_3$ の区間は，負の等加速度運動なので，上に凸の 2 次関数．

④ 荷物は最初止まっていたので，$t = 0$ で $y(t)$ の接線の傾きは 0.

⑤ 屋上の高さ H で荷物は止まるので，$t = T_3$ で $y(t)$

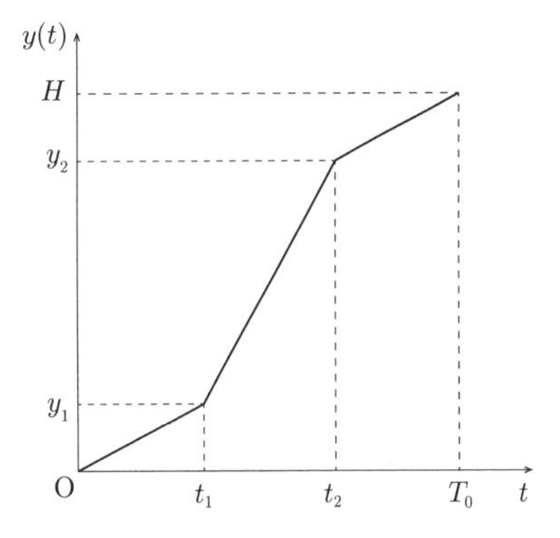

図 **B.17**　間違いの例 1

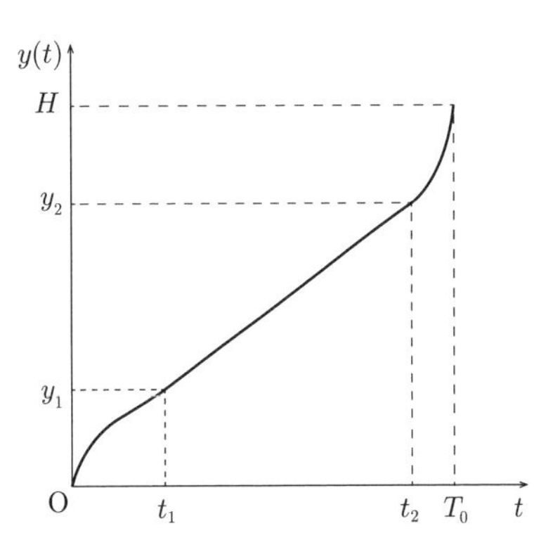

図 **B.18**　間違いの例 2

の接線の傾きは 0.

⑥ すべての時刻で速度はひとつの値に決まらなければならないので，$t = t_1$ および $t = t_2$ で $0 \leq t < t_1$ および $t_2 \leq t < T_3$ に対する 2 次の曲線と $t_1 \leq t < t_2$ に対する直線はなめらかにつながる.

よくある間違いの例を，図 B.17 と図 B.18 に記した. どこがおかしいか，まず各自考えてみよう.

図 B.17 も図 B.18 も荷物は地面にも屋上の高さにも止まっていない. 図 B.18 においては，それらの位置での荷物のスピードは無限大に速い. また，図 B.17 の場合は，時刻 t_1 および t_2 で荷物の速さを定義できない. 荷物の速度は各時点で連続的に変わるのでそのようなことはない.

索　　引

あ　行

か　行

さ　行

た　行

な　行

は　行

ま　行

や　行

ら　行

わ　行

著者略歴

滝川　昇（たきがわ　のぼる）

1943年　茨城県に生まれる
1971年　東京大学大学院理学系研究科博士課程修了
現　在　東北大学名誉教授
　　　　理学博士

新井敏一（あらい　としかず）

1964年　神奈川県に生まれる
1992年　京都大学大学院理学研究科博士課程修了
現　在　東北工業大学共通教育センター教授
　　　　博士（理学）

土屋俊二（つちや　しゅんじ）

1976年　東京都に生まれる
2005年　早稲田大学大学院理工学研究科博士課程修了
現　在　中央大学理工学部物理学科准教授
　　　　博士（理学）

物理学基礎 1
力学［入門編］　　定価はカバーに表示

2018年 3月25日　初版第1刷

著　者　滝　川　　昇
　　　　新　井　敏　一
　　　　土　屋　俊　二
発行者　朝　倉　誠　造
発行所　株式会社　朝　倉　書　店
東京都新宿区新小川町 6-29
郵便番号　162-8707
電　話　03(3260)0141
FAX　03(3260)0180
http://www.asakura.co.jp

〈検印省略〉

中央印刷・渡辺製本

ISBN 978-4-254-13811-5　C 3342　　Printed in Japan